珠江河口咸淡水资源管理与利用

黄本胜　谭超　黄广灵　邱静　著

中国水利水电出版社
www.waterpub.com.cn
·北京·

内 容 提 要

“水是生命之源、生产之要、生态之基”，城市的发展离不开水资源。粤港澳地区大部分城市均位于珠江三角洲河口，大量取水口位于咸潮上溯区域，导致其水资源特征与非河口城市有较大差异。本书从咸淡水的定义出发，根据实测数据以及数学模型模拟结果分析了珠江河口咸淡水混合特征，提出了一种量化咸淡水比例的方法，并计算了珠江河口主要取水口的咸淡水比例，提出针对性的咸淡水资源管理建议。

本书可供水利、海洋、环境等相关专业人员阅读，亦可作为高等院校相关专业师生的参考资料。

图书在版编目（CIP）数据

珠江河口咸淡水资源管理与利用 / 黄本胜等著. -- 北京 : 中国水利水电出版社, 2022.6
ISBN 978-7-5226-0810-5

Ⅰ. ①珠… Ⅱ. ①黄… Ⅲ. ①珠江－河口－水资源管理 Ⅳ. ①TV213.2

中国版本图书馆CIP数据核字(2022)第114678号

书　名	珠江河口咸淡水资源管理与利用 ZHUJIANG HEKOU XIANDAN SHUI ZIYUAN GUANLI YU LIYONG
作　者	黄本胜　谭 超　黄广灵　邱 静　著
出版发行	中国水利水电出版社 （北京市海淀区玉渊潭南路1号D座　100038） 网址：www. waterpub. com. cn E－mail：sales@mwr. gov. cn 电话：（010）68545888（营销中心）
经　售	北京科水图书销售有限公司 电话：（010）68545874、63202643 全国各地新华书店和相关出版物销售网点
排　版	北京时代澄宇科技有限公司
印　刷	北京虎彩文化传播有限公司
规　格	184mm×260mm　16开本　11印张　257千字
版　次	2022年6月第1版　2022年6月第1次印刷
定　价	**59.00** 元

前言

PREFACE

河口是河流与海洋的交汇地带，起着河海连接、过渡的特殊作用。潮汐涨落为河口地区带来了丰富的咸淡水资源，而河口咸淡水混合产生的河口异重流不仅影响到河口的泥沙运动特性和水下三角洲的发育，还关系到河口地区的水质和水资源联合开发的最优调度问题，进而影响河口城市的发展，所以若要实现河口地区的可持续发展，解决河口供水安全、咸淡水资源有效利用、农田灌溉等水资源利用问题，就必须加深对河口咸淡水混合机制的认识。

珠江三角洲是我国经济最发达的地区之一，粤港澳已成为继纽约、东京之后的第三大经济圈。随着经济的快速发展与人口高度密集化，珠江三角洲地区对环境资源的需求越来越大，其中以淡水资源供应紧张及河口生态环境问题最为突出。珠江河口盐水入侵对珠江三角洲地区的生产、生活、生态造成不利影响，严重制约了珠江三角洲地区社会经济的快速发展。研究珠江河口的咸淡水混合对河口地区的淡水资源开发利用有重大指导意义，如指导取水口选址、水库选址等。

广东省水利水电科学研究院近十多年先后承担了“珠江河口咸淡水混合机制及水资源利用研究”“广东省珠江河口咸淡水区水资源管理相关技术论证”“珠江河口建闸的拒咸效应及综合评估研究”“重大涉水工程建设对珠江河口水安全的影响”等专项研究工作，为本书的编写提供了丰富的素材和坚实的基础。

本书是课题组集体智慧的结晶，主要由黄本胜、谭超、黄广灵、邱静撰写。参与本书撰写的还有黄锋华、雷洪成、陈晖、刘达等。本书既有扎实的理论研究成果，也有丰富的应用素材，旨在提出河口区咸淡水资源利用的一整套方法，可为国内外其他河口地区的咸淡水资源管理提供参考。

本书获得广东省水利科技创新项目“珠江河口咸淡水混合机制及水资源利用研究”“重大涉水工程建设对珠江河口水安全的影响”的资助，在此致以深深的谢意。

限于作者水平，本书难免存在一些不妥之处，敬请专家和读者批评指正。

作者

2022 年 2 月

目录
CONTENTS

第1章 概 述

1.1 问题的提出

1.1.1 供水安全

粤港澳大湾区所在的珠江三角洲是我国经济最发达的地区之一，随着经济的快速发展，人口高度密集，珠江三角洲地区对环境资源的需求越来越大，河口咸潮上溯也日益成为保障大湾区水资源安全的关键因子。虽然珠江径流量在全国排第二，但径流年内分布不均，其中洪季径流量占全年的70%～80%，枯季径流量大为减小，因而盐水入侵问题凸显，使得淡水供应更为紧缺。20世纪50年代至2000年，珠江三角洲地区发生较严重盐水入侵的年份共有7年，即1955年、1960年、1963年、1970年、1977年、1993年、1999年。21世纪初，经济快速发展的同时，珠江河口咸潮入侵也越来越频繁，而且出现的次数和影响范围呈现出越来越严重的态势。2003年、2004年、2005年、2009年和2012年均发生严重的冬春季节性咸潮。在2021年，广东省东江流域也遭遇近几十年以来的最严重干旱，导致东江三角洲出现了近几十年以来最严重咸潮，广州、东莞、深圳城市供水均受到不同程度的影响。

珠江河口盐水入侵对珠江三角洲地区的生产、生活、生态造成不利影响，严重制约了珠江三角洲地区社会经济的快速发展，对咸淡水混合展开研究迫在眉睫。研究珠江河口的咸淡水混合对河口地区的淡水资源开发利用有重大指导意义，如指导取水口选址、水库选址等。

1.1.2 咸淡水资源利用

珠江河口是一个潮汐河口，潮涨潮落为河口地区带来了丰富的咸淡水资源。与上游径流河道淡水资源相比，河口区随潮涨落的咸淡水资源有着其鲜明的特征。如何合理开发利用河口区的咸淡水资源，特别是在最严格水资源管理制度实施的过程中如何管理咸淡水资源，这是广东省水资源管理中遇到的特殊问题，具有重要的现实意义和理论意义。

咸淡水影响的珠江河口区沿岸分布有众多类型取水户，包括取水用于循环冷却但对盐度无要求的电厂、对取水盐度有要求（含氯度须小于250mg/L）的水厂（利用大小潮、涨落潮盐度差异“偷淡”），以及对水质有要求但采用海水淡化设备利用咸淡水的取水户（如珠江河口部分印染厂等），其中河口电厂是咸淡水取用的“大户”。如珠江河口沿岸分布有众多电厂，电厂的循环冷却水基本上都是取用珠江河口的咸淡水，特别是采用直流冷却的电厂，通过利用咸淡水资源对发电机组的凝汽器进行冷却，与二次循环冷却机组相比，能充分利用潮汐作用带来的咸淡水，具有耗水量极少（在冷却过程中基本不发生水量损耗，几乎全部直接回归河道中)、对水质要求不高等特点。尽管其排水会对河道产生一定的温升影响，但由于其还具有能耗低、耗用淡水资源少的特点被广泛应用，具有节能和节约淡水资源的优点。这些电厂的循环冷却水的取水量巨大，一台采用直流冷却方式的百万千瓦级机组每年取用咸淡水约 6 亿 m^3，因此，一个大型电厂年取用咸淡水少则十几亿立方米，多则二三十亿立方米。如果这些咸淡水取用量都计入最严格水资源管理的用水总量控制，则对取水总量控制影响很大，也关系到取水许可审批、水权分配、合理征收水资源费（以前这类电厂的水资源费是按发电量计算收费的）及水资源公报中用水量计算等问题，因此将咸淡水管理纳入水资源管理体系十分必要，且应当对不同类型取水户采取差别化的政策，这其中涉及的一个核心技术问题是如何准确计算咸淡水中咸水、淡水比例，为用水总量控制计算、水资源费合理征收提供技术依据。

珠江河口咸淡水混合问题是一个较复杂的技术问题，首先，珠江河口咸淡水区域范围大，且动态变化，珠江河口上至受咸水影响的三角洲网河腹地，下至伶仃洋、磨刀门、黄茅海三大河口湾，均属于咸淡水混合区域，且随河口径潮相互作用动态变化；其次，咸淡混合比例影响因素多，河口地区咸淡水混合主要受上游径流量大小、河口潮汐作用、河口地形、风、波浪等多个因素的影响，其中径流量和潮汐作用最为重要；第三，珠江河口三江汇流、八口入海，由于不同河道（水域）受径流、潮流影响的差异，其咸淡水混合特征也迥异，如潮汐河口伶仃洋、黄茅海，径流作用为主的磨刀门河口均表现出不同的咸淡水混合时空分布差异。

1.2 研究进展

1.2.1 咸淡水混合研究进展

国外咸淡水混合问题的系统研究始于 20 世纪初对河口进行的水力模型试验。例如美国佐治亚州萨凡纳（Savannah）河口水力模型，在用淡水做试验遇到很大困难且找不出失败原因，后来在模型海洋部分的水体中加入适当的盐量使其与天然海水含盐度相似时，模型验证才变得容易和精确地与原型水流状况相吻合。这一技术突破引导了许多工程师和科学家对盐水入侵作用进行研究探讨。

J. Du. Ceommun（1982）、Badon - Ghyben（1985）和 Herzberg（1901）三人分别给出咸淡水交界面上任一点在海平面下深度的表达式；M. P. Rborien（1934）和 J. Chem（1934）推出了咸淡水混合流动的一些模型规律；Pritchard（1952，1954）和 Hansen（1965）进行了咸淡水混合及咸淡水交汇区水体盐度分布对水流和泥沙运动影响等分析研究。至 20 世纪 60 年代中后期，随着对不同河口研究工作的相继开展和深入，学者们发现有些河口的咸淡水混合现象很相似，有些则有较大的差异。Ippen（1966）等对河口咸淡水混合问题做了更深入的研究。Hass（1977）通过研究注入切萨皮克湾的 James，York 和 Rappahannock 三个河口之间的盐度差关系，指出潮差、潮高对盐度的垂向分布有一定的影响。Officer（1980）对不同河口的咸淡水混合过程、产生的环流运动形式及最大浑浊带的特征作了更深入的研究，并且指出咸淡水混合类型对在河口产生的最大浑浊带的位置问题有较大影响。Bowden（1967）等通过实验、现场观测和概念模型对密度环流和咸淡水混合做了比较全面的研究；Grubert（1989，1990）对分层渠道流和河口弯道水流的咸淡水交界面进行了研究分析；Kurup（1998）探讨了小潮河口咸淡水交界面的机理；Daniel（2001）等将先进的实验仪器应用到野外测量，对河口紊动混合的演化过程有了更加深刻的认识。Park and Kuo（1996）和 MacGready（2004）指出，垂向混合的增加减弱垂向环流，从而导致层化现象的减弱；垂向环流减弱后进入河口的盐通量将会减小，最终使盐水的入侵长度变短。近年来，潮周期平均意义下的有效混合参数得到众多学都的关注。Geyer et al.（2000）通过对实测资料的分析，给出了潮平均意义下的垂向湍流黏滞系数的表达式。MacCready（2007）则推导出潮平均意义下的垂向湍流扩散系数的表达式。Ralston et al.（2008）对上述参数进行了修正，通过与实测资料对比，其精度达到与利用三维模型计算结果相近。

河口咸淡水混合的研究经常面临实测资料不足的困难，针对此问题，不少研究者开始发展数值模式，基于数值模式的模拟分析河口咸淡水混合过程。随着人们对河口物理过程认识的深入，相应的河口、近岸、海洋数值模式也得以完善和发展，如现有模式中的混合扩散系数很多已不再是进行简单的参数化处理，而是通过湍流闭合模型计算给出。此外，模式自身算法也有较大的改进。对于盐度数值计算，最关键的是其物质输运方程中的平流项计算。迎风、中央差和 Lax - Wendroff 等格式都是比较基本的数值计算格式，但因耗散或频散严重，在实际河口盐度计算中效果并不好。Baptista（1987）基于质点跟踪观点提出的欧拉-拉格朗日法相对具有较小的耗散且无频散，但无法保证物质的质量守恒。Celia et al（1990）提出了改进的 Euler - Lagrange 局部共轭方法能较好满足质量守恒，而且能够方便地处理边界条件。

基于数值模式的模拟研究，首先能够直观展现出河口盐度的时空变化过程；其次，能揭示河口系统对各种水文条件变化的响应，包括一些水利工程（Liu et al.，2004）。通过模式设置单因子敏感性试验，人们可以清楚了解到不同因子对河口咸淡水混合的影响（Hellweger et al.，2004）。三维数值模型能够更为真实反映河口动力过程的三维特征，应用最为广泛。国际上较为先进、成熟的三维水动力数值模式包括结构网格模式如 POM（Blumberg and Mellor，1987）、ECOM - si（基于 POM 发展而来）、ROMS（Shehepetkin and Mcwilliams，2005）、TRIM（Casulli and Cheng，1992）等，以及无结构网格模式如 FVCOM（Chenet al.，2003）、SELFE（Zhang et al.，2004）、SUNTANS（Fringeretal.，2006）、UnTrim（Casulli and Walters，2000）等。但三维数值模拟要求有较为详细的水深、岸线等地形资料，且需要较多的野外实测资料进行前期的模式率定、验证，因而在资料相对缺乏的河口较难展开。

国内对咸淡水研究主要集中在长江河口及珠江河口。长江河口咸淡水混合研究在国内河口研究中相对较为成熟，但相比国外起步较晚，主要的系统性研究始于 20 世纪 80 年代初，如沈焕庭等（1980）对长江口的盐水入侵时空变化特征进行了阐述。对长江河口咸淡水混合的研究主要集中在南支和北支的盐水入侵长度变化上，通过长期大量的实测观测资料分析，取得了不错的成果。基于数值模式，不少学者对长江河口盐水入侵及其对不同动力变化的响应进行了分析。考虑到河口的三维特性，不少学者在长江河口分别建立了三维水动力数值模式，模拟长江河口潮流、盐度特征，朱建荣等利用 FVCOM 模式在此方面进行了较深入的研究。总体上，长江河口的盐水入侵研究相对较为成熟，其动力过程和物理机制也较为清楚。

珠江河口的盐水入侵研究相对长江河口较为落后，且主要针对伶仃洋和磨刀门两大区域，这是因为伶仃洋仍属珠江河口的主要区域，承接了珠江东四口门的下泄径流，其盐度分布、混合类型等令研究学者更感兴趣。磨刀门是珠江河口最大的径流下泄通道，沿程水库较多，对其盐水入侵研究有重大的现实意义，因而对磨刀门的盐水入侵研究也相对较多。

珠江河口早期研究侧重于河口混合类型的划分和河口盐度分布的分析［莫如荡（1986）；徐君亮（1986）；应铁甫（1983）；李素琼（1986）］。喻丰华（1998）、李春初（2004）等在前人研究成果的基础上，对河口咸淡水混合的几个认识和概念进行了论述。河口盐水入侵主要与径流、潮汐、风、地形等动力因子有关。径流对咸潮入侵有直接的压制作用，是影响磨刀门盐水入侵的一个主要影响因子［戚志明（2009）；闻平等（2007）］。风对珠江河口盐水入侵有影响，但不同区域影响不同（黄新华，1962）。对于磨刀门区域，戚志明和包芸（2009）、闻平等（2007）认为北到东北向的风有利于磨刀门盐水入侵，但刘雪峰（2010）发现偏东风咸潮入侵增强，而偏北风咸潮入侵则减弱。陈水森（2007）基于 Savenije 快速估算方法建立了一个经验模型，研究了磨刀门咸潮上溯距离与径流的关系。刘杰斌和包芸（2008）通过分析沿河测站的盐度资料，发现磨刀门咸潮运动规律受潮汐影响大于受径流的影响。此外，人类活动也会对河口盐水入侵造成影响，增加其复杂性，如人工围垦造成河道束窄、延长，潮汐动力减小，使得盐水入侵变弱，而河道挖沙，疏浚工程等导致河床严重下切，破坏咸淡水平衡，使得盐水楔倒灌加强，咸潮上溯严重（韩龙喜等，2005）。除了河口的地形、径流、风等因子外，海平面变化也是一个影响因子。海平面上升对珠江河口的咸潮入侵的影响，不同学者观点有所不同。李素琼、敖大光（2000）认为海平面上升将加剧珠江口门咸害入侵。周文浩（1998）根据河口咸淡水混合扩散原理，认为海平面上升非但不会加剧珠江三角洲咸潮入侵，反而会有所改善。刘忠辉（2019）利用三维水动力模型研究表明海平面上升会加剧珠江河口东四口门的盐水入侵，并提出一种简单的线性回归模型。

数值模拟作为一个重要研究手段，在国际上已经得到广泛应用，但由于珠江三角洲河网复杂，口门、岛屿繁多，使得数值模拟在珠江河口应用发展较慢。由于地形复杂，对珠江河口进行整体建模研究的难度较大，不少学者按研究区域不同，单独对三角洲河网区建立一维河网模型开展研究，如李毓湘和逢勇（2001）、诸裕良等（2001）、龙江和李适宇（2008）等的节点控制河网模型；或是单独对河口区建立二维、三维河口模式，模式中往往只能用几条互相独立的单一河道替代上游的复杂河网。事实上，珠江河口网河系统复杂，是世界上最复杂的三角洲之一。同时珠江口的水动力情况复杂，受到径潮动力的耦合作用，鉴于珠江河口独特的地貌、动力特征，因此对其进行数值模拟时不能将河网与河口湾相割裂，否则模拟结果可信度会有所降低。当前主要采用一维、二维或者一维、三维联解的方法来建立珠江河口系统的整体数学模型，如徐俊峰等（2003）、逢勇等（2004）、包芸等（2005）的连接模式，而模型的连接处往往是河口水动力情况最为复杂的区域，因此联解中将无可避免地产生误差。现有的珠江河口数值模拟研究中较多是关于河口水动力（Tang et al.，2009；包芸和任杰，2003；逢勇和黄智华，2004）、泥沙输运（王崇浩和韦永康，2006；胡嘉镇和李适宇，2009），以及生态要素氮、磷、溶氧等输运（管卫兵等，2003；Hu and Li，2009；Zhang and Li，2009）等，仅少数研究是针对河口盐水入侵（Larson et al.，2005）。

1.2.2 珠江河口调水压咸研究进展

珠江三角洲由西江、北江和东江水沙汇入，后经八大口门出海，形成了"三江汇流、八口出海"的格局。其中磨刀门泄洪量居八大口门之首，且磨刀门水道上有众多的取水厂、取水闸和水库，是保障珠海、中山以及澳门等地饮用水安全的重要水道。近年来咸潮上溯呈加剧趋势，珠江三角洲地区面临严峻的咸潮问题和供水紧张形势。因此，相关研究机构根据咸潮的活动特点，在每年的冬末春初对流域骨干水库实施统一调度，有效地保障了澳门、珠海及珠江三角洲等地的供水安全。

水库调度可以根据水库承担任务的不同，可分为防洪调度、兴利调度、泥沙调度、防凌调度以及生态调度等，国内大多水库都以兴利调度为主，其他调度则是在发电调度中通过给定限制条件来实现；从水库调度运行的控制范围上，可以划分为单库调度和库群联合调度，库群联合调度又包括并联水库群、梯级水库和混联水库群等；从径流描述的不同分为确定型和随机型两种；从采用方法上又可分为常规调度、模拟调度和优化调度等。

在研究初期，水库群联合调度以调度函数方式为主。黄永皓等（1986）采用约束微分动态规划对水库进行确定性优化调度，并在此基础上采用最小二乘回归分析的方法求得梯级水库中各水库各时段的调度函数；陈洋波等（1990）以水库群聚合分解法为基础，对梯级水库群隐随机优化调度函数的方法进行了探讨，以一个电网库群为例进行了应用。Jay（2000）对以发电为主的混联水库调度函数进行了推导，并通过案例分析验证了调度函数的优化效果；Haddad（2008）以蜂群杂交算法为基础，构建以缺水最小为目标的模型，经过计算得到放水和水位、入流的线性调度函数。

水库群调度图的优化与单一水库调度图优化的思路基本一致，以梯级水库群整体效益最大为目标，对所有水库进行统一优化，从而得到各个水库的优化调度。Tu（2008）探讨了初始水位对多目标梯级水库群规则的影响，并采用混合整数线性规划方法对梯级水库的一组调度曲线进行了优化。同时，以多库系统为基础构建混合整数非线性规划模型，在水资源优化配置为目标对各水库调度线进行了优化；Paredes（2008）采用启发式网络流算法，构建以最小必备容量为单目标的优化模型对多库调度曲线进行了优化，并在西班牙东部的 Mijares 流域进行了应用。

珠江流域水库调度研究主要集中在防洪调度，蔡旭东等（2002）探讨了飞来峡水库的预报预泄调度，李传科等（2011）分析了百色水利枢纽水库采用分期汛限水位方案对防洪的影响。近年来，由于珠江流域咸潮问题日趋显著，一些学者开始针对枯水期压咸补淡调度展开研究（孙甲岚，2014；卢陈等，2014），尹小玲（2008）对龙滩—梧州区间流域的枯水期调度方案进行了预测模拟，马志鹏等（2011）利用自优化技术建立了珠江骨干水库压咸调度模型，通过利用特枯年份实测资料进行实力分析，模型效果较好。

1.2.3 珠江河口区水动力数学模型研究进展

早期对珠江三角洲水动力特征的研究主要有现场测量及物理模型的方法。随着计算机和数值计算方法的发展，数值模型逐渐成为研究珠江河口水动力情况的一种重要手段。早在20世纪80年代，就有学者开始尝试应用数值模型的方法来研究潮流泥沙特性。叶锦培等（1986）应用有限差分隐式稀疏矩阵解法和隐式近似差分法建立了珠江河口潮汐输沙数学模型，模拟了珠江磨刀门水道的潮流输沙情况，取得了比较不错的效果。此后，丁文兰、方国洪（1990）采用二维全流浅水方程和Leendertse的交替方向隐格式，对珠江口外海发生较大增水的7次台风进行了数值模拟。

进入21世纪以来，在计算机水平的支持下，众多学者在前人研究的基础上相继开发了河网一维水动力模型（李毓湘等，2001；黄东等，2002；张华庆等，2004）、河口湾二维模型（张华庆等，2002；许炜铭等，2009）、河网—河口湾一维、二维联解模型（徐峰俊等，2003；彭静等，2003；张蔚等，2006；龙江等，2007）和河网—河口湾一维、三维联解模型（逄勇等，2004；包芸等，2005；胡嘉镗等，2008），以及河网—河口湾整体二维模型（杨明远，2008）。其中广东省水利水电科学研究院（黄东等，2002）为较早建立西北江河网区整体一维水动力模型的单位，其成果已应用于西江、北江下游及其三角洲河网河道设计洪潮水面线计算。

珠江河口河网系统复杂，是世界上最复杂的三角洲之一。同时珠江口的水动力情况复杂，受到径潮动力的耦合作用，鉴于珠江河口独特的地貌、动力特征，因此对其进行数值模拟时不能将河网与河口湾相割裂，否则模拟结果可信度会有所降低。当前主要采用一维、二维或者一维、三维联解的方法来建立珠江河口系统的整体数学模型，而模型的连接处往往是河口水动力情况最为复杂的区域，因此联解中将不可避免地产生误差。此外，早前所建立的河口湾区域的二维、三维模型的网格精度不高，已经难以满足科研的需求。因此，建立珠江三角洲整体三维模型是必要的，也是珠江口数模研究的热点。近年来，有不少学者已经将整体三维模型应用于珠江河口咸潮研究（王彪，2011；黄广灵，2012；田娜，2013；陈文龙，2014；刘忠辉，2019；王久鑫，2020）。

随着广东经济的快速发展，生活用水、工业用水需求迅速增加，但是由于河流污染问题尚未得到妥善解决，水质性缺水已使水资源供需矛盾加剧，再加上近十几年的盐水入侵日甚，用水形势已是十分严峻。为了缓解供水紧张的局面，提高珠江河口的咸淡水利用效率将是一个非常有潜力的发展方向，因此开展对珠江河口咸淡水混合的研究对河口区水资源合理利用有重要的意义。

1.3 珠江河口概况

1.3.1 珠江河口区域概况

珠江是中国南方最大的河流，全长2214km，流域面积约为453000km^2，它与长江、黄河、淮河、海河、松花江、辽河并称中国七大河。珠江三角洲城市群城镇人口众多，已成为全世界最大城市片区，是中国最重要的经济区域之一。珠江三角洲河网区域河流相互贯通，水文状况十分复杂，动力过程变化多端，一方面具有年、季、月、周的周期变化，另一方面又具有流态多变、流向不一的随机变化特点。珠江河口是位于中国南海北部的一个大型河口，是中国内陆河流汇入南海的最为重要的河口，拥有范围广阔且复杂的河网，在径流、潮汐、季风、沿岸流和南海暖流等综合作用下，形成复杂多变的水动力条件。珠江河口共有八大口门，分别是虎门、蕉门、洪奇沥、横门、磨刀门、鸡啼门、虎跳门和崖门，其中习惯将四个向东注入伶仃洋的口门（即虎门、蕉门、洪奇沥和横门）称为"东四口门"，其余的并称为"西四口门"。珠江河口与经典的河口地形有很大不同，它是一个喇叭口和河网区并存的复式河口，浅滩宽阔，类似于河湾。在此条件下，其动力过程及物质输运过程非常复杂。当强大的台风过境把海水由喇叭口向内推进时，海水很容易向上游的河网区域扩散。整个珠江河口区域的潮汐类型为不规则半日混合潮，一天中有两次涨潮、两次落潮，平均潮差为 0.86～1.63m，最大潮差不到 3.50m，属于弱潮河口。河口承接西江、北江、东江三江的径流量，多年平均年径流量为 281.1 亿 m^3。一般每年的 4—9 月为洪季，10 月至次年 3 月为枯季。径流量全年变化极大，洪季期间的径流量总量占全年径流量约 80%，故径流与潮汐直接的强弱对比在一年中有明显的转换。一般在洪季时，河口呈现为强径流弱潮型，在枯季则为强潮弱径流型。

珠江河口南临南海，处于亚热带季风气候区，暖湿多雨，气候宜人。多年平均年降水量为 1400～2500mm，降水主要集中在 5—8 月，约占全年总量的 60%以上，夏秋易涝，冬春易旱；多年平均气温一般在 22℃左右。强热带风暴和台风引发的风暴潮灾害是珠江河口最大的自然灾害，每年的 7—9 月为热带风暴气旋盛行期。珠江河口前缘东起九龙半岛九龙城，西到赤溪半岛鹅头颈，大陆岸线长 450 多 km，涉及广东省的广州、东莞、深圳、中山、珠海、江门和香港、澳门特别行政区，是我国改革开放的前沿地带和经济最发达地区之一。

1.3.2 珠江河口水文特征概况

珠江三角洲河口有三江并流（西江、北江、东江）、八口入海（虎门、蕉门、洪奇沥、横门、磨刀门、鸡啼门、虎跳门和崖门）的特点，其河道总长约 1600km，河网密度高达 0.68～1.07km/km^2（珠江水利委员会，1991）。珠江三角洲是一个演变不平衡、形状不对称的复合三角洲，河网区总面积达 9750km^2，其中西北江水道相互连通形成西北江三角洲，占珠江三角洲河网区总面积的 85.8%，东江河网基本上自成体系，约占珠江三角洲河网面积的 14.2%。珠江八大口门按其径流、潮汐动力的相对强弱，可分为潮优型河口和河优型河口，其中东、西两翼的虎门、崖门为潮优型河口，而中部的磨刀门、洪奇沥、横门、蕉门、鸡啼门、虎跳门六大口门则为河优型河口（李春初等，2004）。

珠江三角洲地处亚热带季风气候区，降雨充沛，多年平均年降水量达 1600mm，受季风气候影响，雨量集中在夏季，冬季较少。由于径流主要来自降雨，因此珠江三角洲的径流量年内呈现洪、枯的季节性变化。正常年份洪季（4—9 月）径流量占全年总流量的 80%左右，而 10 月至翌年 3 月的枯水期仅占 20%。珠江三角洲年均径流总量为 3360 亿 m^3，而进入河网区而出海的年径流量为 3260 亿 m^3，其中进入伶仃洋的年径流量为 1742

亿 m^3，占珠江入海径流总量的53.4%，其余径流注入磨刀门海域及黄茅海。

磨刀门为西江的主要出海口，是西江主要的水沙输运通道，其年均径流量占珠江入海总径流量的28.3%，为八大口门之首，因而也是珠江三角洲主要的泄洪通道；虎门接纳东江、流溪河全部以及西北江部分来水，径流量占珠江总量的18.5%，位列第二；蕉门为北江主干道的出海口，并接纳部分西江来水，其年均径流量占珠江出海总径流量的17.3%，居第三位；进入横门的径流量也比较丰富；而接纳西江、北江部分径流量的洪奇门、鸡啼门和虎跳门以及接纳潭江水沙的崖门，其年均径流量也比较小，各口门约占珠江总出海径流量的6%（杨明远等，2008）。

第2章　广东省珠江三角洲水资源利用情况

2.1　水资源利用现状

2.1.1　各地市水资源利用情况分析

通过各地市最新的水资源公报、水资源综合规划等资料，对区域及地市的水资源开发利用情况，特别是供水和用水情况进行分析，总结、归纳各地市的供水结构和用水结构，系统分析、比较评估广东省珠江三角洲各地市的水资源开发利用程度。

1. 广州市

2015年广州市总供水量为66.14亿m^3，全市以地表水源供水为主，占总供水量的99.24%，地下水源仅占0.76%。在地表水供水量中，蓄水工程供水2.14亿m^3，引水工程供水8.37亿m^3，提水工程供水52.23亿m^3，跨流域调入水量2.9亿m^3，分别占地表水供水量的3.26%、12.75%、79.57%和4.42%，见图2.1-1。总体上看，现状广州市供水以地表水源供水为主，其中提水工程供水是主要的供水方式。

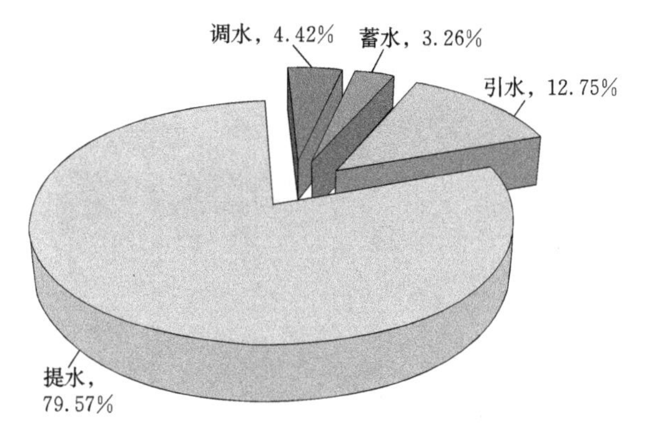

图2.1-1　2015年广州市地表水供水结构

2015年广州市全市总用水量为66.14亿m^3［包含火（核）电直流冷却水］，其中，农业用水10.63亿m^3，占总用水量的16.07%；工业用水38.39亿m^3，占总用水量的58.04%，其中火（核）电用水22.69亿m^3；城镇公共用水5.92亿m^3，占总用水量的8.95%；城镇生活用水9.10亿m^3，占总用水量的13.76%；农村生活用水1.22亿m^3，占总用水量的1.85%；生态环境用水0.88亿m^3，占总用水量的1.33%。2015年广州市用水结构见图2.1-2。按生产、生活、生态用水划分，生产用水54.94亿m^3，占总用水量的83.07%；生活用水10.32亿m^3，占总用水量的15.60%；生态环境用水0.88亿m^3，占总用水量的1.33%。总体上看，现状广州市用水以生产用水为主，其中工业用水是主要的用水对象。

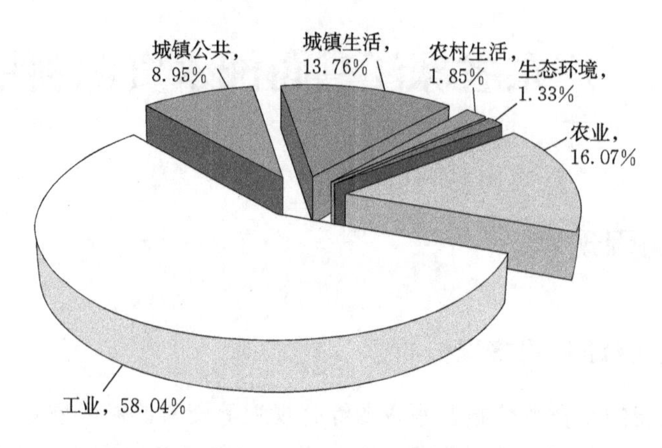

图 2.1-2　2015 年广州市用水结构

2. 深圳市

2015 年深圳市总供水量为 19.91 亿 m^3，全市以地表水源供水为主，占总供水量的 94.13%，地下水源占 0.35%，污水回用、雨水利用等其他水源占 5.52%。在地表水供水量中，蓄水工程供水 2.29 亿 m^3，引水工程供水 5.60 亿 m^3，跨流域调入水量 10.85 亿 m^3，分别占地表水供水量的 12.22%、29.88%和 57.90%，现状深圳市没有提水工程供水量，见图 2.1-3。总体上看，现状深圳市供水以地表水源供水为主，其中，跨流域调水工程供水量占了较大比例，是主要的供水方式。

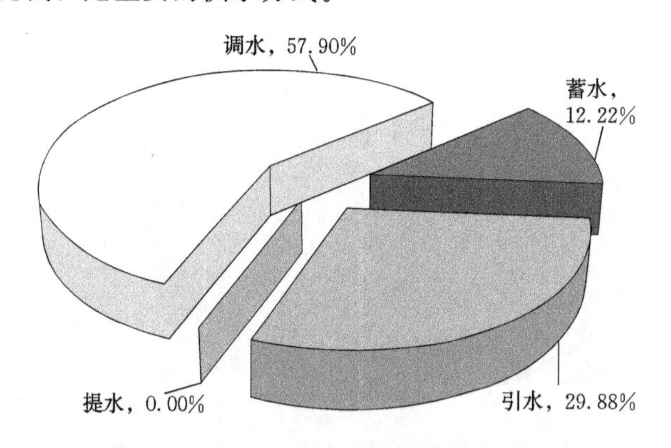

图 2.1-3　2015 年深圳市地表水供水结构

2015 年深圳市全市总用水量为 19.91 亿 m^3 [包含火（核）电直流冷却水]，其中，农业用水 0.82 亿 m^3，占总用水量的 4.12%；工业用水 5.08 亿 m^3，占总用水量的 25.51%，其中火（核）电用水 0.06 亿 m^3；城镇公共用水 5.73 亿 m^3，占总用水量的 28.78%；城镇生活用水 7.14 亿 m^3，占总用水量的 35.86%；生态环境用水 1.14 亿 m^3，占总用水量的 5.73%；现状深圳市没有农村生活用水量，2015 年深圳市用水结构见图 2.1-4。按生产、生活、生态用水划分，生产用水 11.63 亿 m^3，占总用水量的 58.41%；生活用水 7.14 亿 m^3，占总用水量的 35.86%；生态环境用水 1.14 亿 m^3，占总用水量的 5.73%。总体上看，现状深圳市用水以城镇生活、城镇公共用水为主，第三产业用水是主要的用水对象。

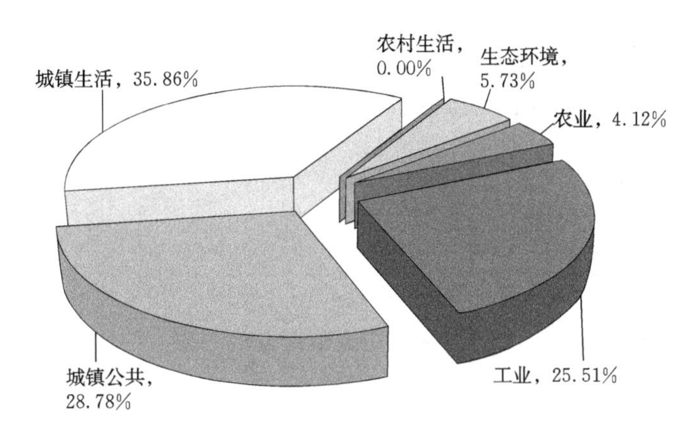

图 2.1-4 2015 年深圳市用水结构

3. 珠海市

2015 年珠海市总供水量为 5.04 亿 m³，全市以地表水源供水为主，占总供水量的 100%，没有采用地下水和其他水源。在地表水供水量中，蓄水工程供水 0.61 亿 m³，引水工程供水 0.87 亿 m³，提水工程供水 3.56 亿 m³，分别占地表水供水量的 12.10%、17.26%和 70.64%，现状珠海市没有跨流域调入水量，见图 2.1-5。总体上看，现状珠海市供水以地表水源供水为主，其中提水工程供水是主要的供水方式。

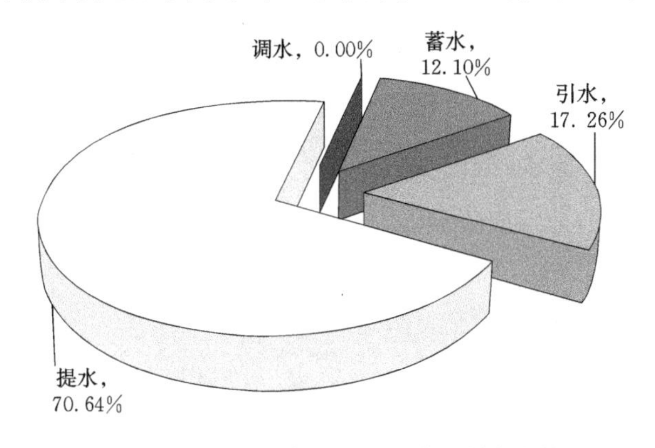

图 2.1-5 2015 年珠海市地表水供水结构

2015 年珠海市全市总用水量为 5.04 亿 m³ [包含火（核）电直流冷却水]，其中，农业用水 0.87 亿 m³，占总用水量的 17.26%；工业用水 1.44 亿 m³，占总用水量的 28.57%，其中火（核）电用水 0.06 亿 m³；城镇公共用水 1.20 亿 m³，占总用水量的 23.81%；城镇生活用水 1.36 亿 m³，占总用水量的 26.98%；农村生活用水 0.13 亿 m³，占总用水量的 2.58%；生态环境用水 0.04 亿 m³，占总用水量的 0.79%。2015 年珠海市用水结构见图 2.1-6。按生产、生活、生态用水划分，生产用水 3.51 亿 m³，占总用水量的 69.64%；生活用水 1.49 亿 m³，占总用水量的 29.56%；生态环境用水 0.04 亿 m³，占总用水量的 0.79%。总体上看，现状珠海市用水与深圳市相似，城镇生活、城镇公共用水合起来比例较大，第三产业用水是主要的用水对象。

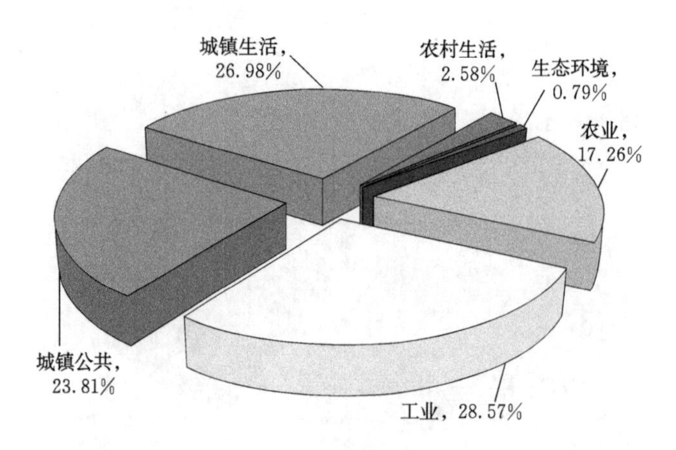

图 2.1－6 2015 年珠海市用水结构

4. 佛山市

2015 年佛山市总供水量为 22.54 亿 m^3，全市以地表水源供水为主，占总供水量的 99.96%，地下水源供水占 0.04%。在地表水供水量中，蓄水工程供水 1.98 亿 m^3，引水工程供水 2.17 亿 m^3，提水工程供水 18.38 亿 m^3，分别占地表水供水量的 8.79%、9.63%和 81.58%，佛山市现状没有跨流域调入水量，见图 2.1－7。总体上看，现状佛山市供水以地表水源供水为主，其中提水工程供水是主要的供水方式。

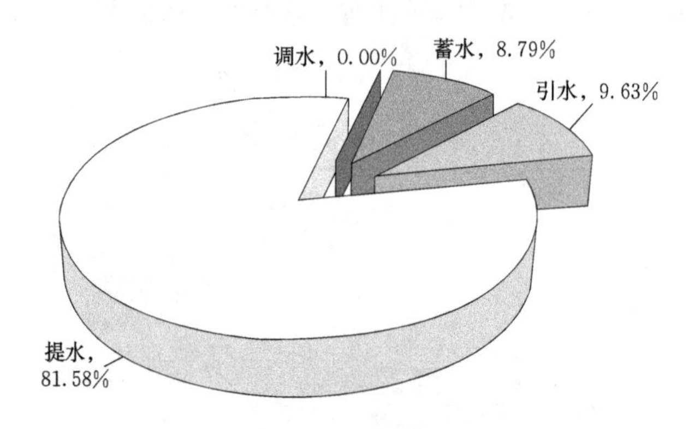

图 2.1－7 2015 年佛山市地表水供水结构

2015 年佛山市全市总用水量为 22.54 亿 m^3 [包含火（核）电直流冷却水]，其中，农业用水 6.45 亿 m^3，占总用水量的 28.62%；工业用水 9.28 亿 m^3，占总用水量的 41.17%，其中火（核）电用水 5.51 亿 m^3；城镇公共用水 1.58 亿 m^3，占总用水量的 7.01%；城镇生活用水 4.18 亿 m^3，占总用水量的 18.54%；生态环境用水 1.05 亿 m^3，占总用水量的 4.66%；现状佛山市没有农村生活用水量，见图 2.1－8。按生产、生活、生态用水划分，生产用水 17.31 亿 m^3，占总用水量的 76.80%；生活用水 4.18 亿 m^3，占总用水量的 18.54%；生态环境用水 1.05 亿 m^3，占总用水量的 4.66%。总体上看，现状佛山市用水以工业用水为主，农业用水也占了较大的比例，第一、第二产业用水是主要的用水对象。

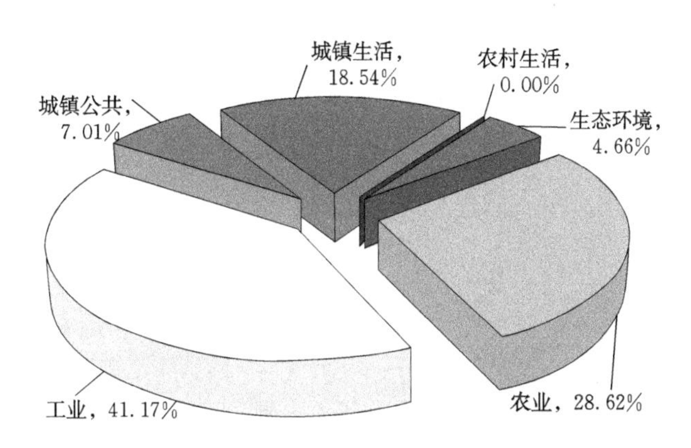

图 2.1-8 2015 年佛山市用水结构

5. 江门市

2015 年江门市总供水量为 27.83 亿 m^3，全市以地表水源供水为主，占总供水量的 98.74%，地下水源供水占 1.26%。在地表水供水量中，蓄水工程供水 14.16 亿 m^3，引水工程供水 5.63 亿 m^3，提水工程供水 7.69 亿 m^3，分别占地表水供水量的 51.53%、20.49%和 27.98%，江门市现状没有跨流域调入水量，见图 2.1-9。总体上看，现状江门市供水以地表水源供水为主，其中蓄水工程供水是主要的供水方式。

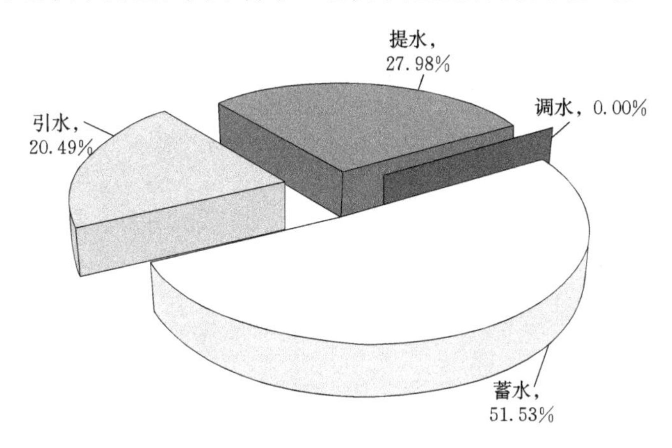

图 2.1-9 2015 年江门市地表水供水结构

2015 年江门市全市总用水量为 27.83 亿 m^3 [包含火（核）电直流冷却水]，其中，农业用水 19.79 亿 m^3，占总用水量的 71.11%；工业用水 3.98 亿 m^3，占总用水量的 14.30%，其中火（核）电用水 0.83 亿 m^3；城镇公共用水 1.15 亿 m^3，占总用水量的 4.13%；城镇生活用水 2.11 亿 m^3，占总用水量的 7.58%；农村生活用水 0.72 亿 m^3，占总用水量的 2.59%；生态环境用水 0.08 亿 m^3，占总用水量的 0.29%。2015 年江门市用水结构见图 2.1-10。按生产、生活、生态用水划分，生产用水 24.92 亿 m^3，占总用水量的 89.54%；生活用水 2.83 亿 m^3，占总用水量的 10.17%；生态环境用水 0.08 亿 m^3，占总用水量的 0.29%。总体上看，现状江门市用水以农业用水为主，第一产业用水是主要的用水对象。

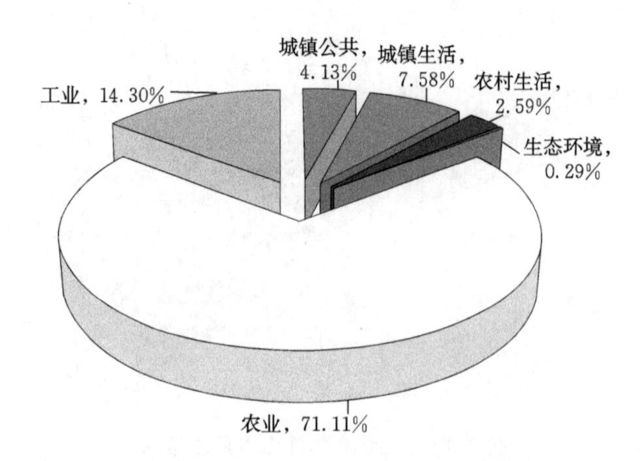

图 2.1-10　2015 年江门市用水结构

6. 东莞市

2015 年东莞市总供水量为 18.73 亿 m^3，全市以地表水源供水为主，占总供水量的 100%，没有地下水源及其他水源供水。在地表水供水量中，蓄水工程供水 0.82 亿 m^3，引水工程供水 0.75 亿 m^3，提水工程供水 17.16 亿 m^3，分别占地表水供水量的 4.38%、4.00%和 91.62%，东莞市现状没有跨流域调入水量，见图 2.1-11。总体上看，现状东莞市供水以地表水源供水为主，其中提水工程供水是主要的供水方式。

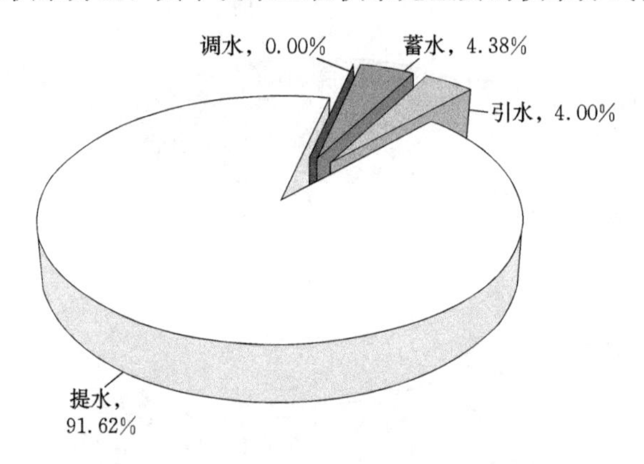

图 2.1-11　2015 年东莞市地表水供水结构

2015 年东莞市全市总用水量为 18.73 亿 m^3 [包含火（核）电直流冷却水]，其中，农业用水 0.92 亿 m^3，占总用水量的 4.91%；工业用水 7.80 亿 m^3，占总用水量的 41.64%，其中火（核）电用水 0.39 亿 m^3；城镇公共用水 3.07 亿 m^3，占总用水量的 16.39%；城镇生活用水 5.89 亿 m^3，占总用水量的 31.45%；农村生活用水 0.70 亿 m^3，占总用水量的 3.74%；生态环境用水 0.35 亿 m^3，占总用水量的 1.87%。2015 年东莞市用水结构见图 2.1-12。按生产、生活、生态用水划分，生产用水 11.79 亿 m^3，占总用水量的 62.95%；生活用水 6.59 亿 m^3，占总用水量的 35.18%；生态环境用水 0.35 亿 m^3，占总用水量的 1.87%。总体上看，现状东莞市用水以工业用水为主，城镇公共和城镇生活用水也占了较大的比例，第二、第三产业用水是主要的用水对象。

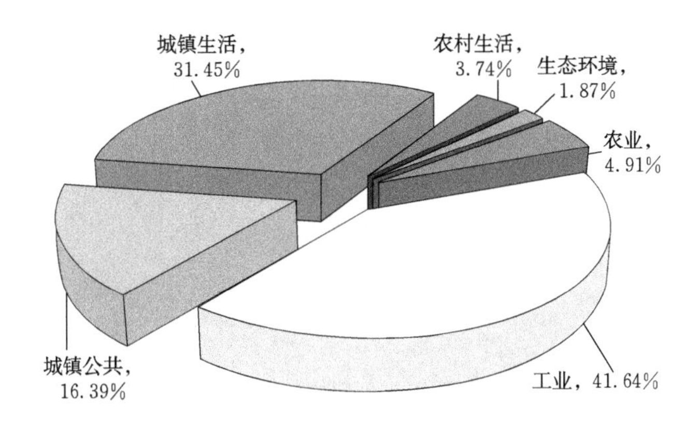

图 2.1-12 2015 年东莞市用水结构

7. 中山市

2015 年中山市总供水量为 15.84 亿 m^3，全市以地表水源供水为主，占总供水量的 99.94%，地下水供水占总供水量的 0.06%。在地表水供水量中，蓄水工程供水 0.21 亿 m^3，引水工程供水 6.22 亿 m^3，提水工程供水 9.40 亿 m^3，分别占地表水供水量的 1.33%、39.29%和 59.38%，中山市现状没有跨流域调入水量，见图 2.1-13。总体上看，现状中山市供水以地表水源供水为主，其中提水工程供水是主要的供水方式，引水工程供水也占了较大比例。

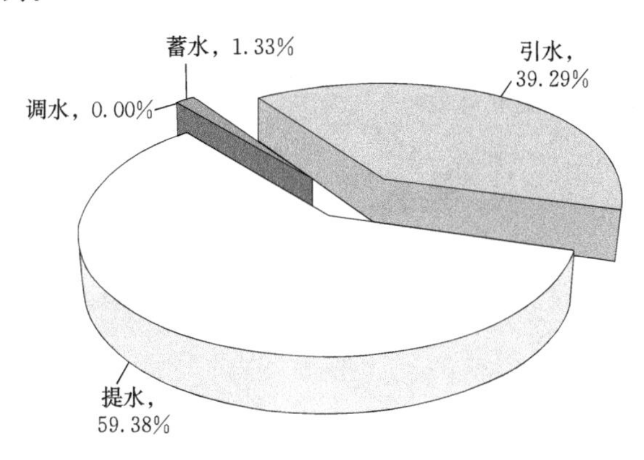

图 2.1-13 2015 年中山市地表水供水结构

2015 年中山市全市总用水量为 15.84 亿 m^3 [包含火（核）电直流冷却水]，其中，农业用水 5.84 亿 m^3，占总用水量的 36.87%；工业用水 7.10 亿 m^3，占总用水量的 44.82%，其中火（核）电用水 3.27 亿 m^3；城镇公共用水 1.06 亿 m^3，占总用水量的 6.69%；城镇生活用水 1.59 亿 m^3，占总用水量的 10.04%；农村生活用水 0.19 亿 m^3，占总用水量的 1.20%；生态环境用水 0.06 亿 m^3，占总用水量的 0.38%。2015 年中山市用水结构见图 2.1-14。按生产、生活、生态用水划分，生产用水 14.00 亿 m^3，占总用水量的 88.38%；生活用水 1.78 亿 m^3，占总用水量的 11.24%；生态环境用水 0.06 亿 m^3，占总用水量的 0.38%。总体上看，现状中山市用水以工业用水为主，农业用水也占了较大的比例，第一、第二产业用水是主要的用水对象。

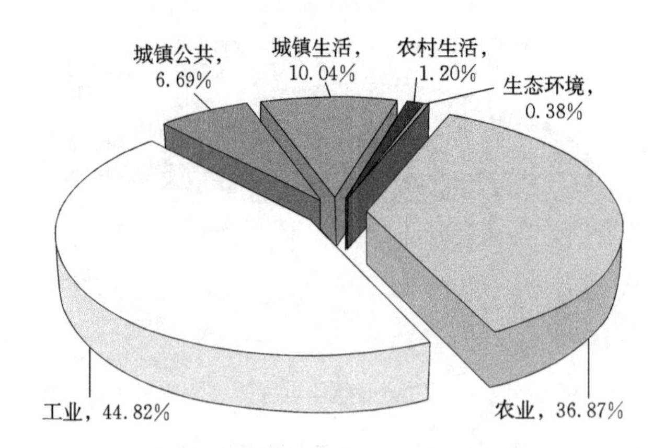

图 2.1-14　2015 年中山市用水结构

8. 惠州市

2015 年惠州市总供水量为 20.82 亿 m^3，全市以地表水源供水为主，占总供水量的 97.6%，地下水占总供水量的 2.4%。在地表水供水量中，蓄水工程供水 0.21 亿 m^3，引水工程供水 3.53 亿 m^3，提水工程供水 7.73 亿 m^3，调水工程供水 0.34 亿 m^3，分别占地表水供水量的 42.91%、17.37%、38.04%和 1.67%，见图 2.1-15。总体上看，现状惠州市供水以地表水源供水为主，其中蓄水工程供水是主要的供水方式，提水工程供水也占了较大比例。

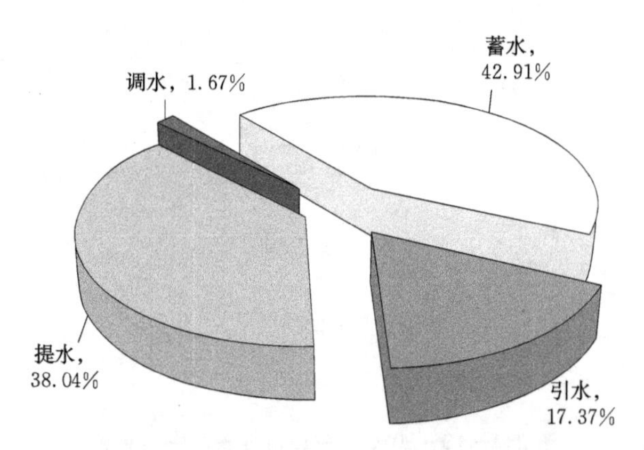

图 2.1-15　2015 年惠州市地表水供水结构

2015 年惠州市全市总用水量为 20.82 亿 m^3，其中农业用水 12.20 亿 m^3，占总用水量的 58.60%；工业用水 4.93 亿 m^3，占总用水量的 23.68%；城镇公共用水 1.03 亿 m^3，占总用水量的 4.95%；城镇生活用水 1.86 亿 m^3，占总用水量的 8.93%；农村生活用水 0.73 亿 m^3，占总用水量的 3.50%；生态环境用水 0.07 亿 m^3，占总用水量的 0.34%。2015 年惠州市用水结构见图 2.1-16。按生产、生活、生态用水划分，生产用水 18.16 亿 m^3，占总用水量的 87.22%；生活用水 2.59 亿 m^3，占总用水量的 12.44%；生态环境用水 0.07 亿 m^3，占总用水量的 0.34%。总体上看，现状惠州市用水以农业用水为主，农业是主要的用水对象。

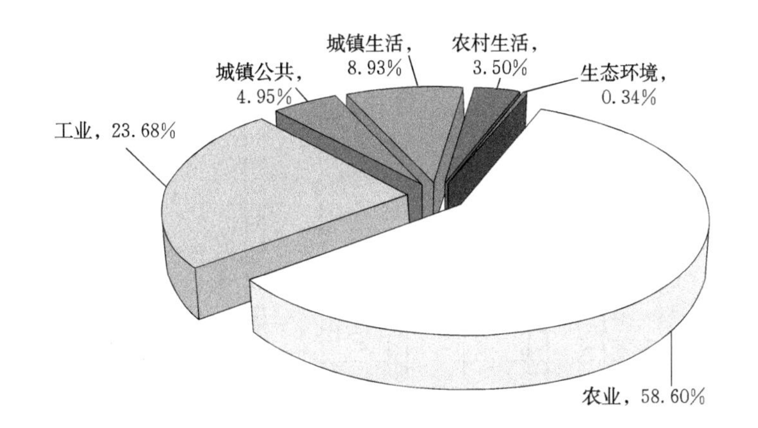

图 2.1-16 2015 年惠州市用水结构

2.1.2 水资源利用情况

2.1.2.1 区域总体情况分析

1. 供水情况

2015 年，研究范围所涉及的广州市、深圳市、珠海市、佛山市、江门市、东莞市、中山市、惠州市等 8 个地市总供水量为 196.85 亿 m^3，其中，地表水源供水量 194.31 亿 m^3，占供水总量的 98.71%；地下水源供水量 1.44 亿 m^3，占供水总量的 0.73%；其他水源供水量 1.10 亿 m^3，占供水总量的 0.56%。2015 年广州市等 8 个地市供水组成见图 2.1-17。在地表水源供水量中，蓄水工程供水 30.93 亿 m^3，引水工程供水 33.14 亿 m^3，提水工程供水 116.14 亿 m^3，跨流域调水 14.09 亿 m^3，各供水工程供水量分别占地表水源供水量的 15.92%、17.06%、59.77% 和 7.25%，见图 2.1-18。

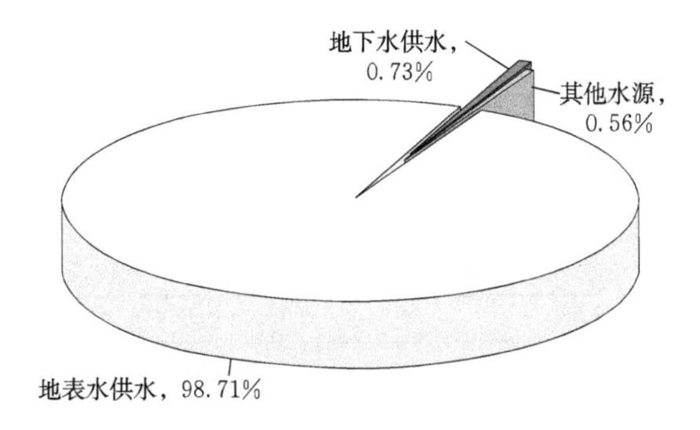

图 2.1-17 2015 年研究范围内 8 个地市供水组成

2015 年，研究范围内海水直接利用量为 214.38 亿 m^3，主要为广州、深圳、东莞、江门、珠海、中山、惠州等地区火（核）电厂的冷却用水。该部分水量不计入总供水量及总用水量。2015 年广东省珠江三角洲及研究范围内 8 个地市供水情况见表 2.1-1。

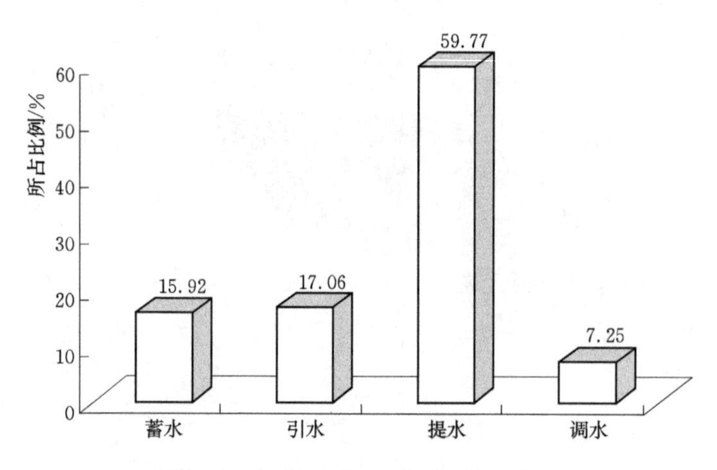

图 2.1-18　2015 年地表水源供水结构

表 2.1-1　2015 年广东省珠江三角洲及研究范围内 8 个地市供水情况

项目	广州市等 8 个地市供水量/亿 m^3	项目	广州市等 8 个地市供水量/亿 m^3
蓄水量	30.93	地下水供水量	1.44
引水量	33.14	其他供水量	1.10
提水量	116.15	总供水量	196.85
跨流域调水量	14.09	海水直接利用量	214.38

2. 用水情况

2015 年，研究范围包括的广州市、深圳市、珠海市、佛山市、江门市、东莞市、中山市、惠州市总用水量 196.85 亿 m^3。其中，农业用水 57.52 亿 m^3，占总用水量的 29.22%；工业用水 78.00 亿 m^3，占总用水量的 39.62%，其中直流式火（核）电用水量 32.81 亿 m^3；生活用水 57.66 亿 m^3，占总用水量的 29.29%，其中城镇居民生活用水 33.23 亿 m^3，农村居民生活用水 3.69 亿 m^3，城镇公共用水 20.74 亿 m^3；生态环境补水 3.67 亿 m^3，占总用水量的 1.86%。按生产（包括农业、工业）、生活（包括城镇居民生活、农村居民生活及城镇公共）、生态（生态环境补水）划分，生产用水 156.26 亿 m^3，占总用水量的 79.38%；生活用水 36.92 亿 m^3，占总用水量的 18.76%；生态环境补水 3.67 亿 m^3，占总用水量的 1.86%。2015 年广东省珠江三角洲用水情况见表 2.1-2。

表 2.1-2　2015 年广东省珠江三角洲用水情况

用水项目		广州市等 8 个地市用水量/亿 m^3
生产用水	农业用水	57.52
	工业用水	78.00
	其中直流式火（核）电用水量	32.81
生活用水	城镇公共用水	20.74
	城镇生活用水	33.23
	农村生活用水	3.69
生态环境补水		3.67
总用水量		196.85

根据用水组成情况分析，广东省珠江三角洲现状主要以生产用水为主，生产用水占用水总量的79.38%，生活用水占用水总量的18.76%，生态用水占用水总量的1.86%，研究范围内各地市的用水组成及用水结构与广东省珠江三角洲情况基本一致。

3. 废污水排放情况

2015年，研究范围内8个地市火（核）电直流冷却水排放量为31.95亿t，入河废污水量为59.05亿t。其中，广州市、深圳市、东莞市、佛山市和惠州市入河废污水量大于5亿t，其余各市为1.0亿～5.0亿t。研究范围内各地市废污水排放情况见图2.1-19。

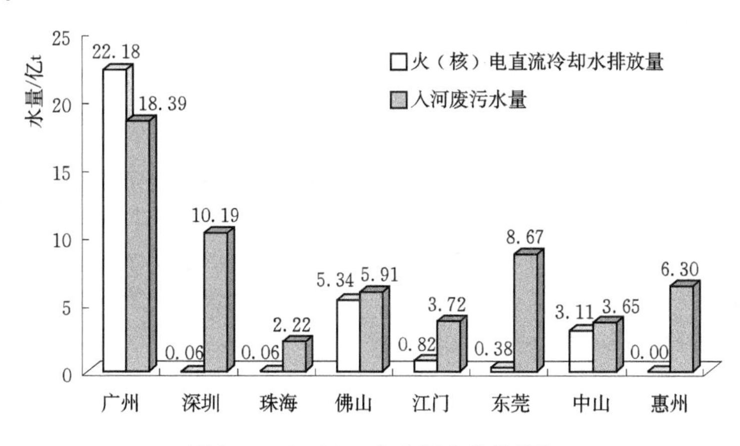

图2.1-19 2015年废污水排放情况

2.1.2.2 各地市水资源利用情况对比

根据2.1.1节分析结果，研究范围内各地市2015年总供用水量为196.85亿m^3，其中，广州市供用水量最大，为66.14亿m^3，占研究范围内供用水总量的33.60%；珠海市供用水量最小，为5.04亿m^3，占研究范围内供用水总量的2.56%。2015年广东省各地市供用水量对比见图2.1-20，各用水比例见图2.1-21。

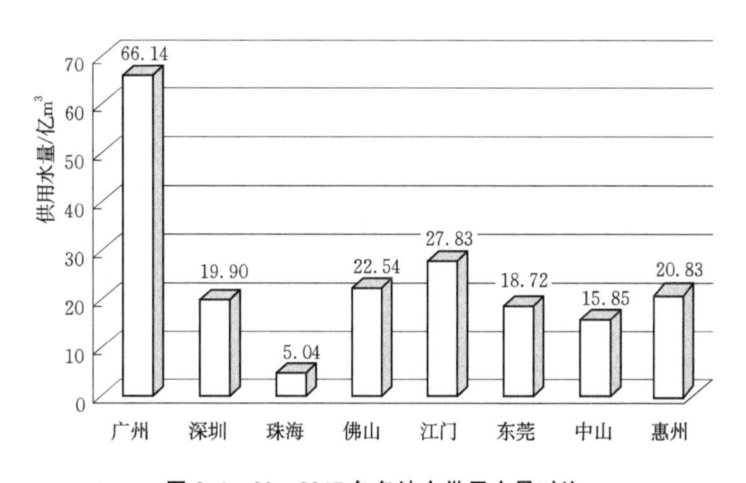

图2.1-20 2015年各地市供用水量对比

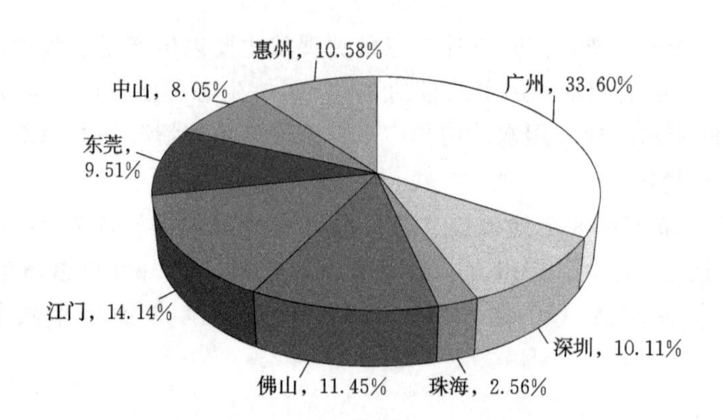

图 2.1-21　2015 年各地市供用水比例

根据各地市 2015 年的供水情况，现状研究范围内主要以地表水源供水为主，各地市的供水结构差别较大。其中，广州市、珠海市、佛山市、东莞市供水结构中，提水工程占了较大的比例，主要以提水工程供水为主；深圳市跨流域调水工程供水约占总供水量的 55%，以跨流域调水为主；江门市、惠州市蓄水工程供水占总供水量的 40%以上，以蓄水工程供水为主；中山市以提水工程供水为主，引水工程供水也占有一定的比例。各地市供水情况可按供水结构进行归类，见表 2.1-3。

表 2.1-3　各地市现状供水情况

供水结构	地市	供水情况
以提水工程供水为主	广州市	提水工程供水占供水总量的 78.97%
	珠海市	提水工程供水占供水总量的 70.63%
	佛山市	提水工程供水占供水总量的 81.54%
	东莞市	提水工程供水占供水总量的 91.62%
以调水工程供水为主	深圳市	流域外调水占供水总量的 54.50%
以蓄水工程供水为主	江门市	蓄水工程供水占供水总量的 50.88%
	惠州市	蓄水工程供水占供水总量的 41.88%
以提水工程、引水工程供水为主	中山市	提水工程供水占供水总量的 59.38%， 引水工程供水占供水总量的 39.29%

根据各地市 2015 年的用水情况，现状研究范围内主要以生产用水为主，各地市的用水结构差别较大。其中，江门市、惠州市用水结构中，农业用水占了较大的比例，主要以第一产业用水为主；广州市用水结构中，工业用水占了较大的比例，主要以第二产业用水为主；深圳市、珠海市城镇生活、城镇公共用水所占比例较大，主要以第三产业用水为主；佛山市、中山市工业用水所占比例最大，农业用水也有较大比例，主要以第二、第一产业用水为主；东莞市城镇生活及城镇公共用水所占比例最大，工业用水也有较大比例，主要以第三、第二产业用水为主。各地市用水情况可按供水结构进行归类，见表 2.1-4。

表 2.1-4 各地市现状用水情况

用水结构	地市	用水情况
以第一产业用水为主	江门市	农业用水占用水总量的 71.14%
	惠州市	农业用水占用水总量的 58.60%
以第二产业用水为主	广州市	工业用水占用水总量的 58.04%
以第三产业用水为主	深圳市	城镇公共、城镇生活用水占用水总量的 64.67%
	珠海市	城镇公共、城镇生活用水占用水总量的 50.79%
以第一、第二产业用水为主	佛山市	工业用水占 41.17%，农业用水占用水总量的 28.62%
	中山市	工业用水占 44.82%，农业用水占用水总量的 36.87%
以第二、第三产业用水为主	东莞市	城镇公共、城镇生活用水占 47.81%，工业用水占用水总量的 41.62%

2.2 现状供水能力分析

通过各地市最新的水资源公报、水资源综合规划等资料，对广东省珠江三角洲各地区、各地市的现状供水能力、供水工程利用率、供水富余能力等进行分析，确定各地市主要供水工程及供水能力。

由于研究范围内各地市主要以地表水源供水为主，下面重点分析地表水供水工程的供水能力。

2.2.1 各地市现状供水能力分析

1. 广州市

至 2014 年，广州市共统计大型水库 1 座（流溪河水库），中型水库 15 座，小型水库及塘坝约 1231 座，总库容为 10.02 亿 m^3，现状供水能力 6.74 亿 m^3，现状蓄水工程供水量为 2.14 亿 m^3，供水能力仍有一定的供水空间。

广州市包括大、中、小型引水工程合计 326 处，现状供水能力为 16.60 亿 m^3，现状引水工程供水量为 8.37 亿 m^3，供水能力仍有一定的空间。

广州市共统计中型提水工程共 10 处，小型及以下提水工程 135 处，现状供水能力为 62.12 亿 m^3，现状提水工程供水量为 52.23 亿 m^3，供水能力剩余供水空间较小。

广州市现状有跨流域调水工程 1 处，为新塘、西洲水厂从东江流域取水，向广州市黄埔区所在的西北江三角洲片区供水，现状供水能力为 3.24 亿 m^3，现状跨流域调水工程供水量为 2.90 亿 m^3，供水能力剩余供水空间较小。

从总体上看，广州市现状地表水源供水能力为 88.70 亿 m^3，现状地表水源供水量为 65.64 亿 m^3，占供水能力比例为 74.01%，见图 2.2-1。供水能力结构方面，广州市现状地表水源供水，以提水工程供水能力为主，约占总供水能力的 70.03%，与广州市现状供水量基本一致。广州市现状供水能力结构见图 2.2-2。

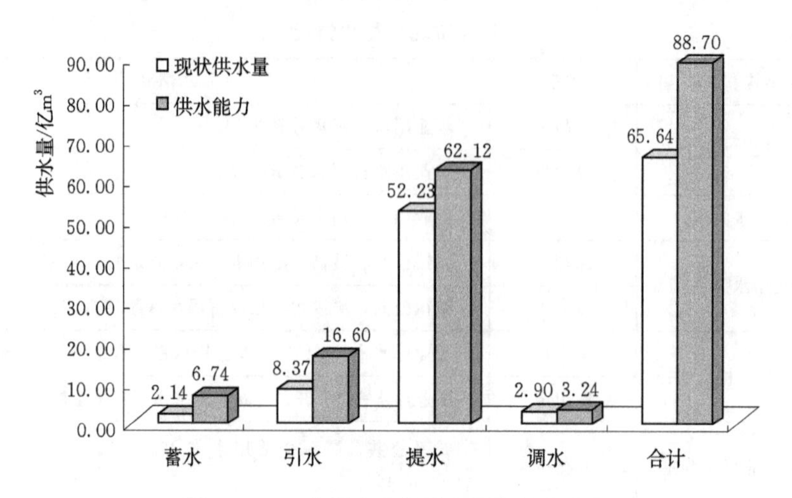

图 2.2-1 广州市现状供水量及供水能力

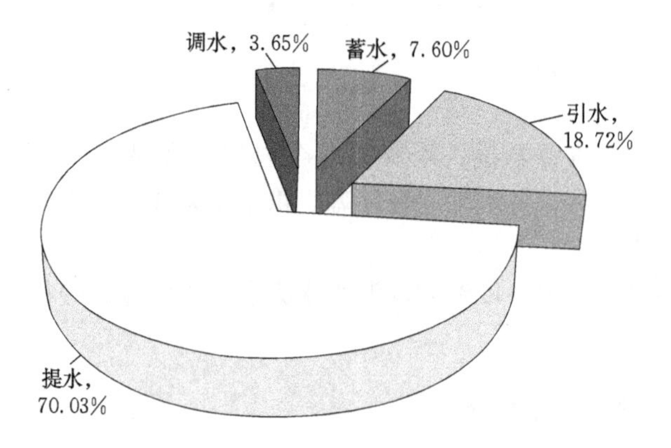

图 2.2-2 广州市现状供水能力结构

2. 深圳市

至2014年，深圳市共统计有蓄水水库162座，其中，中型水库12座，小型水库及塘坝约215座，总库容约为3.56亿m^3，现状供水能力为2.86亿m^3，现状蓄水工程供水量为2.29亿m^3，供水能力剩余供水空间较小。

深圳市包括大、中、小型引水工程约200处，现状供水能力为6.00亿m^3，现状引水工程供水量为5.60亿m^3，供水能力剩余供水空间较小。

深圳市河流大部分属于雨源性河流，已建成较大的河道提引水工程有两处，分别位于茅洲河和观澜河，还有其他一些较小的提水工程只能作为少数片区的补充水源。近年来，由于茅洲河水质严重恶化，水质为劣Ⅴ类，不能用作饮用水源，因此暂停从茅洲河提水。深圳市现状提水工程供水能力为0.53亿m^3，现状提水工程供水量为0.0亿m^3，提水工程几乎没有利用，但由于现状提水工程供水能力也比较小，可供利用的供水能力也不大。

深圳市的跨流域调水水源主要来自东江，东深供水工程和东部供水水源工程是深圳市两大调水水源骨干工程，现状供水能力为12.43亿m^3，现状跨流域调水工程供水量为10.85亿m^3，供水能力剩余供水空间较小。

从总体上看，深圳市现状地表水源供水能力约为21.82亿m^3，现状地表水源供水量为18.74亿m^3，占供水能力比例为85.88%，现状供水工程供水能力的富裕量较小，见图2.2-3。供水能力结构方面，深圳市现状地表水源供水，以跨流域调水工程供水能力为主，约占总供水能力的56.97%，与深圳市现状供水量基本一致。深圳市现状供水能力结构见图2.2-4。

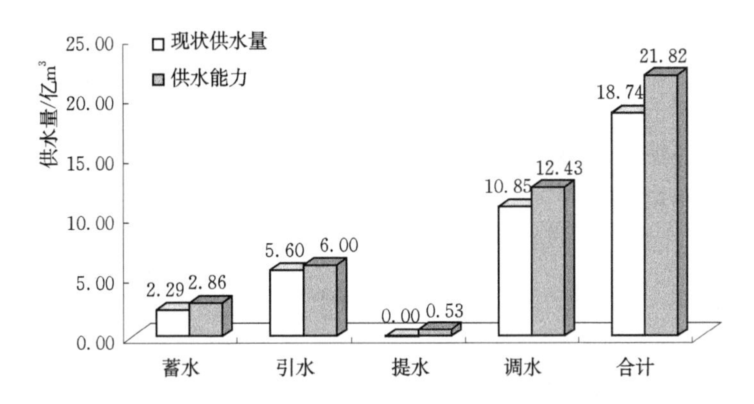

图2.2-3 深圳市现状供水量及供水能力

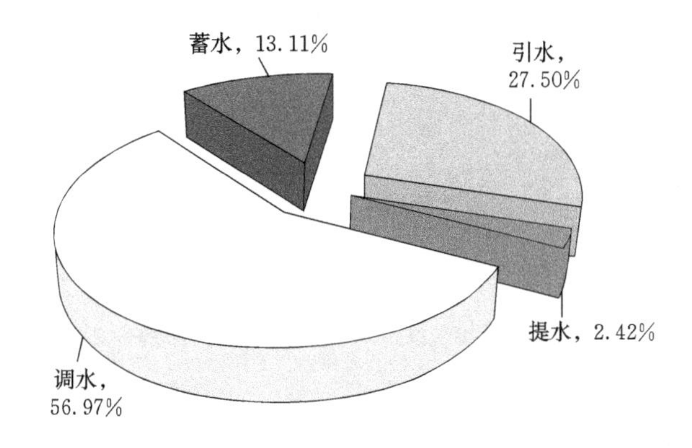

图2.2-4 深圳市现状供水能力结构

3. 珠海市

至2014年，珠海市共统计有蓄水水库132座，其中，中型水库4座，小型水库及塘坝约128座，总库容约1.52亿m^3，现状供水能力为0.72亿m^3，现状蓄水工程供水量为0.61亿m^3，供水能力剩余供水空间较小。

珠海市引水工程主要为中、小型引水工程，合计37处，提水工程合计71处，是珠海市主要的供水工程，现状供水能力为5.67亿m^3，现状引水工程、提水工程供水量为4.43亿m^3，供水能力剩余供水空间较小。

从总体上看，珠海市现状地表水源供水能力约为6.39亿m^3，现状地表水源供水量为5.04亿m^3，占供水能力比例为78.87%，现状供水工程供水能力的富裕量较小，见图2.2-5。供水能力结构方面，珠海市现状地表水源供水，以引水、提水工程供水能力为主，约占总供水能力的88.75%，与珠海市现状供水量基本一致。珠海市现状供水能力结构见图 2.2-6。

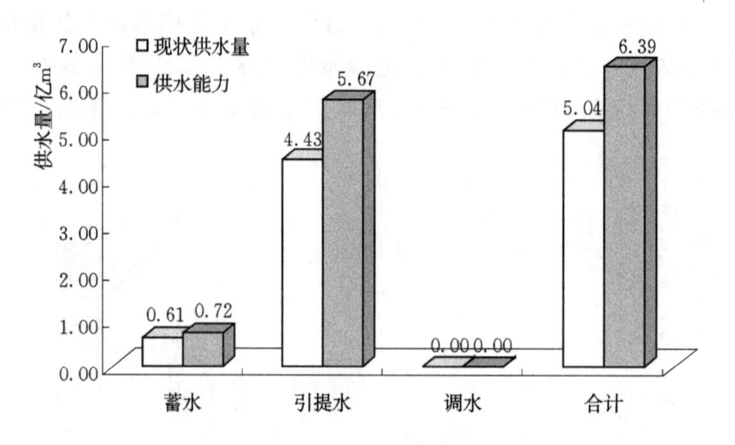

图 2.2-5　珠海市现状供水量及供水能力

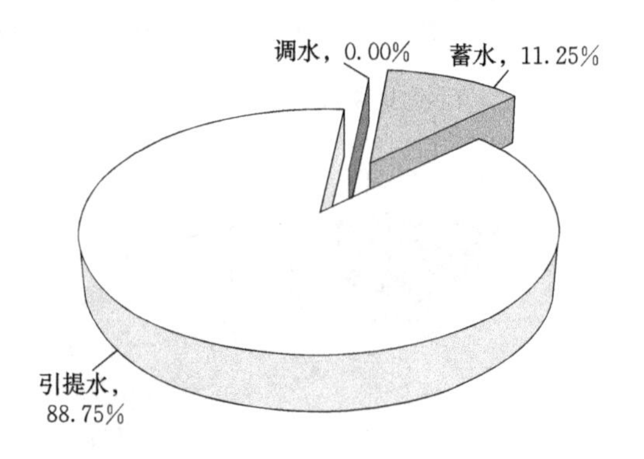

图 2.2-6　珠海市现状供水能力结构

4. 佛山市

至 2014 年，佛山市共统计有小（2）型以上水库 132 座，总库容为 12766 万 m^3。其中，中型水库 3 座，小（1）型水库 22 座，小（2）型水库 107 座，现状供水能力约为 2.0 亿 m^3，现状蓄水工程供水量为 1.98 亿 m^3，供水能力剩余供水空间较小。

佛山市引水工程均为小型及以下引水工程，合计 52 处，现状供水能力为 5.14 亿 m^3，现状引水工程供水量为 2.17 亿 m^3，供水能力仍有一定的供水空间。

佛山市统计有各类提水工程 913 处，其中，中型提水工程 3 处，小型提水工程 910 处，现状供水能力为 28.95 亿 m^3，现状提水工程供水量为 18.37 亿 m^3，供水能力仍有一定的供水空间。

从总体上看，佛山市现状地表水源供水能力为 36.09 亿 m^3，现状地表水源供水量为 22.53 亿 m^3，其中，引水工程、提水工程供水能力均有一定的富裕，见图 2.2-7。供水能力结构方面，佛山市现状地表水源供水，以提水工程供水能力为主，约占总供水能力的 80.21%，与佛山市现状供水量基本一致。佛山市现状供水能力结构见图 2.2-8。

5. 江门市

现状江门市共有各类蓄水工程 2362 座，总库容 25.36 亿 m^3，现状供水能力为 18.5

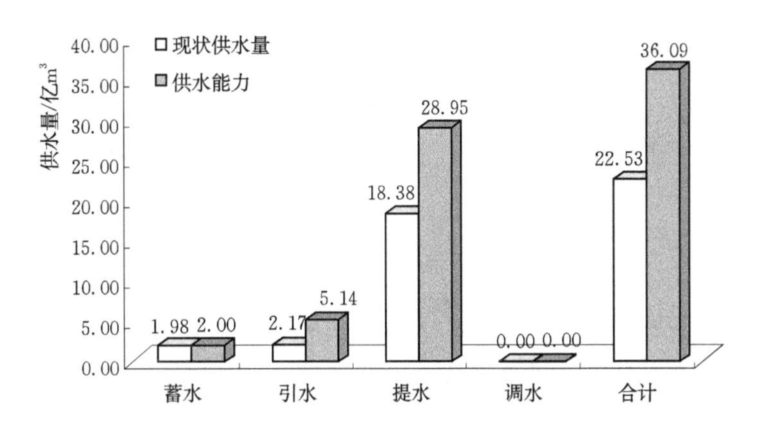

图 2.2-7 佛山市现状供水量及供水能力

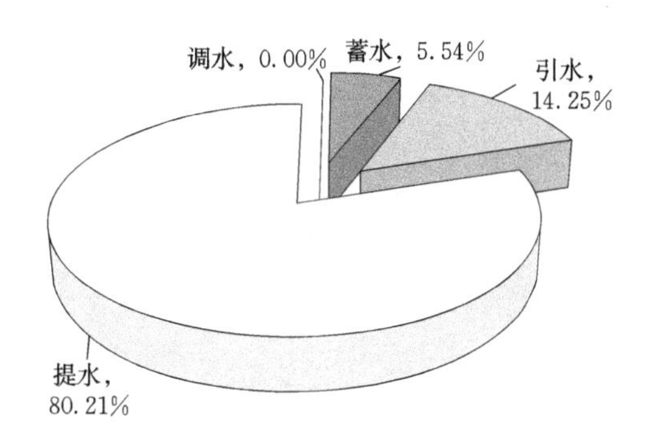

图 2.2-8 佛山市现状供水能力结构

亿 m³。其中，大型水库 4 座（锦江水库、大沙河水库、镇海水库、大隆洞水库），总库容 10.86 亿 m³，兴利库容 6.49 亿 m³，现状供水能力为 4.86 亿 m³；中型水库 28 座，总库容 7.38 亿 m³，现状供水能力为 6.57 亿 m³；小型水库 571 座，总库容 6.59 亿 mm³，现状供水能力为 6.3 亿 m³；塘坝 1759 宗，总库容 0.52 亿 m³，现状供水能力为 0.77 亿 m³，现状蓄水工程供水量为 14.16 亿 m³，供水能力有一定的富余。

江门市现有引水工程 1239 座，引水流量为 113.24m³/s，现状供水能力为 6.17 亿 m³，其中，中型引水工程 3 座，引水流量为 46.1m³/s，现状供水能力为 2.27 亿 m³；小型引水工程 1236 座，引水流量为 67.14m³/s，现状供水能力为 3.9 亿 m³。现状引水工程供水量为 5.63 亿 m³，供水能力剩余供水空间较小。

江门市现有提水工程 2846 座，提水流量为 308m³/s，现状供水能力为 8.29 亿 m³，其中，水利提水工程 2332 座，其他提水工程（自来水、工矿企业自备水源等）514 座。现状提水工程供水量为 7.69 亿 m³，供水能力剩余供水空间较小。

从总体上看，江门市现状地表水源供水能力约为 32.96 亿 m³，现状地表水源供水量为 27.48 亿 m³，其中，蓄水工程供水能力有一定的富余，引水工程、提水工程供水利用率较高，见图 2.2-9。供水能力结构方面，江门市现状地表水源供水，以蓄水工程供水能力为主，约占总供水能力的 56.13%，与江门市现状供水量基本一致。江门市现状供水能力结构见图 2.2-10。

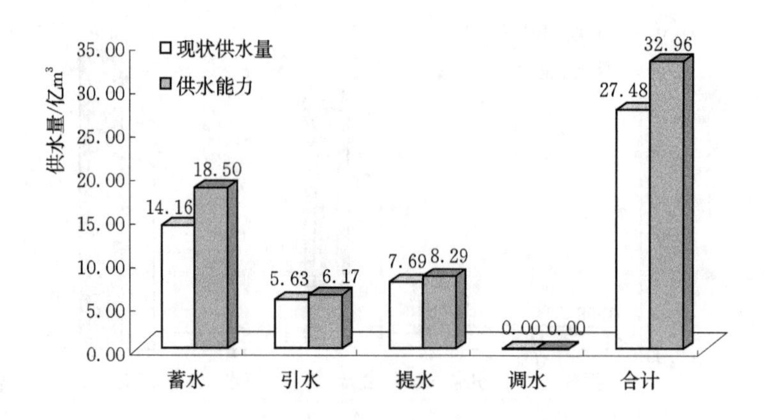

图 2.2-9　江门市现状供水量及供水能力

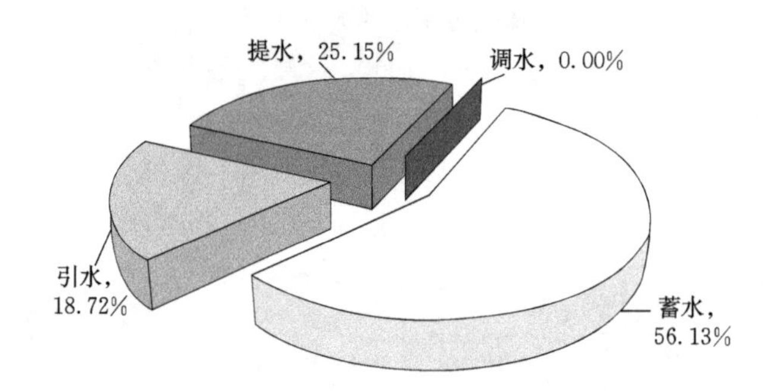

图 2.2-10　江门市现状供水能力结构

6. 东莞市

至 2014 年，东莞市统计现有小（2）型以上水库 118 座，总库容 4.07 亿 m^3，兴利库容 2.51 亿 m^3，供水能力为 1.36 亿 m^3。其中，中型水库 8 座，总库容 2.19 亿 m^3，兴利库容 1.27 亿 m^3；小（1）型水库 44 座，总库容 1.55 亿 m^3，兴利库容 1.04 亿 m^3；小（2）型水库 66 座，总库容 0.33 亿 m^3，兴利库容 0.20 亿 m^3。现状蓄水工程供水量为 0.82 亿 m^3，供水能力有一定的富余。

东莞市现有引水工程 75 座，现状供水能力为 1.00 亿 m^3，现状引水工程供水量为 0.75 亿 m^3，供水能力有一定的富余。

现状东莞市共有提水工程 292 座，全部为小型提水工程，主要包括灌溉提水工程、自来水厂提水工程以及工业生活自备水源供水工程，供水能力为 19.08 亿 m^3，现状提水工程供水量为 17.16 亿 m^3，供水能力剩余供水空间较小。

从总体上看，东莞市现状地表水源供水能力为 21.44 亿 m^3，现状地表水源供水量为 18.73 亿 m^3，其中，蓄水工程、引水工程供水能力有一定的富余，提水工程供水利用率较高，见图 2.2-11。供水能力结构方面，东莞市现状地表水源供水，以提水工程供水能力为主，约占总供水能力的 88.99%，与东莞市现状供水量基本一致。东莞市现状供水能力结构见图 2.2-12。

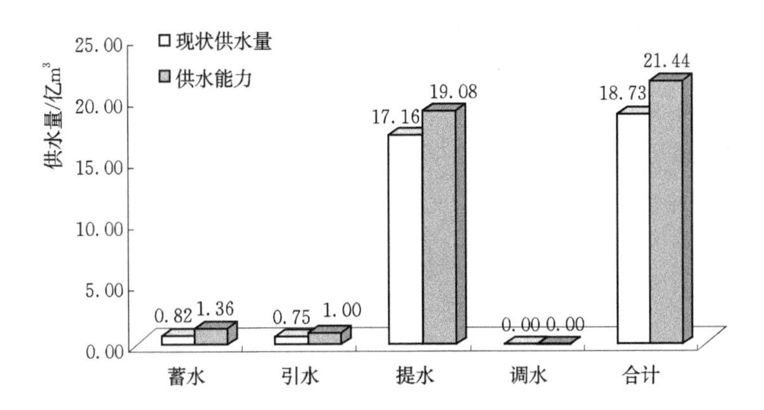

图 2.2-11 东莞市现状供水量及供水能力

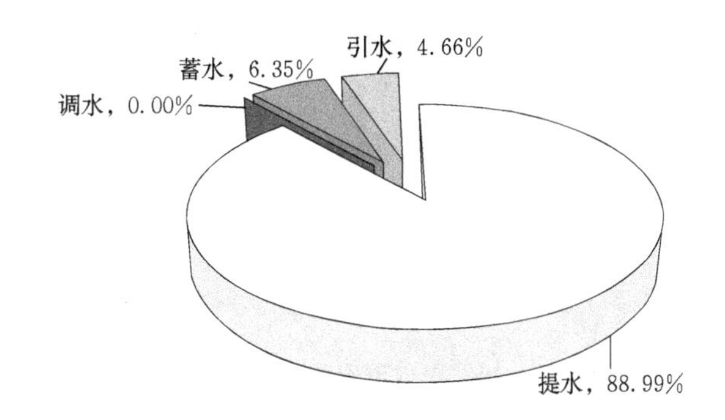

图 2.2-12 东莞市现状供水能力结构

7. 中山市

至2014年，中山市现有蓄水工程55座，总库容为0.90亿m^3，供水能力为0.72亿m^3。其中，中型水库1座，总库容0.50亿m^3；小（1）型水库16座，总库容0.32亿m^3；小（2）型水库20座，总库容0.06亿m^3；山塘18座，总库容0.01亿m^3。与现状供水量（0.21亿m^3）相比，现状蓄水工程供水量占供水能力比例为29.17%，所占比例较低，供水能力有一定的富余。

现状中山市共统计有引水工程约179座，供水能力为20.51亿m^3，其中，大型4座，中型16座，小型159座。现状引水工程供水量为6.22亿m^3，供水能力有一定的富余。

现状中山市共有水厂取水、工业企业及管理区自备水源共计95处，供水能力约为9.96亿m^3，现状提水工程供水量为9.40亿m^3，供水能力剩余供水空间较小。

从总体上看，中山市现状地表水源供水能力为31.19亿m^3，现状地表水源供水量为15.83亿m^3，其中，蓄水工程、引水工程供水能力有较大的富余，提水工程供水利用率较高，见图2.2-13。供水能力结构方面，中山市现状地表水源供水，以引水工程供水能力为主，约占总供水能力的65.75%，与中山市现状供水量结构有一定差别，主要是由于中山市现状引水工程供水能力较大，而利用程度较低所导致。中山市现状供水能力结构见图2.2-14。

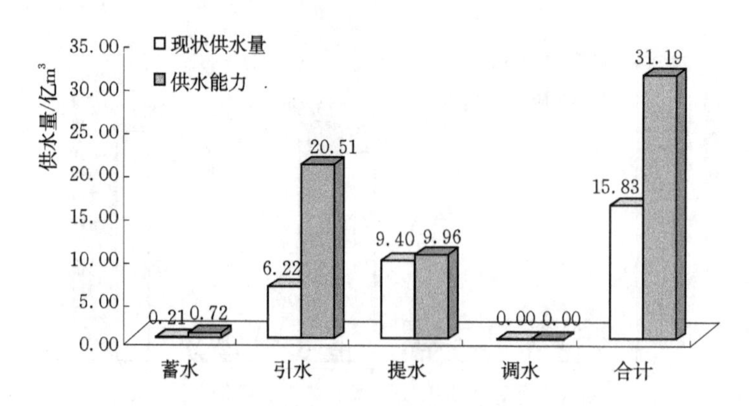

图2.2-13 中山市现状供水量及供水能力

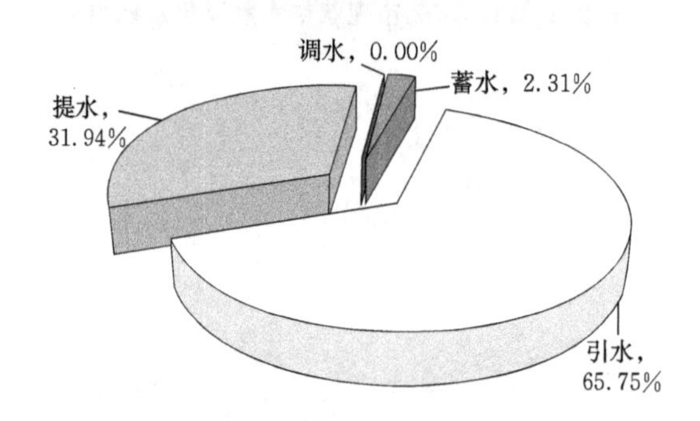

图2.2-14 中山市现状供水能力结构

8. 惠州市

至2014年，惠州市共有各类蓄水工程1522座，蓄水总库容27.34亿m^3，设计供水能力为13.35亿m^3。其中，大型水库3座，总库容16.01亿m^3；中型水库22座，总库容5.77亿m^3；小型水库439座，塘坝1058座，合计库容5.56亿m^3。现状蓄水工程供水量为8.72亿m^3，供水能力有一定的富余。

现状惠州市共统计有引水工程约2480处，主要为小型引水工程，引水规模为65.05m^3/s，设计供水能力为7.95亿m^3。现状引水工程供水量为3.53亿m^3，供水能力有一定的富余。

现状惠州市提水工程主要为小型提水工程，约1000处，提水规模为132.27m^3/s，设计供水能力为9.78万m^3，现状提水工程供水量为7.73亿m^3，供水能力剩余供水空间较小。

惠州市调水主要是大亚湾开发区的调入水量，现状调水0.34亿m^3，基本达到了供水工程的供水能力。

从总体上看，惠州市现状地表水源供水能力约31.42亿m^3，现状地表水源供水量为20.32亿m^3，其中，蓄水工程、引水工程供水能力有较大的富余，提水工程、调水工程供水利用率较高，见图2.2-15。供水能力结构方面，惠州市现状地表水源供水，以蓄水工程供水能力为主，约占总供水能力的42.49%；提水工程供水能力也占有较大比例，约占总供水能力的31.13%，与惠州市现状供水量结构基本一致。惠州市现状供水能力结构见图2.2-16。

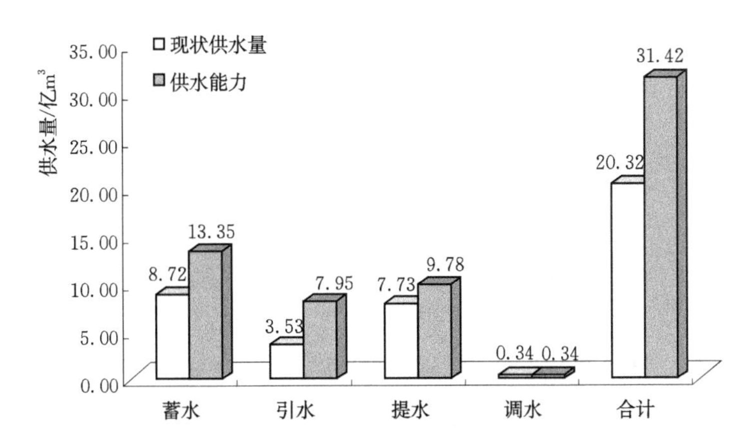

图 2.2-15 惠州市现状供水量及供水能力

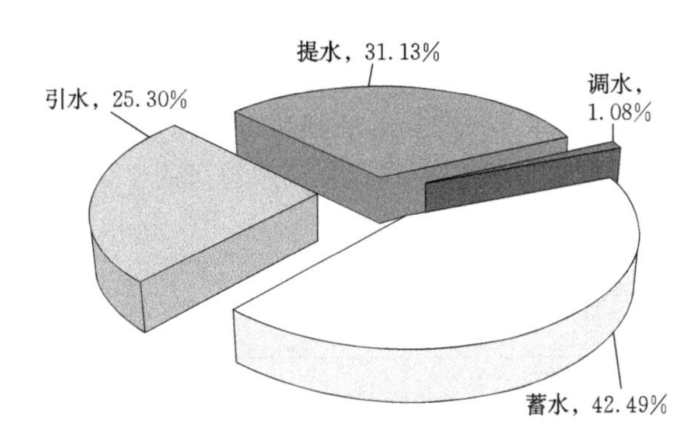

图 2.2-16 惠州市现状供水能力结构

2.2.2 现状供水能力总结分析

2.2.2.1 区域总体情况分析

研究范围内涉及的广州市、深圳市、珠海市、佛山市、江门市、东莞市、中山市、惠州市等 8 个地市现状地表水源供水工程供水能力合计为 270.01 亿 m³。其中，蓄水工程供水能力为 46.25 亿 m³，江门市、惠州市蓄水工程供水能力较大，分别占区域总蓄水能力的 40.00%和 28.87%；引水工程供水能力为 64.49 亿 m³，中山市、广州市引水工程供水能力较大，分别占区域总引水能力的 31.30%和 25.74%；提水工程供水能力为 143.26 亿 m³，广州市、佛山市提水工程供水能力较大，分别占区域总提水能力的 43.36%和 20.21%；跨流域调水工程供水能力为 16.01 亿 m³，主要分布在深圳市、广州市和惠州市，分别占区域总调水能力的 77.65%、20.22%和 2.13%。

从总体上看，广东省珠江三角洲地表水源供水能力中，蓄水工程、引水工程、提水工程和调水工程分别占 17.13%、23.88%、53.06%和 5.93%，见图 2.2-17。区域地表水源供水能力以提水工程为主，与现状区域供水能力结构基本一致。

珠江三角洲对地下水资源利用较少，全地区共有浅层地下水生产井数 9.66 万眼，现状供水能力为 2.89 亿 m³；深层承压水生产井数 0.49 万眼，现状供水能力为 0.69 亿 m³。主要分布在广州、佛山、江门、惠州等市。

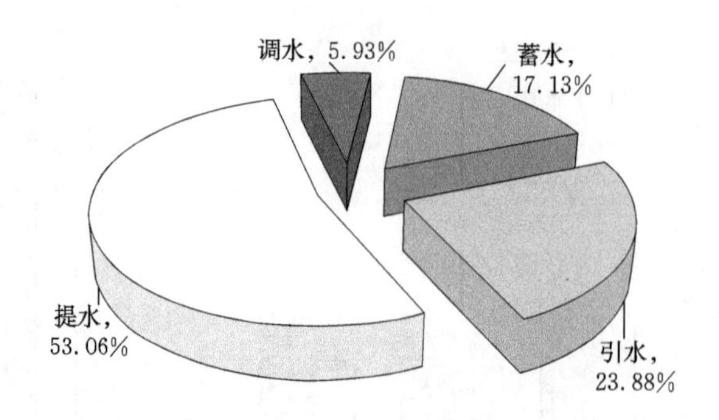

图 2.2-17　珠江三角洲 8 个地市现状供水能力结构

另外，珠江三角洲有少量污水处理再利用，每年污水回用量为 0.45 亿 m^3，主要分布在深圳、佛山、中山、珠海等市。

2.2.2.2　各地市现状供水能力对比分析

根据 2.2.1 节分析结果，研究范围内 8 个地市现状总供水能力为 270.00 亿 m^3。其中，广州市供水能力最大，为 88.69 亿 m^3，占研究范围内总供水能力的 32.85%；珠海市供水能力最小，为 6.39 亿 m^3，占研究范围内供用水总量的 2.37%。详见图 2.2-18 和图 2.2-19。各地市供水能力与供水量基本匹配。

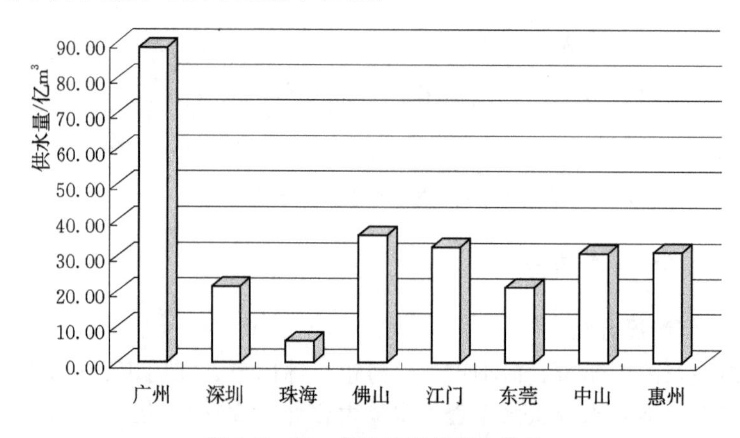

图 2.2-18　各地市现状供水能力

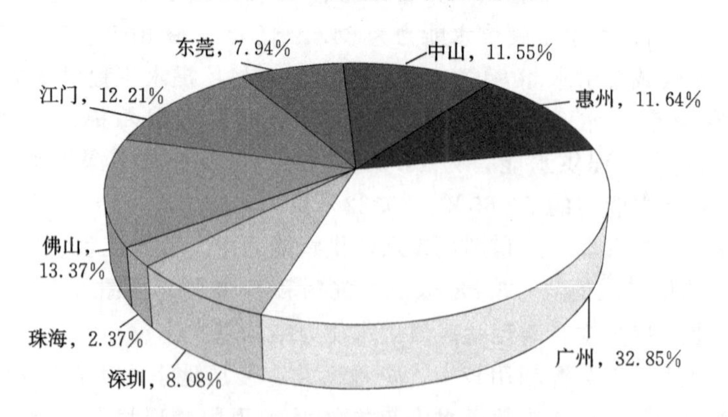

图 2.2-19　各地市现状供水能力比例

根据各地市现状供水能力与现状供水量情况，研究范围内各地市供水工程的供水利用率（现状供水量/现状供水能力）均比较高，见图2.2-20。其中，东莞、深圳、江门等地市均超过80%，在未来需水量进一步增加的基础上，需及时推进供水工程建设，以保障用水安全。研究范围内各供水类型中，跨流域调水工程的供水利用率最高，主要是由于深圳市本地供水能力较小，需从跨流域供水工程中大量取水；引水工程的供水利用率最低，主要是由于引水工程为向农业供水，供水情况变化较大。

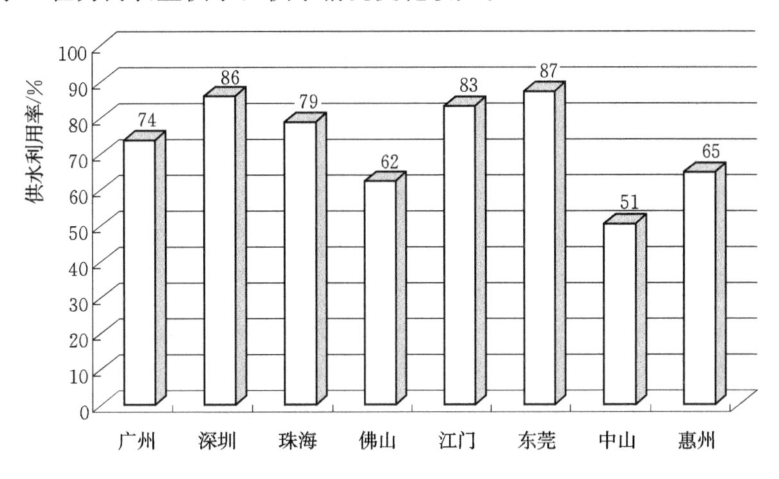

图2.2-20　广东省各地市供水工程的供水利用率

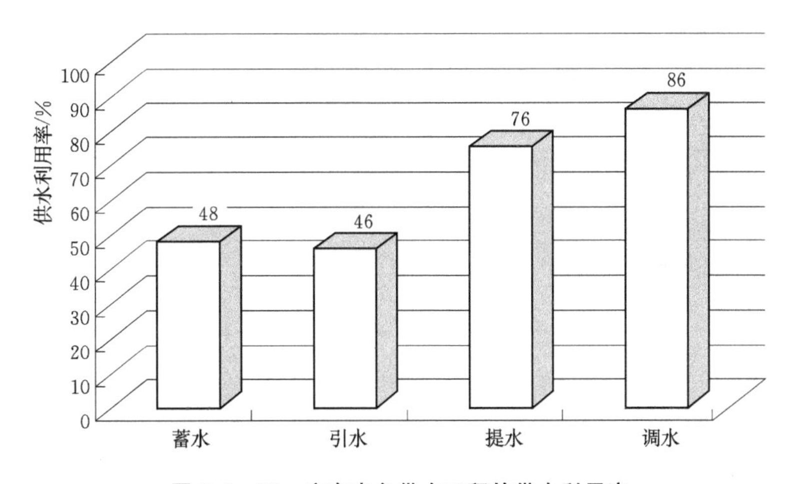

图2.2-21　广东省各供水工程的供水利用率

2.3　水资源配置现状分析

2.3.1　各地市水资源配置现状

以各地市水资源综合规划或水资源配置规划为基础，对研究范围内广州市、深圳市、珠海市、佛山市、江门市、东莞市、中山市、惠州市等地市水资源配置方案进行分析，研究规划中各配置方案的合理性、可行性及存在的问题，提出水资源配置的现状需求。

1. 广州市

(1) 水资源配置原则。根据《广州市水资源综合规划》，广州市水资源配置主要遵循以下原则：

1) 从可开发资源充足时期的“以需定供”方式，转为按照可开发利用水资源的存量，实现“以供定需”，不盲目扩大用水规模，按照“先生活，后生态，再生产”的原则，优先保证城乡居民生活用水，合理安排生态和生产用水。

2) 实行水资源统一调配，从空间上先上游，后下游；立足本地水资源，先当地径流，后跨区域调水。

3) 区分用水性质，实行生活、生产、环境用水分质平衡，以合格水作为计量指标，优水优供。

4) 充分考虑提高水资源的利用效率和综合利用的效益，通过挖潜配套，节约用水，提高现有工程的利用效率，加强保护、治理和管理措施，实现水资源的良性循环。

(2) 水资源配置方案。广州市水资源优化配置方案内容为：在2000年水源工程基础上，2010水平年、2020水平年和2030水平年进行内部挖潜工程（包括新建水库，以增加调蓄能力，配合需水增长扩建部分水厂）；优化布置全市供水水源，建设西江思贤滘引水工程以置换和补充中心区西部水质不达标水源，建设北江清远引水工程以置换和补充花都水质不达标水源，建设东海（容桂）水道引水工程以补充番禺和南沙供水不足；对南沙区工业实施分质供水，低水低用；全面规划和建设应急水源，以应对突发污染事件和咸潮问题。广州市水资源配置方案见表2.3-1。

表2.3-1　广州市水资源配置方案（多年平均）

水平年	行政分区	需水量/万 m^3	供水量/万 m^3	缺水量/万 m^3	缺水率/%
2000	中心区	250610.38	249357.80	1252.58	0.50
	花都区	71530.71	70055.11	1475.60	2.06
	番禺区	132574.23	131710.82	863.41	0.65
	南沙区	25561.71	25394.99	166.72	0.65
	从化区	46440.64	46350.98	89.66	0.19
	增城区	73587.77	73550.65	37.12	0.05
	全市	600305.44	596420.35	3885.11	0.65
2010	中心区	307097.90	305149.39	1948.51	0.63
	花都区	79130.52	78499.65	630.87	0.80
	番禺区	121487.45	121392.72	94.73	0.08
	南沙区	24930.17	24915.87	14.30	0.06
	从化区	48447.23	48160.31	286.92	0.59
	增城区	89112.04	88922.49	189.55	0.21
	全市	670205.31	667054.73	3150.58	0.47

续表

水平年	行政分区	需水量/万 m^3	供水量/万 m^3	缺水量/万 m^3	缺水率/%
2020	中心区	326665.95	326223.62	442.33	0.14
	花都区	78215.87	78093.40	122.47	0.16
	番禺区	143356.21	143167.99	188.22	0.13
	南沙区	30779.76	30751.85	27.91	0.09
	从化区	50510.02	50280.17	229.85	0.46
	增城区	91545.32	91339.93	205.39	0.22
	全市	721073.13	719884.87	1188.26	0.16
2030	中心区	344276.93	344099.85	177.08	0.05
	花都区	82716.53	82614.54	101.99	0.12
	番禺区	147822.44	147609.06	213.38	0.14
	南沙区	37113.39	37068.68	44.71	0.12
	从化区	52543.41	52337.21	206.20	0.39
	增城区	94395.93	94091.55	304.38	0.35
	全市	758868.63	757820.89	1047.74	0.14

(3) 最严格水资源管理控制指标。根据《广东省人民政府办公厅印发广东省实行最严格水资源管理制度考核暂行办法的通知》(粤办函〔2012〕52号),广东省制定了各地市2015年用水总量控制指标,其中,广州市2015年用水总量控制指标为71.5亿 m^3。

根据《广东省人民政府办公厅关于印发广东省实行最严格水资源管理制度考核办法的通知》(粤办函〔2016〕89号),广东省制定了各地市2016—2030年用水总量控制指标,用水统计口径发生了变化(直流冷却电厂用水按耗水量进行统计),其中,广州市由于用水统计口径的变化,用水指标有较大的减少,用水总量控制值为49.52亿 m^3。广州市各区2016—2030年用水总量的控制指标见表2.3-2。

表2.3-2　广州市各区2016—2030年用水总量控制目标

行政分区	用水总量控制指标/亿 m^3	行政分区	用水总量控制指标/亿 m^3
黄埔区	6.50	花都区	5.50
海珠区	2.60	从化区	2.85
白云区	4.37	增城区	6.69
天河区	3.25	番禺区	5.00
荔湾区	2.13	南沙区	6.50
越秀区	2.15		

(4) 配置方案存在的问题。从水资源配置方案上看,广州市考虑了北江从化琶二河、从化连麻河、从化流溪河上游、从化流溪河中游、北江花都迎咀河、花都流溪河下游、花

都白坭河、增城增江下游、增城东江北干流、广州市中心区流溪河下游、广州市中心区珠江广州河段、番禺沙湾水道北、番禺沙湾水道南、广州南沙开发区等配置水源及分区，但在配置方案中，各水源的配置情况并没有详细描述。

从最严格水资源管理上看，对照广州市水资源配置用水量和用水总量控制指标（见表 2.3-3），除了南沙区，其他各区及全市规划 2020 年、2030 年的用水量已超过用水总量控制指标，需根据现状用水情况、用水统计情况、节水需求及用水管理情况，重新对广州市进行需水预测，并根据最新成果开展广州市水资源配置分析。

表 2.3-3　广州市水资源配置用水量与用水总量控制指标对比　单位：亿 m^3

行政分区	配置用水量		用水总量控制指标	用水量超过控制指标	
	2020 年	2030 年		2020 年	2030 年
中心区	32.62	34.41	21.00	11.62	13.41
花都区	7.81	8.26	5.50	2.31	2.76
番禺区	14.33	14.76	5.00	9.33	9.76
南沙区	3.07	3.71	6.50	−3.43	−2.79
从化区	5.03	5.23	2.85	2.18	2.38
增城区	9.13	9.41	6.69	2.44	2.72
全市	71.99	75.78	47.54	24.45	28.24

2. 深圳市

（1）水资源配置原则。根据《深圳市水资源综合规划》，深圳市水资源配置的基本思路是优先开发当地水源，积极利用再生水源，充分引用外调水源，严格控制地下水源。水资源合理配置的任务是根据深圳市水资源生态系统的自然和社会状况，通过工程和非工程措施对多种可利用的水源进行合理开发和配置，在各用水部门间进行调配，协调生活、生产和生态用水，达到节约用水、保障供给、协调供需矛盾和有效保护生态环境的目的。主要考虑以下配置原则：

1）可持续性原则。为实现水资源的可持续利用，区域发展模式要适应当地水资源条件，水资源开发利用必须保持区域的水生态平衡。由于深圳市境外引水量在供水量中占较大比例，在考虑新增跨流域引水时，要坚持"三先三后"的方针，即先节水后调水，在本地充分节水的前提下，考虑新增境外引水量；先治污后通水，同步考虑供水增加与污水处理能力的增加；先生态后用水，要保证用水量的增加不会造成城市生态环境恶化，并在可能的基础上逐步改善。

2）有效性原则。通过各种措施提高参与生活、生产和生态过程的水量及其有效程度。如增加对降水的直接利用；减少用水过程中的无效蒸发；一水多用和综合利用，增加单位供水量对工业产值和 GDP 的产出；减少水污染，增加有效水资源量；遵循市场规律和经济法则，按边际成本最小的原则安排各类水源的开发利用模式和各类节水措施。

3）公平性原则。通过合理配置，促进水质水量和水环境容量在地区之间、近期和远期之间、用水目标之间、用水人群之间的公平分配。

4）系统性原则。在全市、各区和水系三个系统层次上对水资源进行合理配置。在全市层次上，将全市作为一个统一的配置对象进行水资源合理配置；在各区层次上，统一调整各区之间的用水权益关系；在水系层次上，对境外水和本地水统一配置，对原生性水资源和再生性水资源统一配置，对降水性水资源和径流性水资源统一配置。从而在不同层面上，将水量平衡和水环境容量平衡联系起来，用系统的原则来指导水资源合理配置。

（2）水资源配置方案。

1）2020年水资源配置方案。根据《深圳市水资源综合规划》，2020年深圳市供水水源方案主要考虑在现状供水能力的基础上，通过充分挖掘雨洪利用工程潜力，适当加大地下水、污水处理回用和海水淡化利用量等措施后，供水缺口由新建、扩建调蓄水库及加大汛期东江引水量（2.42亿m^3）解决，以及适当增加污水回用的用户数量和水量（1.94亿m^3）来解决。配合境外雨洪利用，需实施相应调蓄工程，包括公明供水调蓄工程、清林径引水调蓄工程、海湾水库工程系统等，以及兴建各调蓄水库的连通工程等。

水资源配置方案为：在本地水和外调水的关系上，境外水以供给生活和工业为主；再生污水主要供给绿化、道路冲洗等生态用水。生活用水主要由境外引水和本地蓄提水供给，充分体现“优水优用”的原则；第三产业的服务业用水和生态用水主要由雨洪利用和污水回用供给，地下水和海水淡化主要供给工业用水，其余部分的工业用水和建筑业用水则由各水源提供的水量经水库调蓄后供给，实现本地水和外调水的补偿利用和合理配置，实现经济用水和生态用水的兼顾。其中，未来深圳市水资源开发利用的主要趋势之一，是宝安区和龙岗区的用水量继续上升，特区内水量基本稳定或略有减少。因此，治污、挖潜等措施增加的供水量和增加的境外引水量将主要供给宝安区和龙岗区。

深圳市2020年水资源配置结果见表2.3-4。

表2.3-4　深圳市水资源配置方案（2020年，$P=97\%$）

区域		城市需水量	可供水量/亿m^3									余缺水量（+/-）/亿m^3
			本地水			境外水		其他水源			合计	
			蓄水	提水	地下水	东部水	东深水	雨洪利用	污水处理回用	海水淡化		
特区	中心组团	3.77	0.04	0.00	0.00	0.72	2.90	0.04	0.06	0.00	3.76	-0.01
	南山组团	3.14	0.11	0.00	0.00	1.20	1.59	0.04	0.16	0.04	3.14	0.00
	盐田组团	0.84	0.04	0.00	0.00	0.48	0.28	0.01	0.01	0.02	0.84	0.00
宝安区	宝安中心组团	2.64	0.25	0.00	0.05	1.64	0.47	0.11	0.12	0.00	2.64	0.00
	西部工业组团	2.64	0.23	0.00	0.15	0.19	1.81	0.08	0.17	0.00	2.63	-0.01
	西部高新组团	1.98	0.29	0.63	0.08	0.18	0.39	0.07	0.35	0.00	1.99	0.01
	中部综合组团	2.50	0.18	0.15	0.11	0.63	1.17	0.10	0.16	0.00	2.50	0.00

续表

区域		城市需水量	可供水量/亿 m³								合计	余缺水量(+/-)/亿 m³
			本地水			境外水		其他水源				
			蓄水	提水	地下水	东部水	东深水	雨洪利用	污水处理回用	海水淡化		
龙岗区	中部物流组团	2.97	0.12	0.03	0.17	0.92	1.50	0.14	0.09	0.00	2.97	0.00
	龙岗中心组团	2.24	0.19	0.08	0.17	0.62	0.71	0.17	0.31	0.00	2.25	0.01
	东部工业组团	1.92	0.30	0.07	0.22	0.86	0.00	0.20	0.27	0.00	1.92	0.00
	东部生态组团	1.36	0.78	0.00	0.06	0.09	0.00	0.12	0.23	0.08	1.36	0.00
总计		26.00	2.53	0.96	1.01	7.53	10.82	1.08	1.93	0.14	26.00	0.00

2）2030 年水资源配置设想。

a. 2030 年按 27.0 亿 m³ 需水量进行城市发展的控制。为给远期城市发展留有余地，考虑 10%～20%的发展预留水量，城市需水总量控制在 30 亿 m³（不含农业用水和河湖景观用水）。

b. 要满足 2030 年需水量的要求，需在现有境外引水指标 15.93 亿 m³/a 的基础上，加大东江引水或新增境外引水量 4.6 亿 m³/a，计入发展预留水量，需增加境外水量 7.6 亿 m³/a。

c. 根据对东深、东部两大境外工程的潜力和境内输配工程的能力分析，通过对东部、东深及其输配工程的挖潜改造，使年最大输配能力达到 24.7 亿 m³，以解决境外引水工程对深圳 2020 年境外水量缺口。但由于 2030 年东江流域各区域用水量增长，深圳市自东江增加引水量的难度加大，同时考虑到发展预留水量，必须开辟新的境外水源。要满足远期城市社会、经济、环境可持续发展的需水要求，远期新增境外引水势在必行。作为资源型缺水城市，新增境外引水不仅是维持深圳社会经济正常发展而进行水量调控的重要措施，也是从根本上解决深圳市水资源紧缺的最终手段。

d. 考虑到中、远期城市需水量和规划供水工程实施的不确定性、“适度重型化”对需水量的影响等因素，深圳市 2010 年后已提出积极参与珠江三角洲流域水资源规划、新增境外引水的相关计划，为远期用水未雨绸缪。

(3) 最严格水资源管理控制指标。根据《广东省人民政府办公厅印发广东省实行最严格水资源管理制度考核暂行办法的通知》（粤办函〔2012〕52 号），广东省制定了各地市 2015 年用水总量控制指标，其中，深圳市 2015 年用水总量控制指标为 19.0 亿 m³。

根据《广东省人民政府办公厅关于印发广东省实行最严格水资源管理制度考核办法的通知》（粤办函〔2016〕89 号），广东省制定了各地市 2016—2030 年用水总量控制指标，其中，综合考虑了用水统计口径及城市未来的发展，深圳市用水指标有一定的增加，用水总量控制值为 21.13 亿 m³。深圳市各区 2016—2030 年用水总量控制指标见表 2.3－5。

表 2.3-5　　深圳市各区用水总量控制指标

行政分区	2016—2030年用水总量控制指标/亿 m^3	行政分区	2016—2030年用水总量控制指标/亿 m^3
龙华新区	2.65	罗湖区	1.50
宝安区	4.99	福田区	2.21
光明新区	1.52	南山区	2.30
大鹏新区	0.35	盐田区	0.36
龙岗区	4.30	全市	21.13
坪山新区	0.95		

(4) 配置方案分析。从配置方案上看，《深圳市水资源综合规划》主要针对2020年的水资源需求、供水情况进行分析，提出了2020年深圳市水资源配置方案；对2030年，考虑到需水量的不确定性（包括城市总体规划对人口和经济发展规模尚未明确、工业结构适度重型化、强化节水措施的推广、为城市重大发展战略预留的发展预留水量等）、供水量的不确定性（包括平衡计算中的一些规划新建、扩建工程的不确定性）、跨流域调水的不确定性（东江汛期加大引水的可能性和水量、深圳市境外单水源供水的不合理性以及城市发展的重大决策性投资等）等各种因素，只提出了2030年的水资源配置设想。

从最严格水资源管理上看，对照深圳市水资源配置结果和用水总量控制指标（表2.3-6），除了宝安片区（包括宝安区、龙华新区、光明新区），其他各区及全市规划2020年用水量已超过用水总量控制指标，需根据现状用水情况、用水统计情况、节水需求及用水管理情况，重新对深圳市进行需水预测，并根据最新成果开展深圳市水资源配置分析。

表 2.3-6　　深圳市配置用水量及控制指标对比　　单位：亿 m^3

行政分区	2020年配置用水量	用水总量控制指标	超过控制指标
特区	7.75	6.37	1.38
宝安片区	9.76	9.16	0.60
龙岗区	8.49	5.60	2.89
全市	26.00	21.13	4.87

2008年8月，广东省政府发布了《广东省东江流域水资源分配方案》，方案对东江流域各市进行了水资源的分配，深圳市分配的水量在保证率 $P=90\%$ 下为16.63亿 m^3，在95%保证率 $P=95\%$ 下为16.08亿 m^3。由于深圳市没有对该特枯频率下进行水资源配置，以保证率 $P=97\%$ 下进行分析，将东江水资源分配方案与深圳市水资源配置成果相比（见表2.3-7），可知以 $P=95\%$ 分配水量进行判断，深圳市配置水量超过分配方案水量2.27亿 m^3。

表 2.3-7　　深圳市东江流域配置用水量及分配方案对比　　单位：亿 m^3

行政区	深圳市东江流域配置水量 ($P=97\%$)	东江流域分配方案 ($P=95\%$)	超过分配方案水量
深圳市	18.35	16.08	2.27

3. 珠海市

(1) 水资源配置原则。根据《珠海市水资源综合规划》，珠海市水资源配置考虑以下基本原则：

1) 将防洪和供水放在首位。

2) 充分发挥现有水利工程的综合功能。

3) 水资源分配总体效益最优或可行。

4) 适应水资源需求动态变化。

5) 保障重点。

6) 协调各地区各行业用水矛盾。

7) 重点考虑枯水年水资源供需关系。

8) 合理采用用水定额或指标。

9) 强调水资源利用的可持续性。

10) 考虑不同用户对水质的要求。

11) 考虑环境、生态用水要求。

12) 在当地水资源和入境水仍不能满足需求的情况下才考虑区间外调水。

13) 先使用当地地表水和入境水，后使用水库蓄水，再使用地下水。强调河库联合调度，且“高水高用，低水低用，一水多用”。

14) 充分发挥各水库的调节作用，尽可能蓄水补欠。

(2) 水资源配置方案。根据《珠海市水资源综合规划》，珠海市水资源配置结果为：在强化节水条件下，充分利用现有蓄水、引水、提水、地下水、污水回用工程，新建一批水库及对梅溪水库、大镜山水库加坝扩容，西水东调，主力泵站增容，扩大五山引淡工程规模，适当扩建部分水厂及新建南区水厂，新建一批电灌站，适当增加污水回用量。具体配置结果见表2.3-8。

表2.3-8 珠海市水资源配置方案

水平年	频率	分区	资源性供水/万 m^3		工程性供水/万 m^3	
			供水量	缺水量	供水量	缺水量
2010	多年平均	香州区	22901	0	22813	89
		斗门区	37609	271	37096	784
		金湾区	26602	13	26602	14
		合计	87112	284	86511	886
	1991年型	香州区	22897	0	22643	254
		斗门区	43493	1423	41971	2945
		金湾区	28888	0	28888	0
		合计	95278	1423	93502	3199

续表

水平年	频率	分区	资源性供水/万 m^3		工程性供水/万 m^3	
			供水量	缺水量	供水量	缺水量
2020	多年平均	香州区	27378	4	27209	173
		斗门区	49648	568	49363	853
		金湾区	46004	305	45989	320
		合计	123030	877	122560	1346
	1991 年型	香州区	27376	0	26513	863
		斗门区	52955	3640	52891	3704
		金湾区	45938	2521	45805	2653
		合计	126268	6161	125209	7220
2030	多年平均	香州区	27536	2	27413	125
		斗门区	53040	626	52807	858
		金湾区	51217	392	51198	410
		合计	131792	1020	131418	1394
	1991 年型	香州区	27532	0	26932	599
		斗门区	55420	3959	55346	4033
		金湾区	50373	3147	50248	3273
		合计	133325	7106	132526	7905

(3) 最严格水资源管理控制指标。根据《广东省人民政府办公厅印发广东省实行最严格水资源管理制度考核暂行办法的通知》(粤办函〔2012〕52 号),广东省制定了各地市 2015 年用水总量控制指标,其中,珠海市 2015 年用水总量控制指标为 6.70 亿 m^3。

根据《广东省人民政府办公厅关于印发广东省实行最严格水资源管理制度考核办法的通知》(粤办函〔2016〕89 号),广东省制定了各地市 2016—2030 年用水总量控制指标,其中,珠海市用水指标有微小的增加,用水总量控制值为 6.84 亿 m^3。珠海市各区 2016—2030 年用水总量控制指标见表 2.3-9。

表 2.3-9　　珠海市各区用水总量控制指标

行政区	2016—2030 年用水总量控制指标/亿 m^3	行政区	2016—2030 年用水总量控制指标/亿 m^3
横琴新区	0.38	保税区	0.04
香洲区	2.22	万山区	0.006
金湾区	0.8	高栏港区	0.98
斗门区	1.93	全市	6.84
高新区	0.48		

(4) 配置方案存在的问题。从配置方案上看，珠海市以香洲片区、斗门片区、金湾片区为计算单位进行水资源配置，并考虑了磨刀门、鸡啼门和虎跳门等水道为主要取水水源，但在配置方案中，各水源的配置情况并没有详细描述。

从最严格水资源管理上看，对照珠海市水资源配置结果和用水总量控制指标（表2.3－10），除了香洲片区（包括香洲区、横琴新区、高新区、保税区），其他各区及全市规划2020年、2030年用水量已超过用水总量控制指标，需根据现状用水情况、用水统计情况、节水需求及用水管理情况，重新对珠海市进行需水预测，并根据最新成果开展珠海市水资源配置分析。

表2.3－10　　珠海市配置用水量及控制指标对比

行政区	配置用水量/亿 m^3		用水总量控制指标/亿 m^3	超过控制指标/亿 m^3	
	2020年	2030年		2020年	2030年
香洲片区	2.74	2.75	3.12	－0.38	－0.37
斗门区	4.96	5.30	1.93	3.03	3.37
金湾区	4.60	5.12	1.79	2.81	3.34
合计	12.30	13.18	6.84	5.47	6.34

4. 佛山市

(1) 水资源配置原则。水资源合理配置是水资源综合规划的核心，应遵循高效、公平和可持续利用的原则。通过研究水资源开发利用与国民经济发展间的动态响应关系，根据国民经济发展要求和各地水资源条件，提出调整生产力布局和产业结构的建设性意见；通过分析水资源利用过程中的供、用、耗、排水规律以及水价杠杆作用，在比较各种合理抑制需求、有效增加供给和切实保护水资源的各种措施及其组合方案的基础上，对水资源在时间和区域上进行合理配置，以实现水资源开发利用与经济社会以及生态保护环境建设之间和不同区域生活、生产及生态用水之间的协调。

(2) 水资源配置方案。根据《佛山市水资源综合规划》，将禅城、南海、顺德、高明和三水5个行政区作为需水单元区，以北江下游干流河段、西江马口—甘竹滩河段、顺德水道、潭洲水道、平洲水道、陈村水道、顺德支流、东海水道、容桂水道等9个河段为主要取水水源，共同构成佛山市水资源配置系统。

水资源综合规划提出的水资源配置方案为：以创建节水型社会为先导，对现有水利供水工程进行加固、配套、扩建、新建的同时，对佛山市城市供水设施进行整合、归并，理顺佛山市供水体系，逐步淘汰水源不理想、规模较小、工艺落后的水厂；维持地下水开采利用以及污水处理再利用现状水平，构造保障佛山市未来30年供水安全的多水源供水方案。

具体配置结果见表2.3－11和表2.3－12。

表 2.3-11　佛山市水资源配置方案（多年平均）

水平年	分区	供水量/万 m³					缺水量/万 m³					缺水率/%
		生活	工业	城镇生态	农业	合计	生活	工业	城镇生态	农业	合计	
2010	禅城	9092	25432	761	623	35907	0	0	0	0	0	0.00
	南海	16576	71957	1689	38305	128527	0	0	0	0	0	0.00
	顺德	13637	50107	1183	23113	88041	0	0	0	0	0	0.00
	三水	3572	18755	424	21383	44134	0	0	0	0	0	0.00
	高明	2406	8092	360	17592	28451	1	26	3	87	116	0.41
	小计	45283	174343	4417	101016	325059	1	26	3	87	116	0.04
2020	禅城	10397	29833	952	840	42022	0	0	0	0	0	0.00
	南海	18278	72126	1941	35012	127356	0	0	0	0	0	0.00
	顺德	15037	54302	1392	21108	91839	0	0	0	0	0	0.00
	三水	4124	21176	492	20642	46434	0	0	0	0	0	0.00
	高明	2804	11733	407	16531	31475	1	39	2	79	121	0.38
	小计	50641	189169	5182	94133	339125	1	39	2	79	121	0.04
2030	禅城	11281	34653	1062	786	47782	0	0	0	0	0	0.00
	南海	19731	71764	2130	32752	126377	0	0	0	0	0	0.00
	顺德	16233	57372	1596	19450	94651	0	0	0	0	0	0.00
	三水	4615	21844	587	18911	45957	0	0	0	0	0	0.00
	高明	3156	12320	499	14385	30360	1	38	1	58	99	0.32
	小计	55016	197954	5873	86285	345128	1	38	1	58	99	0.03

表 2.3-12　各类水源供水配置情况

水平年	工程可供水量/万 m³					供水结构/%				
	地表水工程			地下水工程	非传统水源	地表水工程			地下水工程	非传统水源
	蓄水工程	引水工程	提水工程			蓄水工程	引水工程	提水工程		
2010	23006	74150	377933	2919	638	4.81	15.49	78.96	0.61	0.13
2020	23006	74150	391053	2919	1499	4.67	15.05	79.38	0.59	0.30
2030	23006	74150	391053	2919	4997	4.64	14.95	78.82	0.59	1.01

（3）最严格水资源管理控制指标。根据《广东省人民政府办公厅关于印发广东省实行最严格水资源管理制度考核暂行办法的通知》（粤办函〔2012〕52 号），广东省制定了各地市 2015 年用水总量控制指标，其中，佛山市 2015 年用水总量控制指标为 39.6 亿 m³。

根据《广东省人民政府办公厅关于印发广东省实行最严格水资源管理制度考核办法的

通知》(粤办函〔2016〕89号),广东省制定了各地市2016—2030年用水总量控制指标,其中,佛山市由于用水统计口径的变化,用水指标有较大的减少,用水总量控制值为30.52亿m^3。佛山市各区2016—2020年用水总量控制指标见表2.3-13。考虑到2030年距离较远,不确定性较大,暂时没提出2030年的控制指标。

表2.3-13　佛山市各区用水总量控制指标

行政分区	用水总量控制指标/亿m^3				
	2016年	2017年	2018年	2019年	2020年
禅城区	2.3	2.25	2.2	2.15	2.1
南海区	8	7.8	7.6	7.5	7.5
顺德区	6.8	7	7	7	7
高明区	3.3	3.3	3.3	3.3	3.3
三水区	4	4	4	4	4
五区合计	24.4	24.35	24.1	23.95	23.9

(4)配置方案存在的问题。从最严格水资源管理上看,对照佛山市水资源配置结果和用水总量控制指标(表2.3-14),除了高明区,其他各区及全市规划2020年用水量已超过用水总量控制指标,需根据现状用水情况、用水统计情况、节水需求及用水管理情况,重新对佛山市进行需水预测,并根据最新成果开展佛山市水资源配置分析。

表2.3-14　佛山市配置用水量及控制指标对比

行政分区	配置用水量/亿m^3		用水总量控制指标/亿m^3	2020年用水量超过控制指标/亿m^3
	2020年	2030年		
禅城区	4.20	4.78	2.10	2.10
南海区	12.74	12.64	7.50	5.24
顺德区	9.18	9.47	7.00	2.18
三水区	4.64	4.60	4.00	0.64
高明区	3.15	3.04	3.30	−0.15
全市	33.91	34.51	30.52	3.39

5. 江门市

(1)水资源配置原则。根据《江门市水资源综合规划》,江门市水资源配置总的原则是:以需定供,指标控制,供不超载。

(2)水资源配置方案。根据《江门市水资源综合规划》,以西北江三角洲潭江干流和主要支流水系、粤西诸河的大隆洞河、漠阳江等为供水水源,按10个水资源五级区[四级区套县(市、区),其中市辖区分为市区和新会两部分]为计算分区,进行水资源配置计算,配置方案见表2.3-15和表2.3-16。

表 2.3-15　　江门市水资源配置结果

单位：万 m^3

行政分区	水平年	需水推荐方案水量				供水推荐方案水量				缺水量			
		$P=50\%$	$P=75\%$	$P=90\%$	$P=95\%$	$P=50\%$	$P=75\%$	$P=90\%$	$P=95\%$	$P=50\%$	$P=75\%$	$P=90\%$	$P=95\%$
江门市	2010	274606	302091	330323	349442	274606	300815	324104	326096	0	1276	6219	23346
	2020	278858	304767	331839	349331	278858	304767	328658	332771	0	0	3181	16560
	2030	281631	305793	331017	347356	281631	305793	330018	336830	0	0	999	10526
恩平市	2010	35782	41095	46407	49972	35782	41095	46407	49353	0	0	0	619
	2020	34984	39935	44886	48208	34984	39935	44886	47893	0	0	0	315
	2030	33527	38022	42516	45532	33527	38022	42516	45532	0	0	0	0
开平市	2010	49203	54614	60030	63555	49203	54614	60030	63555	0	0	0	0
	2020	49622	54637	59696	62978	49622	54637	59696	62978	0	0	0	0
	2030	49370	53934	58501	61475	49370	53934	58501	61475	0	0	0	0
台山市	2010	72544	80931	89410	94809	72544	79654	84086	82964	0	1277	5324	11845
	2020	73688	81712	89823	94989	73688	81712	86642	86170	0	0	3181	8819
	2030	74764	82454	90228	95179	74764	82454	89229	88606	0	0	999	6573
鹤山市	2010	31652	33549	36519	38453	31652	33549	35696	34423	0	0	823	4030
	2020	31555	33321	36088	37889	31555	33321	36088	35653	0	0	0	2236
	2030	30930	32532	35041	36675	30930	32532	35041	36675	0	0	0	0
江门市辖区	2010	85425	91903	98487	102653	85425	91903	97885	95801	0	0	602	6852
	2020	89010	95142	101346	105317	89010	95142	101346	100072	0	0	0	5245
	2030	93040	98851	104730	108495	93040	98851	104730	104541	0	0	0	3954

表 2.3-16　江门市水资源配置供水方案　单位：万 m^3

行政分区	水平年	蓄水量				引水量				提水量		地下水量	
		$P=50\%$	$P=75\%$	$P=90\%$	$P=95\%$	$P=50\%$	$P=75\%$	$P=90\%$	$P=95\%$	市区	市区外	浅层	深层
江门市	2010	159094	175687	188163	189554	33782	43397	54210	54812	47468	26164	4905	3194
	2020	154382	167295	179757	185537	36298	49293	60722	59056	52864	27197	4918	3203
	2030	148537	164069	178805	180469	39089	47794	62365	62356	57618	28288	4905	3194
恩平市	2010	25985	31732	36970	38875	3654	3220	3294	4335	2262	1334	1548	999
	2020	24744	29620	34441	37228	3954	4030	4160	4335	2888	1343	1552	1002
	2030	23196	27718	32160	34991	4030	4077	4211	4239	2450	1350	1548	999
开平市	2010	34652	40595	44989	46735	3435	2903	3924	5703	5988	4063	1065	0
	2020	34504	38984	43649	45695	3634	4188	4563	5798	6297	4119	1068	0
	2030	34884	38967	42382	44475	3424	3404	4557	5438	6371	4126	1065	0
台山市	2010	55939	60317	60827	62400	5310	8041	11964	9269	5812	3112	1406	965
	2020	54599	57132	58377	61157	7220	12711	16396	13145	6279	3212	1410	968
	2030	52819	57132	57535	59583	9593	12970	19342	16671	6673	3307	1406	965
鹤山市	2010	18348	17146	17753	16597	5623	8721	10262	10145	4827	2387	467	0
	2020	17330	16697	16770	16564	5727	8126	10819	10591	5414	2617	468	0
	2030	16155	16697	16604	16548	5579	6639	9241	10931	5899	2831	467	0
江门市辖区	2010	24171	25897	27624	24947	15759	20511	24766	25360	28579	15267	419	1230
	2020	23205	24864	26520	24893	15763	20237	24783	25137	32483	15906	420	1233
	2030	21984	23554	25125	24871	16463	20704	25013	25078	36270	16674	419	1230

(3) 最严格水资源管理控制指标。根据《广东省人民政府办公厅关于印发广东省实行最严格水资源管理制度考核暂行办法的通知》(粤办函〔2012〕52号),广东省制定了各地市2015年用水总量控制指标,其中,江门市2015年用水总量控制指标为30.2亿m^3。

根据《广东省人民政府办公厅关于印发广东省实行最严格水资源管理制度考核办法的通知》(粤办函〔2016〕89号),广东省制定了各地市2016—2030年用水总量控制指标,其中,综合考虑了用水统计口径及城市未来的发展,江门市用水指标有一定的减少,用水总量控制值为28.73亿m^3。江门市各区2016—2030年用水总量控制指标,见表2.3-17。

表2.3-17　　江门市各区用水总量控制指标

行政区	2016—2030年用水总量控制指标/亿m^3	行政区	2016—2030年用水总量控制指标/亿m^3
蓬江区	2.696	开平市	5.437
江海区	1.020	鹤山市	3.224
新会区	5.712	恩平市	3.500
台山市	7.141	全市	28.73

(4) 配置方案存在的问题。从最严格水资源管理上看,对照江门市水资源配置结果和用水总量控制指标(表2.3-18),总体上看,江门市2020年、2030年配置用水量基本能够满足用水总量控制指标要求;但是,台山市用水总量控制指标为7.14亿m^3,2020年、2030年配置用水量分别为7.37亿m^3、7.48亿m^3,略微超过用水控制要求,需结合最新的水资源管理要求,开展江门市水资源配置分析。

表2.3-18　　江门市配置用水量及控制指标对比(50%)　　单位:亿m^3

行政区	配置用水量		用水总量控制指标	超过控制指标	
	2020年	2030年		2020年	2030年
市区	8.90	9.30	9.43	−0.53	−0.12
恩平市	3.50	3.35	3.50	0.00	−0.15
开平市	4.96	4.94	5.44	−0.47	−0.50
台山市	7.37	7.48	7.14	0.23	0.34
鹤山市	3.16	3.09	3.22	−0.07	−0.13
全市	27.89	28.16	28.73	−0.84	−0.57

6. 东莞市

(1) 水资源配置原则。根据《东莞市水资源综合规划》,东莞市水资源配置主要考虑以下配置原则:

1) 公平公正原则。水资源分配应考虑各镇街的自然条件、人口情况、经济社会发展水平、经济结构与生产力布局、在可持续发展战略中的地位和作用等方面的因素,充分兼顾各方利益,在综合水资源效益(社会效益、经济效益和生态环境效益)下平等分配水资源,保障落后地区和发达地区同样获得国民经济发展所需要的水资源。

2) 兼顾现状和发展的原则。以合理的现状用水为水资源分配的基准,保护合法取用水户的用水权益；在充分节水和挖潜微咸水、再生水水源基础上，预测规划水平年用水需求，作为东莞市水资源分配的依据。

3）可持续利用和节约保护的原则。可持续利用的原则，就是水资源开发利用以水资源承载能力为约束，防止水分失控和由此带来的水资源过度开发、承载能力下降的局面，维护当代人和子孙后代生存和发展的水安全。在水资源承载能力以内，水资源开发利用也要坚持节约和保护的方针，实行自律式发展。

4）优先保证生活用水原则。人类的生存和发展是第一位的问题，生活用水应首先考虑。在优先满足生活用水需求的前提下，再考虑兼顾生产、生态用水。

（2）水资源配置方案。《东莞市水资源综合规划》中对东莞市2010年、2020年、2030年均进行了配置。配置结果见表2.3-19。根据东莞市河流水系、供水格局和地形特点，对东莞市划分为3个计算分区，分别为石马河片区、中部及沿海片区、水乡片区。其中，石马河片区位于东江下游区，包括凤岗、清溪、塘厦、樟木头、谢岗、桥头、企石、石排以及黄江、常平和横沥的一部分（按镇区面积的一半计）；中部及沿海片区位于东江三角洲包括莞城、南城、东城、虎门、沙田、厚街、长安、寮步、大岭山、大朗、东坑以及黄江、常平和横沥的一部分（按镇区面积的一半计）；水乡片区也属于东江三角洲，包括石龙、茶山、万江、中堂、望牛墩、麻涌、石碣、高埗、道滘、洪梅等镇区。

表2.3-19　　东莞市水资源配置方案（多年平均）

水平年	分区	供水量/万 m³					缺水量/万 m³				
		生活	城镇生产	生态	农村生产	合计	生活	城镇生产	生态	农村生产	合计
2010	石马河片	18224	32354	828	6367	57773	0	0	0	0	0
	中部及沿海片	34281	52702	1290	10220	98493	67	316	7	154	544
	水乡片	12645	55566	265	6144	74620	66	297	2	76	441
	合计	65150	140621	2384	22731	230886	133	614	8	230	985
2020	石马河片	22427	33340	848	6304	62919	0	0	0	0	0
	中部及沿海片	39244	56034	1318	10198	106794	217	401	9	150	777
	水乡片	15625	59473	279	6735	82112	120	384	3	96	603
	合计	77296	148848	2445	23237	251826	337	784	12	246	1379
2030	石马河片	22998	32337	876	6092	62303	0	0	0	0	0
	中部及沿海片	40129	55216	1341	9876	106562	166	348	9	135	658
	水乡片	15918	55530	319	6519	78286	131	338	3	77	549
	合计	79045	143082	2536	22486	247149	297	687	12	211	1207

（3）最严格水资源管理控制指标。根据《广东省人民政府办公厅关于印发广东省实行最严格水资源管理制度考核暂行办法的通知》（粤办函〔2012〕52号），广东省制定了各

地市 2015 年用水总量控制指标，其中，东莞市 2015 年用水总量控制指标为 21.0 亿 m^3。

根据《广东省人民政府办公厅关于印发广东省实行最严格水资源管理制度考核办法的通知》（粤办函〔2016〕89 号），广东省制定了各地市 2016—2030 年用水总量控制指标，其中，综合考虑了用水统计口径及城市未来的发展，东莞市用水指标有一定的增加，用水总量控制值为 22.07 亿 m^3。东莞市各镇街 2016—2020 年、2021—2030 年用水总量控制指标见表 2.3-20。

表 2.3-20　　东莞市各镇街用水总量控制指标

行政分区	用水总量控制指标/万 m^3	
	2016—2020 年	2021—2030 年
莞城	2420.98	2411.36
石龙镇	2719.63	2708.83
虎门镇	14612.69	18559.9
东城区	13566.49	13512.61
万江区	4858.68	4839.39
南城区	6340.38	6315.2
中堂镇	13244.2	13191.6
望牛墩	1921.71	1914.07
麻涌镇	15655.45	15593.27
石碣镇	5646.74	5624.32
高埗镇	3557.98	3543.85
道滘镇	3086.09	3073.84
红梅镇	4662.29	4643.77
沙田镇（虎门港）	4542.97	5766.58
厚街镇	10254.94	13017.01
长安镇	12781.29	16223.81
寮步镇	7104.6	7076.38
大岭山	4018.26	4002.3
大朗镇	8364.31	8331.09
黄江镇	5066.36	5046.24
樟木头	3346.01	3332.72
清溪镇	5902.65	5879.21
塘下镇	9847.11	9808.01
凤岗镇	6376.64	6351.32
谢岗镇	3021.32	3009.32

续表

行政分区	用水总量控制指标/万 m³	
	2016—2020年	2021—2030年
常平镇	9699.06	9660.54
桥头镇	3937.72	3922.08
横沥镇	4670.96	4652.41
东坑镇	2562.75	2552.57
企石镇	2564.28	2554.09
石排镇	3726.35	3711.55
茶山镇	4498.88	4481.02
松山湖（生态园）	5000.00	5389.73
全市	209579.80	220700.00

（4）配置方案存在的问题。从配置方案上看，东莞市只考虑了多年平均来水条件下的配置结果，而 $P=90\%$、$P=95\%$ 等保证率下来水量较小，更需要考虑水资源的优化配置。

从最严格水资源管理上看，对照东莞市水资源配置结果和用水总量控制指标（表 2.3-21），多年平均来水条件下，东莞市各计算分区配置水量基本上均超过用水总量控制指标，需根据现状用水情况、用水统计情况、节水需求及用水管理情况，重新对东莞市进行需水预测，并根据最新成果开展东莞市水资源配置分析。

表 2.3-21　　东莞市配置用水量及控制指标对比

计算分区	配置用水量/亿 m³		用水总量控制指标/亿 m³		超过控制指标/亿 m³	
	2020年	2030年	2020年	2030年	2020年	2030年
石马河片	6.29	6.23	4.84	4.82	1.45	1.41
中部及沿海片	10.68	10.66	10.13	11.28	0.55	−0.63
水乡片	8.21	7.83	5.99	5.96	2.23	1.87
全市	25.18	24.71	21.00	22.07	4.18	2.64

2008年8月，广东省政府发布了《广东省东江流域水资源分配方案》，方案对东江流域各市进行了水资源的分配，东莞市分配的水量在 $P=90\%$ 保证率下为 20.95 亿 m³，在 $P=95\%$ 保证率下为 19.44 亿 m³。由于东莞市没有对该特枯频率下进行水资源配置，以多年平均来水进行分析，将东江水资源分配方案与东莞市水资源配置成果相比（见表 2.3-22），可知以 $P=90\%$ 保证率分配水量进行判断，东莞市 2010 年、2020 年、2030 年配置水量均超过东江流域分配方案水量。

表 2.3-22 东莞市东江流域配置用水量及分配方案对比

行政区	水平年	东莞市东江流域配置水量（多年平均年来水量）/亿 m^3	东江流域分配方案（$P=90\%$）/亿 m^3	超过分配方案水量/亿 m^3
东莞市	2010	23.09	20.95	2.14
	2020	25.18	20.95	4.23
	2030	24.71	20.95	3.76

7. 中山市

(1) 水资源配置原则。中山市当地水资源量比较匮乏，且存在时空分布不均匀，当地水资源不能完全满足需水要求，区域内用水需求的绝大部分来源于西江过境客水。中山市过境客水尽管在总量上比较丰富，但时空分布极不均匀，且与河道内需水过程不一致，致使在枯水年的个别时段产生水质性缺水。水资源短缺（特别是水质性缺水）已经影响到中山市国民经济的可持续发展。因此，需要根据水资源可持续利用的理念，在遵循社会、经济及环境供水有效性与安全性，区域和用户间的公平性等原则的基础上，提出水资源配置的合理方案。

中山市水资源配置主要考虑以下基本原则：

1) 坚持人与自然和谐共处的原则，将防洪和供水放在首位。

2) 充分发挥现有水利工程的综合功能。

3) 协调各分区各行业的用水矛盾。

4) 强调水资源利用的可持续性。

5) 考虑环境、生态用水要求。

6) 水资源分配总体效益最优、效率优先的原则。

7) 先使用当地水资源和过境水，后使用水库蓄水，强调河库联合调度。

8) 在当地水资源和过境水仍不能满足需求的情况下才考虑区间外调水。

(2) 水资源配置方案。根据《中山市水资源综合规划》，中山市水资源配置方案以创建节水型社会为先导，对现有水利工程进行加固、配套、扩建，新建蓄引提工程的同时，将磨刀门水道、小榄水道水厂取水口上移适度扩建，并整合现有水厂，理顺中山市供水体系，限制利用地下水，适度运用中水资源等内容，构建中山市未来 30 年供水安全的多水源供水方案。

其中，主要的供水方案为：在考虑充分利用现有蓄引提工程基础上，同时考虑现有水库扩建增容；新建一批蓄水工程、引水工程以及电灌工程；将现有的 33 间水厂集中合并为 14 间水厂（含工业水厂 2 座），原则上关闭 8 座水厂，11 座水厂作为备用水厂，14 座水厂根据需水要求适当扩大供水规模，并将水厂联网，增加上下游水厂间的水量调节能力；扩建长江水库；建设全禄水厂调咸水池；增加古宥水库调咸功能；扩建小榄水厂；将西江磨刀门水道、小榄水道和鸡鸦水道取水口集中上移归并。

中山市水资源配置方案结果见表 2.3-23 和表 2.3-24。

表 2.3-23　　中山市各供水水源配置供水结果

水平年	保证率 P /%	地表水/万 m^3			地下水 /万 m^3	中水回用 /万 m^3	总供水量 /万 m^3
		蓄水工程	引水工程	提水工程			
2010	50	7125	70312	82077	0	1516	161030
	75	6044	72165	83159	0	1516	162884
	90	5365	73931	83778	0	1516	164591
	90	4891	75151	84141	0	1516	165700
2020	50	7833	70045	104300	0	3913	186090
	75	6676	71719	105452	0	3913	187761
	90	5923	73308	106154	0	3913	189297
	90	5374	74418	106627	0	3913	190332
2030	50	7962	69792	98487	0	3989	180230
	75	6795	71515	99651	0	3989	181950
	90	6031	73149	100412	0	3989	183580
	90	5471	74301	100919	0	3989	184680

表 2.3-24　　中山市水资源配置结果（$P=90\%$）

水平年	分区	供水量/万 m^3					缺水量/万 m^3				
		生活	工业生产	农业生产	生态环境	合计	生活	工业生产	农业生产	生态环境	合计
2010	1 区	1813	7501	6689	87	16089	0	0	0	0	0
	2 区	1705	4656	12174	49	18584	0	0	0	0	0
	3 区	1295	4095	7423	58	12871	0	0	0	0	0
	4 区	12428	29011	36411	1025	78884	0	0	0	0	0
	5 区	26062	12722	4375	165	19868	0	0	17	0	17

续表

水平年	分区	供水量/万 m^3					缺水量/万 m^3				
		生活	工业生产	农业生产	生态环境	合计	生活	工业生产	农业生产	生态环境	合计
2010	6区	2043	2878	3329	118	8368	0	0	84	0	84
	7区	1520	3438	4887	81	9925	0	0	562	0	562
	小计	23405	64301	75288	1582	164589	0	0	663	0	663
2020	1区	2036	11084	6583	120	19824	0	0	0	0	0
	2区	2138	8196	12095	85	22514	0	0	0	0	0
	3区	1451	5195	7447	84	14178	0	0	0	0	0
	4区	13106	34842	36329	1262	85457	0	0	0	0	0
	5区	2944	18667	4268	210	26290	0	0	0	0	0
	6区	2168	3948	3237	152	9540	0	0	48	0	48
	7区	1591	4767	5026	111	11496	0	0	361	0	361
	小计	25433	86900	74940	2023	189297	0	0	409	0	409
2030	1区	2278	10684	6545	146.4	19654	0	0	0	0	0
	2区	2364	8893	12064	113	23433	0	0	0	0	0
	3区	1554.4	4743	7433	103	13833	0	0	0	0	0
	4区	14005	30267	36146	1421	81847	0	0	0	0	0
	5区	3180	16444	4254	238	24116	0	0	0	0	0
	6区	2296	3670	3302	175	9443	0	0	31	0	31
	7区	1714	4339	5068	135	11254	0	0	352	0	352
	小计	27390	79039	74812	2330	183580	0	0	383	0	383

（3）最严格水资源管理控制指标。根据《广东省人民政府办公厅关于印发广东省实行最严格水资源管理制度考核暂行办法的通知》（粤办函〔2012〕52 号），广东省制定了各地市 2015 年用水总量控制指标，其中，中山市 2015 年用水总量控制指标为 18.8 亿 m^3。

根据《广东省人民政府办公厅关于印发广东省实行最严格水资源管理制度考核办法的通知》（粤办函〔2016〕89 号），广东省制定了各地市 2016—2030 年用水总量控制指标，其中，综合考虑了用水统计口径及城市未来的发展，中山市用水指标有一定的减少，用水总量控制值为 16.53 亿 m^3。中山市各区 2020 年用水总量控制指标见表 2.3-25。原则上，2020—2030 年各镇区用水总量控制指标中，一般工业和生活用水量在 2020 年的基础上增加 10%。

表 2.3-25　　中山市各区 2020 年用水总量控制指标

行政分区	用水总量控制指标/万 m^3	行政分区	用水总量控制指标/万 m^3
石岐区	4752	坦洲镇	9205
东区	4671	港口镇	6218
火炬区	8291	三角镇	10200
西区	3707	横栏镇	8953
南区	2540	南头镇	3154
五桂山	1363	阜沙镇	4084
小榄镇	6493	南朗镇	7973
黄圃镇	8630	三乡镇	5836
民众镇	9508	板芙镇	6063
东凤镇	5836	大涌镇	4240
东升镇	7546	神湾镇	3997
古镇	5924	全市	145133
沙溪镇	5949		

（4）配置方案存在的问题。从最严格水资源管理上看，对照中山市水资源配置结果和用水总量控制指标（表 2.3-26），除了第六片区（三乡镇、神湾镇），其他片区及全市规划 2020 年用水量已超过用水总量控制指标，需根据现状用水情况、用水统计情况、节水需求及用水管理情况，重新对中山市进行需水预测，并根据最新成果开展中山市水资源配置分析。

表 2.3-26　　中山市配置用水量及控制指标对比　　单位：万 m^3

分区	配置用水量		用水总量控制指标	超过控制指标
	2020 年	2030 年	2020 年	2020 年
1 区	19824	19654	11784	8040
2 区	22514	23433	19708	2806
3 区	14178	13833	9920	4258

续表

分区	配置用水量		用水总量控制指标	超过控制指标
	2020 年	2030 年	2020 年	2020 年
4 区	85457	81847	68419	17038
5 区	26290	24116	16264	10026
6 区	9540	9443	9833	−293
7 区	11496	11254	9205	2291
全市	189299	183580	145133	44166

8. 惠州市

(1) 水资源配置原则。根据《惠州市水资源综合规划》，惠州市在遵循高效、公平和可持续利用原则的基础上，通过研究水资源开发利用与国民经济发展间的动态响应关系，根据国民经济发展要求和各地水资源条件，提出调整生产力布局和产业结构的建设性意见；通过分析水资源利用过程中的供水、用水、耗水、排水规律以及水价杠杆作用，在比较各种合理抑制需求、有效增加供给和切实保护水资源的各种措施及其组合方案的基础上，对水资源在时间和区域上进行合理配置，以实现水资源开发利用与经济社会以及生态保护，环境建设之间和不同区域生活、生产及生态用水之间的协调。

在规划中，采用了交互式多维多目标聚合分解梯阶决策方法进行水资源配置，通过考虑经济、环境、社会发展等多个目标，从空间、时间、用户三个维度出发进行水资源合理配置，包括水资源需求预测、可供水量预测、配置方案的生成、方案的评价、方案优选 5 个部分。

(2) 水资源配置方案。根据《惠州市水资源综合规划》，以供水的保证程度、工程的投资大小和工程布局的合理性及可行性作为主要评价标准，综合考虑到社会、经济和可行性等几方面的内容，确定惠州市水资源配置的推荐方案，见表 2.3-27。

表 2.3-27　　惠州市水资源配置结果（$P=90\%$）

水平年	水资源分区	地表水源可供水量/万 m^3			地下水源可供水量/万 m^3	污水回用/万 m^3	总供水量/万 m^3
		蓄水	引水	提水			
2010	东江博罗	27828	5222	11196	1936	73	46255
	东江惠城	15394	3951	35292	3328	276	58241
	东江惠东	11839	16806	8457	510	88	37701
	东江惠阳	12957	6034	12536	1128	120	32774
	东江龙门	1278	2933	1071	226	5	5513
	三角洲博罗	24488	4431	9501	1586	62	40068
	三角洲龙门	6126	14048	5064	1064	24	26326
	粤东惠东	5246	7447	3748	310	43	16793
	粤东大亚湾	3957	1843	3828	0	42	9670
	全市	109113	62715	90693	10088	733	273341

续表

水平年	水资源分区	地表水源可供水量/万 m³			地下水源可供水量/万 m³	污水回用/万 m³	总供水量/万 m³
		蓄水	引水	提水			
2020	东江博罗	28083	5800	11488	1936	189	47496
	东江惠城	14971	4655	44170	3328	637	67760
	东江惠东	12371	15559	8634	510	199	37273
	东江惠阳	13846	6174	9772	1128	262	31182
	东江龙门	1276	3266	1052	226	13	5832
	三角洲博罗	23100	4672	9253	1586	153	38764
	三角洲龙门	6110	15541	4792	1064	58	27566
	粤东惠东	6674	8393	4658	310	156	20190
	粤东大亚湾	4697	2095	3315	0	92	10199
	全市	111128	66155	97134	10088	1759	286262
2030	东江博罗	25584	6534	10823	1936	531	45408
	东江惠城	15164	4802	39418	3328	1648	64360
	东江惠东	10876	17491	8259	510	500	37636
	东江惠阳	13861	6997	6643	1128	703	29332
	东江龙门	1270	2945	1035	226	36	5512
	三角洲博罗	22376	5170	8563	1586	421	38115
	三角洲龙门	6084	13947	4613	1064	161	25868
	粤东惠东	6078	9775	4616	310	416	21195
	粤东大亚湾	4804	2425	2303	0	255	9787
	全市	106097	70086	86273	10088	4671	277213

(3) 最严格水资源管理控制指标。根据《广东省人民政府办公厅关于印发广东省实行最严格水资源管理制度考核暂行办法的通知》(粤办函〔2012〕52 号),广东省制定了各地市 2015 年用水总量控制指标,其中,惠州市 2015 年用水总量控制指标为 22.0 亿 m³。

根据《广东省人民政府办公厅关于印发广东省实行最严格水资源管理制度考核办法的通知》(粤办函〔2016〕89 号),广东省制定了各地市 2016—2030 年用水总量控制指标,其中,惠州市用水指标与 2015 年基本一致,用水总量控制值为 21.94 亿 m³。

根据《惠州市最严格水资源管理制度实施方案(2016—2020 年)》,惠州市制定了各区 2016—2030 年用水总量控制指标,见表 2.3-28。

表 2.3-28　惠州市各区用水总量控制指标

行政区	2016—2030 年用水总量控制指标/亿 m³	行政区	2016—2030 年用水总量控制指标/亿 m³
惠城区	3.38	博罗县	6.45
仲恺区	2.08	惠东县	4.52
惠阳区	1.91	龙门县	2.08
大亚湾区	1.02	全市	21.94

（4）配置方案存在的问题。从最严格水资源管理上看，对照惠州市水资源配置结果和用水总量控制指标（表2.3-29），由于惠州市水资源配置计算分区跟行政分区无法匹配，因此，以全市的配置结果进行分析，2020年、2030年惠州市用水量已超过用水总量控制指标，需根据现状用水情况、用水统计情况、节水需求及用水管理情况，重新对惠州市进行需水预测，并根据最新成果开展惠州市水资源配置分析。

表2.3-29　惠州市配置用水量及控制指标对比（$P=90\%$）

行政区	配置用水量/亿 m^3		用水总量控制指标/亿 m^3	超过控制指标/亿 m^3	
	2020年	2030年		2020年	2030年
惠州市	28.63	27.72	21.94	6.69	5.78

从东江流域水资源分配结果看，《广东省东江流域水资源分配方案》对东江流域各市进行了水资源的分配，惠州市分配的水量在90%保证率下为25.33亿 m^3，在 $P=95\%$ 保证率下为24.05亿 m^3。将东江水资源分配方案与惠州市水资源配置成果相比（见表2.3-30），可知以90%保证率分配水量进行判断，惠州市2020年、2030年配置水量分别超过东江流域分配方案水量3.30亿 m^3、2.39亿 m^3。

表2.3-30　惠州市东江流域配置用水量及分配指标对比（$P=90\%$）

行政区	水平年	东江流域配置水量/亿 m^3	东江流域分配方案/亿 m^3	超过分配方案水量/亿 m^3
惠州市	2020	28.63	25.33	3.30
	2030	27.72	25.33	2.39

2.3.2 广东省珠江三角洲现状水资源配置情况分析

2009年，在《广东省水资源综合规划》的基础上，根据《全国水资源综合规划任务书》提出的“四新”要求，广东省水利厅组织编制形成了《广东省珠江三角洲水资源综合规划》，以广东省珠江三角洲地区的全部地区为规划范围，提出水资源合理开发、高效利用、优化配置、全面节约、有效保护、科学管理的布局和方案。

1. 水资源配置主要思路

根据《广东省珠江三角洲水资源综合规划》，珠江三角洲水资源配置按照“二次平衡”的分析思路，在二次供需反馈并协调平衡的基础上完成水资源的合理配置。“一次平衡”分析是考虑人口的增长、经济的发展，城镇化程度和人民生活水平的提高，在现状水资源开发利用格局和发挥现有供水工程潜力情况下的水资源供需平衡分析。若“一次平衡”有缺口，则在此基础上进行“二次平衡”分析，即考虑强化节水、污水处理再利用、挖潜配套以及合理提高水价、调整产业结构、合理抑制需求和保护生态环境等措施进行水资源供需分析。特旱年若“二次平衡”分析仍有供水缺口，则进一步加大调整经济布局和产业结构及节水的力度，有跨流域调水可能的，考虑实施跨流域调水，并由水资源应急措施解决。

水资源优化配置结合其他专题的不同水平年水资源需求预测、节约用水规划、水资源保护与水污染防治、水资源开发利用潜力分析以及供水预测等成果，以需水预测的基本方案为方案的下限，以需水预测的推荐方案为方案的上限，组成水资源配置的方案集。

2. 水资源配置推荐方案

根据《广东省珠江三角洲水资源综合规划》，考虑了佛山市、广州市、肇庆高要、云浮新兴、江门市、阳江市、中山市、珠海市、惠州市、东莞市、深圳市等11个统计单元，分2010年、2020年、2030年3个水平年，按多年平均、1963年型、1977年型、1991年型、1990年型各个频率，对各计算分区资源型供水、工程型供水进行了水资源配置，并提出了推荐配置方案，见表2.3-31～表2.3-33。

表2.3-31　广东省珠江三角洲现状水资源配置方案（资源型供水）　单位：万 m^3

水平年	统计单元	需水量	多年平均		1963年型供水保证率		1977年型供水保证率		1991年型供水保证率		1990年型供水保证率	
			供水量	缺水量	供水量	缺水量	供水量	缺水量	供水量	缺水量	供水量	缺水量
2010	佛山市	289981	289981	0	303798	0	298411	0	303501	0	299322	0
	广州市	618419	618419	0	658083	0	649823	0	658083	0	648942	0
	肇庆高要	8194	8194	0	9441	0	9133	0	9441	0	9441	0
	云浮新兴	2882	2856	26	3536	158	3455	239	3154	0	3092	62
	江门市	243749	243749	0	299952	0	300728	0	298112	0	281004	0
	阳江市	2122	2039	83	2659	84	2329	414	2373	209	2176	157
	中山市	100387	100387	0	110470	0	107953	0	107953	0	107953	0
	珠海市	77745	77745	0	86646	0	86646	0	86646	0	80809	0
	惠州市	51374	51255	119	70866	565	66186	0	64681	0	58169	0
	东莞市	110899	110475	425	111059	3429	113547	0	114488	0	112110	0
	深圳市	110457	110457	0	110501	0	110488	0	110501	0	110501	0
	合计	1616209	1615557	652	1767011	4236	1748700	653	1758932	209	1713518	219
2020	佛山市	307303	307303	0	317753	0	313704	0	317552	0	314108	0
	广州市	640136	640136	0	670671	0	663703	0	670671	0	662917	0
	肇庆高要	9643	9643	0	10730	0	10461	0	10730	0	10730	0
	云浮新兴	2998	2978	21	3498	151	3390	258	3216	0	3216	0
	江门市	256606	256606	0	301412	0	302081	0	299991	0	286224	0
	阳江市	2160	2085	75	2595	68	2272	391	2324	208	2186	145
	中山市	106113	106113	0	111421	0	110098	0	110098	0	110098	0
	珠海市	88115	88115	0	95264	0	95264	0	95264	0	90578	0
	惠州市	49323	49250	73	64632	1751	61922	0	60737	0	55102	0
	东莞市	120328	119847	481	117786	5630	122606	0	123416	0	121367	0
	深圳市	124524	124524	0	124561	0	124550	0	124561	0	124561	0
	合计	1707249	1706599	650	1820324	7600	1810052	649	1818561	208	1781088	145

续表

水平年	统计单元	需水量	多年平均		1963 年型供水保证率		1977 年型供水保证率		1991 年型供水保证率		1990 年型供水保证率	
			供水量	缺水量	供水量	缺水量	供水量	缺水量	供水量	缺水量	供水量	缺水量
2030	佛山市	317741	317741	0	326959	0	323428	0	326760	0	323680	0
	广州市	650020	650020	0	677603	0	671297	0	677603	0	670610	0
	肇庆高要	10608	10608	0	11607	0	11360	0	11607	0	11607	0
	云浮新兴	3052	3030	22	3498	153	3373	278	3253	0	3253	0
	江门市	269853	269853	0	310759	0	311380	0	309471	0	296855	0
	阳江市	2255	2175	80	2641	75	2308	408	2369	228	2264	148
	中山市	112291	112291	0	116357	0	115345	0	115345	0	115345	0
	珠海市	91194	91194	0	97559	0	97559	0	97559	0	93387	0
	惠州市	49078	49068	10	64713	0	60624	0	59575	0	54374	0
	东莞市	130671	130131	540	128729	4809	132786	0	133538	0	131635	0
	深圳市	126353	126353	0	126387	0	126377	0	126387	0	126387	0
	合计	1763117	1762464	652	1866812	5038	1855836	686	1863466	228	1829397	148

表 2.3-32　　广东省珠江三角洲现状水资源配置方案（工程型供水）　　单位：万 m³

水平年	统计单元	需水量	多年平均		1963 年型供水保证率		1977 年型供水保证率		1991 年型供水保证率		1990 年型供水保证率	
			供水量	缺水量	供水量	缺水量	供水量	缺水量	供水量	缺水量	供水量	缺水量
2010	佛山市	289981	289834	148	302915	883	298284	127	302350	1151	299322	0
	广州市	618419	616211	2208	649899	8184	642959	6864	649899	8184	640751	8191
	肇庆高要	8194	8169	26	9164	277	9133	0	9203	238	9198	243
	云浮新兴	2882	2851	30	3496	198	3412	281	3154	0	3092	62
	江门市	243749	240849	2900	283294	16658	282188	18539	282240	15872	270488	10516
	阳江市	2122	2037	86	2658	85	2307	437	2370	211	2175	158
	中山市	100387	100337	50	110003	467	107790	163	107588	365	107745	209
	珠海市	77745	77594	150	85594	1052	84970	1676	85179	1467	80809	0
	惠州市	51374	51076	297	66123	5308	66186	0	64530	151	58169	0
	东莞市	110899	110469	430	110811	3677	113547	0	114488	0	112110	0
	深圳市	110457	110457	0	110501	0	110488	0	110501	0	110501	0
	合计	1616209	1609885	6325	1734458	36789	1721265	28088	1731502	27640	1694359	19379

续表

水平年	统计单元	需水量	多年平均		1963 年型供水保证率		1977 年型供水保证率		1991 年型供水保证率		1990 年型供水保证率	
			供水量	缺水量	供水量	缺水量	供水量	缺水量	供水量	缺水量	供水量	缺水量
2020	佛山市	307303	307224	79	317544	209	313669	36	316934	618	313998	110
	广州市	640136	639385	751	667784	2887	661617	2085	667785	2886	660022	2894
	肇庆高要	9643	9625	18	10506	224	10461	0	10589	141	10541	189
	云浮新兴	2998	2977	21	3492	156	3383	265	3216	0	3216	0
	江门市	256606	255621	985	295815	5598	296154	5926	294646	5345	283826	2398
	阳江市	2160	2084	76	2594	69	2269	394	2322	210	2185	146
	中山市	106113	106113	0	111421	0	110098	0	110098	0	110098	0
	珠海市	88115	87917	198	93890	1375	93443	1821	93136	2128	90578	0
	惠州市	49323	49237	86	64250	2133	61922	0	60737	0	55102	0
	东莞市	120328	119794	534	117786	5630	122606	0	123416	0	121367	0
	深圳市	124524	124524	0	124561	0	124550	0	124561	0	124561	0
	合计	1707249	1704501	2748	1809643	18280	1800173	10528	1807441	11328	1775495	5738
2030	佛山市	317741	317698	42	326849	110	323398	30	326313	447	323596	84
	广州市	650020	649525	496	675532	2071	669931	1366	675533	2070	668531	2079
	肇庆高要	10608	10608	0	11607	0	11360	0	11607	0	11607	0
	云浮新兴	3052	3030	22	3492	159	3366	285	3253	0	3253	0
	江门市	269853	268117	1737	305912	4848	306451	4928	304609	4862	294418	2437
	阳江市	2255	2174	81	2640	76	2304	413	2366	230	2263	149
	中山市	112291	112291	0	116357	0	115345	0	115345	0	115345	0
	珠海市	91194	91032	161	96354	1205	96348	1211	95915	1643	93387	0
	惠州市	49078	49057	21	64504	209	60624	0	59575	0	54374	0
	东莞市	130671	130072	599	128542	4996	132786	0	133538	0	131635	0
	深圳市	126353	126353	0	126387	0	126377	0	126387	0	126387	0
	合计	1763117	1759957	3160	1858176	13674	1848289	8233	1854440	9253	1824797	4748

表 2.3-33　　广东省珠江三角洲现状水资源配置供水保证率　　%

水平年	统计单元	资源型供水保证率		工程型供水保证率		1963 年型供水保证率		1977 年型供水保证率		1991 年型供水保证率		1990 年型供水保证率	
		时段	水量	时段	水量	资源型	工程型	资源型	工程型	资源型	工程型	资源型	工程型
2010	佛山市	100.00	100.00	99.07	99.95	100.00	99.71	100.00	99.96	100.00	99.62	100.00	100.00
	广州市	100.00	100.00	89.44	99.64	100.00	98.76	100.00	98.94	100.00	98.76	100.00	98.74
	肇庆高要	100.00	100.00	91.82	99.69	100.00	97.07	100.00	100.00	100.00	97.48	100.00	97.43

续表

水平年	统计单元	资源型供水保证率		工程型供水保证率		1963年型供水保证率		1977年型供水保证率		1991年型供水保证率		1990年型供水保证率	
		时段	水量	时段	水量	资源型	工程型	资源型	工程型	资源型	工程型	资源型	工程型
2010	云浮新兴	93.68	99.10	84.39	98.94	95.73	94.64	93.53	92.39	100.00	100.00	98.03	98.03
	江门市	100.00	100.00	84.20	98.81	100.00	94.45	100.00	93.84	100.00	94.68	100.00	96.26
	阳江市	87.73	96.10	81.04	95.96	96.92	96.89	84.91	84.08	91.89	91.81	93.26	93.22
	中山市	100.00	100.00	98.51	99.95	100.00	99.58	100.00	99.85	100.00	99.66	100.00	99.81
	珠海市	100.00	100.00	97.40	99.81	100.00	98.79	100.00	98.07	100.00	98.31	100.00	100.00
	惠州市	99.72	99.77	97.22	99.42	99.21	92.57	100.00	100.00	100.00	99.77	100.00	100.00
	东莞市	99.07	99.62	98.88	99.61	97.00	96.79	100.00	100.00	100.00	100.00	100.00	100.00
	深圳市	100.00	100.00	100.00	100.00	100.00	100.00	100.00	100.00	100.00	100.00	100.00	100.00
	平均		99.96		99.61	99.76	97.92	99.96	98.39	99.99	98.43	99.99	98.87
2020	佛山市	100.00	100.00	97.43	99.97	100.00	99.93	100.00	99.99	100.00	99.81	100.00	99.96
	广州市	100.00	100.00	94.98	99.88	100.00	99.57	100.00	99.69	100.00	99.57	100.00	99.56
	肇庆高要	100.00	100.00	91.45	99.82	100.00	97.91	100.00	100.00	100.00	98.68	100.00	98.24
	云浮新兴	95.35	99.31	91.45	99.30	95.87	95.72	92.92	92.73	100.00	100.00	100.00	100.00
	江门市	100.00	100.00	80.55	99.62	100.00	98.14	100.00	98.04	100.00	98.22	100.00	99.16
	阳江市	89.41	96.51	79.93	96.47	97.46	97.42	85.33	85.20	91.78	91.69	93.77	93.72
	中山市	100.00	100.00	100.00	100.00	100.00	100.00	100.00	100.00	100.00	100.00	100.00	100.00
	珠海市	100.00	100.00	96.84	99.77	100.00	98.56	100.00	98.09	100.00	97.77	100.00	100.00
	惠州市	99.63	99.85	99.07	99.83	97.36	96.79	100.00	100.00	100.00	100.00	100.00	100.00
	东莞市	98.70	99.60	98.70	99.56	95.44	95.44	100.00	100.00	100.00	100.00	100.00	100.00
	深圳市	100.00	100.00	100.00	100.00	100.00	100.00	100.00	100.00	100.00	100.00	100.00	100.00
	平均		99.96		99.84	99.58	99.00	99.96	99.42	99.99	99.38	99.99	99.68
2030	佛山市	100.00	100.00	98.70	99.99	100.00	99.97	100.00	99.99	100.00	99.86	100.00	99.97
	广州市	100.00	100.00	95.54	99.92	100.00	99.69	100.00	99.80	100.00	99.69	100.00	99.69
	肇庆高要	100.00	100.00	100.00	100.00	100.00	100.00	100.00	100.00	100.00	100.00	100.00	100.00
	云浮新兴	95.17	99.29	91.26	99.27	95.80	95.65	92.38	92.19	100.00	100.00	100.00	100.00
	江门市	100.00	100.00	78.28	99.36	100.00	98.44	100.00	98.42	100.00	98.43	100.00	99.18
	阳江市	88.85	96.44	75.46	96.40	97.24	97.19	84.98	84.81	91.23	91.14	93.88	93.83
	中山市	100.00	100.00	100.00	100.00	100.00	100.00	100.00	100.00	100.00	100.00	100.00	100.00
	珠海市	100.00	100.00	96.65	99.82	100.00	98.76	100.00	98.76	100.00	98.32	100.00	100.00
	惠州市	99.91	99.98	99.26	99.96	100.00	99.68	100.00	100.00	100.00	100.00	100.00	100.00
	东莞市	99.26	99.59	98.88	99.54	96.40	96.26	100.00	100.00	100.00	100.00	100.00	100.00
	深圳市	100.00	100.00	100.00	100.00	100.00	100.00	100.00	100.00	100.00	100.00	100.00	100.00
	平均		99.96		99.82	99.73	99.27	99.96	99.56	99.99	99.50	99.99	99.74

3. 配置方案存在的问题

从配置结果（表2.3-34）上看，《广东省珠江三角洲水资源综合规划》中各地市的水资源配置水量均小于各地市水资源综合规划中的配置水量，其中，东江流域涉及的深圳市、东莞市、惠州市配置结果相差非常大。主要是由于各地市需水预测所采用的基准年、社会经济发展指标、用水定额等差别较大，导致需水预测成果、水资源配置成果有较大的差别。

从最严格水资源管理上看，对照珠江三角洲各地市水资源配置结果和用水总量控制指标（表2.3-34），一方面，由于规划中的需水预测成果与用水总量控制指标在直流冷却用水统计口径上有所差异，导致部分地市配置水量超过了用水总量控制指标；另一方面，在综合规划编制的时候，最严格水资源管理制度仍未实施，各地市的需水预测没能根据最新的用水管理政策进行指导与调整，预测的需水量难以匹配用水总量控制的要求。

从流域水资源分配上看，广东省已批复了《广东省东江流域水资源分配方案》，对东江流域各市进行了水资源的分配，其中，深圳市、东莞市、惠州市在$P=90\%$保证率下分配的水量分别为16.63亿m^3、20.95亿m^3、25.33亿m^3，在$P=95\%$保证率下分配的水量分别为16.08亿m^3、19.44亿m^3、24.05亿m^3。由于《广东省珠江三角洲水资源综合规划》中对东江流域各地市预测的需水量偏小，其配置水量远小于东江流域的分配水量。

表2.3-34　广东省珠江三角洲各地市配置水量情况（2020年）

行政区	广东省珠江三角洲水资源综合规划		各地市水资源综合规划			用水总量控制指标		东江流域分配方案		
	配置水量（工程型供水）/亿m^3	频率	配置水量/亿m^3	频率/%	相差/%	控制水量/亿m^3	超过水量/亿m^3	分配水量/亿m^3	频率/%	超过水量/亿m^3
广州市	63.94	多年平均	71.99	多年平均	−12.59	49.52	14.42			
深圳市	12.45	多年平均	26.00	97	−108.80	21.13	−8.68	16.08	95	−3.63
珠海市	8.79	多年平均	12.26	多年平均	−39.40	6.84	1.95			
佛山市	30.72	多年平均	33.91	多年平均	−10.38	30.52	0.20			
江门市	25.56	多年平均	27.89	50	−9.09	28.73	−3.17			
东莞市	11.98	多年平均	25.18	多年平均	−110.22	22.07	−10.09	20.95	90	−8.97
中山市	10.61	多年平均	18.61	50	−75.37	16.53	−5.92			
惠州市	4.92	多年平均	28.63	90	−481.40	21.94	−17.02	25.33	90	−20.41

2.3.3　水资源配置现状总结分析

1. 区域总体情况分析

（1）各地市水资源配置总体情况。根据2.3.1节分析结果，研究范围内8个地市水资源配置基本情况如下：

根据《广州市水资源综合规划》，多年平均来水条件下，2020年广州市需水量72.11

亿 m^3，配置水量 71.99 亿 m^3，缺水率 0.16%；2030 年需水量 75.89 亿 m^3，配置水量 75.78 亿 m^3，缺水率 0.14%。

根据《深圳市水资源综合规划》，97%来水条件下，2020 年深圳市需水量 26.00 亿 m^3，配置水量 26.00 亿 m^3，缺水率 0.0%。其中蓄水工程供水 2.53 亿 m^3，本地提水工程供水 0.96 亿 m^3，地下水工程供水 1.01 亿 m^3，跨流域调水工程供水 18.35 亿 m^3，其他水源供水 3.15 亿 m^3。

根据《珠海市水资源综合规划》，多年平均来水条件下，2020 年珠海市需水量 12.39 亿 m^3，工程配置水量 12.26 亿 m^3，缺水率 1.09%；2030 年需水量 13.28 亿 m^3，工程配置水量 13.14 亿 m^3，缺水率 1.05%。90%来水条件下（1991 年型），2020 年珠海市需水量 13.24 亿 m^3，配置水量 12.52 亿 m^3，缺水率 5.45%；2030 年需水量 14.04 亿 m^3，配置水量 13.25 亿 m^3，缺水率 5.63%。

根据《佛山市水资源综合规划》，多年平均来水条件下，2020 年佛山市需水量 33.92 亿 m^3，配置水量 33.91 亿 m^3，缺水率 0.03%。其中生活、工业、城镇生态、农业配置结果分别为 5.06 亿 m^3、18.92 亿 m^3、0.52 亿 m^3、9.41 亿 m^3。2030 年佛山市需水量 34.52 亿 m^3，配置水量 34.51 亿 m^3，缺水率 0.03%。其中生活、工业、城镇生态、农业配置结果分别为 5.50 亿 m^3、19.80 亿 m^3、0.59 亿 m^3、8.62 亿 m^3。

根据《江门市水资源综合规划》，95%来水条件下，2020 年江门市需水量 34.93 亿 m^3，配置水量 33.28 亿 m^3，缺水率 4.72%。2030 年江门市需水量 34.74 亿 m^3，配置水量 33.68 亿 m^3，缺水率 3.05%。

根据《东莞市水资源综合规划》，多年平均来水条件下，2020 年东莞市需水量 25.32 亿 m^3，配置水量 25.18 亿 m^3，缺水率 0.55%。其中，生活用水、城镇生产用水、生态用水、农村生产用水配置结果分别为 7.73 亿 m^3、14.89 亿 m^3、0.24 亿 m^3、2.32 亿 m^3。2030 年东莞市需水量 24.84 亿 m^3，配置水量 24.71 亿 m^3，缺水率 0.52%。其中，生活用水、城镇生产用水、生态用水、农村生产用水配置结果分别为 7.90 亿 m^3、14.31 亿 m^3、0.25 亿 m^3、2.25 亿 m^3。

根据《中山市水资源综合规划》，90%来水条件下，2020 年中山市需水量 18.97 亿 m^3，配置水量 18.92 亿 m^3，缺水率 0.26%。其中，生活用水、工业用水、农业用水、生态环境用水配置结果分别为 2.54 亿 m^3、8.69 亿 m^3、7.49 亿 m^3、0.20 亿 m^3。2030 年中山市需水量 18.40 亿 m^3，配置水量 18.35 亿 m^3，缺水率 0.27%。其中，生活用水、工业用水、农业用水、生态环境用水配置结果分别为 2.74 亿 m^3、7.90 亿 m^3、7.48 亿 m^3、0.23 亿 m^3。

（2）广东省珠江三角洲水资源配置总体情况。根据 2.3.2 节分析结果，广东省珠江三角洲水资源配置总体情况如下：

根据《广东省珠江三角洲水资源综合规划》，2020 水平年、2030 水平年珠江三角洲地区多年平均总需水量分别为 185.14 亿 m^3、191.35 亿 m^3，多年平均工程型总供水量分别为 170.45 亿 m^3、176.00 亿 m^3，工程型缺水量分别为 0.27 亿 m^3、0.32 亿 m^3，工程型供水水量保证率分别为 99.84%、99.82%。其中，2020 年佛山市、广州市、肇庆高要、云浮新兴、江门市、阳江市、中山市、珠海市、惠州市、东莞市、深圳市的配置水量分别为

30.73亿m^3、64.01亿m^3、0.96亿m^3、0.30亿m^3、25.66亿m^3、0.21亿m^3、10.61亿m^3、8.81亿m^3、4.93亿m^3、11.98亿m^3、12.45亿m^3，2030年分别为31.77亿m^3、65.00亿m^3、1.06亿m^3、0.30亿m^3、26.99亿m^3、0.22亿m^3、11.23亿m^3、9.12亿m^3、4.91亿m^3、13.01亿m^3、12.64亿m^3。

2. 区域水资源配置问题及需求分析

(1) 各地市配置原则、思路、方法有一定的差异。各地市水资源配置基本按照公平公正、兼顾现状和发展、兼顾利用和节约保护、兼顾区域和行业、兼顾本地水和过境水等基本原则进行。但是，在细化的原则和配置的方法思路上，还是有一定的差异。在对水资源开发利用的问题上，广州市对用水规模进行了适度的控制，按照“以供定需”思路进行水资源配置；江门市以“以需定供”为水资源配置的主要原则，并通过用水指标、水资源承载能力等进行控制；深圳市则综合考虑“供”和“需”之间的平衡，并通过本地水、外调水的综合考虑解决水资源需求。深圳市、珠海市、惠州市重点考虑了特枯条件下的配置情况。广州、深圳、珠海等地市在水量配置的基础上，还考虑了污水退水、污水回用以及不用用水户的水质需求。

各地市的水资源配置原则、思路、方法因其制定规划的条件、需求等原因，有一定的差别，给各地市配置结果之间的对比及与珠江三角洲整体的衔接造成了困难，需要根据现状珠江三角洲各地市水资源的具体需求进行整体考虑。

(2) 各地市配置边界口径差异较大。由于各地市相关规划、方案的编制时间有所差别，所选取的基准年、规划水平年也不一致。其中，深圳市以2020年为规划水平年，广州市、珠海市、佛山市、江门市、东莞市、中山市、惠州市以2010年、2020年和2030年为规划水平年，水平年选取有一定的差别。

同时，对于配置过程中，来水频率的选择也基本不同。其中，广州市、佛山市、东莞市只考虑了多年平均来水情况下的配置方案；深圳市只考虑97%保证率来水条件下的配置方案；珠海市、惠州市考虑了多年平均条件下、90%保证率来水条件下的配置方案；江门市、中山市分别考虑了50%、75%、90%和95%保证率来水条件下的配置方案。

另外，在需水预测结果上，由于各地市需水预测所采用的基准年、社会经济发展指标、用水定额等差别较大，《广东省珠江三角洲水资源综合规划》中各地市的需水预测成果均小于各地市水资源综合规划中的预测水量，其中，东江流域涉及的深圳市、东莞市、惠州市需水预测结果相差非常大。

各地市的水资源配置方案因其规划水平年、来水频率、需水预测结果等边界口径差别较大，导致了对珠江三角洲区域整体配置情况的考虑与衔接存在较大的问题，需要进一步从区域整体的角度对各地市的配置边界、配置方案进行重新分析。

(3) 各地市配置结果形式差异较大。水资源配置方案中，一般需要通过水源、供水工程与各用水户用水结果进行匹配，提出不同供水工程、不同用水户的配置水量。现状研究范围内，广州市、珠海市配置方案中，缺少了供水工程、用水户的配置结果；佛山市配置方案中，缺少了供水工程的配置结果；深圳市、东莞市、江门市配置方案中，缺少了各用水户的配置结果。

各地市的水资源配置方案中，配置结果的形式差异较大，无法很好地对水资源分配进行管理；对于珠江三角洲来说，各地市差异化的配置对区域整体的调控、水量的分配将没法很好地进行支撑。

（4）各地市配置方案与用水总量控制要求、流域水量分配方案有一定的差异。随着最严格水资源管理的推进实施，研究范围内的各地市也相应制定了最严格水资源管理考核办法，提出了规划水平年的用水总量控制目标。东江流域也制定了流域范围内各地市的水量分配方案，提出了不同频率下的水量控制目标。

由于各地市制定水资源综合规划、水资源分配方案时间较早，没有考虑最严格水资源管理制度的实施对区域用水、节水、配水的影响，各地市配置的水量大部分超过了最严格水资源管理中用水总量控制要求，与近年来各地市开展节水减排、用水控制的实际不相符合。而且，随着深圳市、东莞市社会经济的快速发展，用水量也超过了东江流域水量分配方案的要求。因此，需要从区域整体的角度入手，结合最新的水资源管理要求，对区域水资源配置开展进一步的研究，以更好地指导水资源管理相关工作。

第3章　珠江河口咸淡水区划定

咸水界是涨潮水流中咸水（含氯度大于250mg/L）所及的最远点，同时也是咸淡水区的范围上界。本章通过分析近年来枯季珠江河口咸潮活动监测资料来确定珠江河口主要水道的咸水界位置，以确定珠江河口咸淡水区的范围。

3.1　磨刀门水道

在磨刀门水道和横门—小榄水道沿岸选取灯笼山站、西河水闸、全禄水厂和东河水闸、大丰水厂的监测资料分别分析磨刀门水道和横门—小榄水道近年来的咸水界位置。

磨刀门水道和横门—小榄水道的咸潮一般于公历10月上旬开始，至翌年4月结束。据神湾镇南镇水厂站含氯度监测，2005年9月24日23时磨刀门水道水体含氯度已超过了正常的生活及生产供水适用标准的250mg/L，最高达到1600mg/L，这是磨刀门水道咸潮发生历史的最早记录，到9月26日8时测到含氯度仍为1200mg/L。

据灯笼山站2004年12月4日至2005年3月31日（农历2004年十月廿三至2005年二月廿二）咸潮日最大含氯度值变化（图3.1-1），在大小潮汛周期内，咸潮含氯度极大值出现在最大潮（农历初三、十八）之前的2～3天。

据磨刀门水道灯笼山站、西河水闸和全禄水厂的咸潮监测数据（见表3.1-1和表3.1-2），西河水闸多次监测到咸潮，且咸潮持续数天不间断，而全禄水厂虽然有咸潮影响但时间较短，最长可持续10h左右，但日最大含氯度值较高，如2005年1月7日（农历2004年十一月廿七）含氯度值高达2414mg/L，接近饮用水含氯度标准的10倍。另据调查，顺德境内水厂未受咸潮影响，因此，推测磨刀门水道咸水界位于大鳌镇附近。

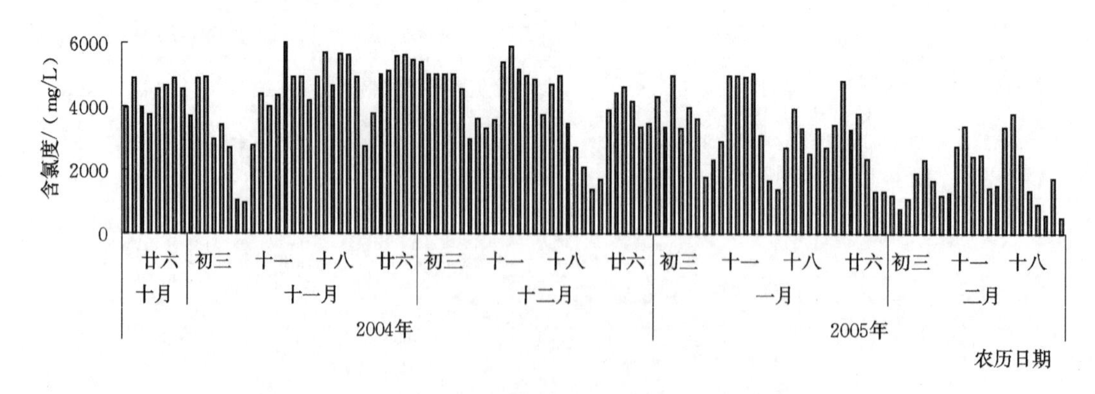

图3.1-1　磨刀门水道灯笼山站日最大含氯度变化

表 3.1-1　　　磨刀门水道西河水闸 2005 年 1 月的日最大含氯度

公历			农历			含氯度 /（mg/L）	咸潮历时
年	月	日	年	月	日		
2005	1	5	2004	十一	廿五	450	10：45—次日 08：00
		6			廿六	550	14：03—次日 03：00
		7			廿七	2514	08：00—次日 06：00
		8			廿八	2400	00：00—次日 00：00
		9			廿九	1800	00：00—次日 00：00
		10		十二	初一	1000	00：00—次日 00：00
		11			初二	700	00：00—次日 00：00
		12			初三	400	11：55—02：00
		13			初四	<250mg/L，无咸潮	
		14			初五		
		15			初六		
		16			初七		
		17			初八		
		18			初九		
		19			初十		
		20			十一	1300	19：00—次日 08：00
		21			十二	2100	00：00—次日 00：00
		22			十三	1500	00：00—次日 00：00
		23			十四	750	00：00—次日 00：00
		24			十五	750	18：03—次日 08：00
		25			十六	350	09：03—12：00

表 3.1-2　　　磨刀门水道全禄水厂 2005 年 1 月的日最大含氯度

公历			农历			含氯度 /（mg/L）	咸潮历时（时：分）
年	月	日	年	月	日		
2005	1	6	2004	十一	廿六	427	18：04—次日 02：02
		7			廿七	2414	18：05—次日 04：03
		8			廿八	2154	19：00—次日 05：39
		9			廿九	1100	20：03—次日 05：05
		10		十二	初一	608	21：57—次日 05：53
		11			初二	<250mg/L，无咸潮	
		12			初三		
		13			初四		
		14			初五		
		15			初六		
		16			初七		
		17			初八		
		18			初九		
		19			初十		
		20			十一	785	19：12—次日 02：21
		21			十二	1787	18：12—次日 04：53
		22			十三	1290	20：25—次日 03：47
		23			十四	337	08：05—次日 02：55

3.2　横门—小榄水道

据横门水道东河水闸和小榄水道的大丰水厂的咸潮监测数据（见表 3.2-1 和表 3.2-2），枯季横门水道咸潮经常发生，连续 10d 均遭受咸潮危害，1d 内持续时间长达数小时。大丰水厂位于小榄水道下段，2005 年 1 月 7 日（农历 2004 年十一月廿七）含氯度值高达 1190mg/L，是饮用水含氯度标准的 4.76 倍，1d 内咸潮最长可持续 6h。据此推断小榄水道、横门水道的咸水界大致位于港口镇附近。

表 3.2-1　　横门水道东河水闸 2005 年 1 月的日最大含氯度

公历			农历			含氯度 / (mg/L)	咸潮历时（时：分）
年	月	日	年	月	日		
2005	1	5	2004	十一	廿五	800	19：35—次日 23：04
		6			廿六	1440	17：05—次日 02：04
		7			廿七	1720	18：04—次日 02：04
		8			廿八	1200	20：50—次日 00：05
		9			廿九	1570	21：03—次日 03：45
		10		十二	初一	1150	22：03—次日 04：05
		11			初二	360	11：00—16：00
		12			初三	740	01：00—04：04
		13			初四	<250mg/L，无咸潮	
		14			初五		
		15			初六		
		16			初七		
		17			初八		
		18			初九		
		19			初十		
		20			十一	1500	18：03—次日 03：00
		21			十二	1380	18：00—次日 02：03

表 3.2-2　　小榄水道大丰水厂 2005 年 1 月的日最大含氯度

公历			农历			含氯度 / (mg/L)	咸潮历时（时：分）
年	月	日	年	月	日		
2005	1	5	2004	十一	廿五	430	20：45—次日 22：15
		6			廿六	810	19：00—次日 02：15
		7			廿七	1190	20：03—次日 02：03
		8			廿八	1010	21：03—次日 03：00
		9			廿九	1055	23：45—次日 03：45
		10		十二	初一	1050	22：04—次日 04：02
		11			初二	<250mg/L，无咸潮	
		12			初三	326	02：47—04：24
		13			初四	<250mg/L，无咸潮	
		14			初五		
		15			初六		

续表

公历			农历			含氯度 /（mg/L）	咸潮历时（时：分）
年	月	日	年	月	日		
2005	1	16	2004	十二	初七	<250mg/L，无咸潮	
		17			初八		
		18			初九		
		19			初十		
		20			十一	950	19：03—次日 02：00
		21			十二	930	21：05—次日 02：15

3.3 东江三角洲网河咸淡水区范围

根据东莞市水利局和东莞市自来水厂的调研结果，近年来东江三角洲河网咸水界上移明显。20 世纪 90 年代以前，东江三角洲河网的石龙北的东江北干流水道的咸水界在南洲至倒运海入口之间河段变动，石龙南的东莞水道的咸水界未上溯越过莞城。近几年来，北干流水道咸水界已越过倒运海入口，上移至中堂大桥—大塘洲一线附近，东莞水道的咸水界上溯到石碣桥—柏洲边一线附近。据位于东莞水道大王洲附近的莞城水厂取水口间隔 1h 抽样监测情况，枯季时咸潮含氯度峰值一般历时 4～5h，2005 年 1 月下旬至 2 月中旬（春节前后）咸潮活动最剧烈，春节前后盐度峰值持续时间延长，峰值比平时大，且随潮位涨落的变化规律不明显。

3.4 广州水道—狮子洋咸淡水区范围

由于特殊的河口边界形态，广州水道—狮子洋有利于潮能集聚，潮汐动力强，咸水界也相对伸入较远，通常咸水界位于黄埔至新造之间，大旱年份，咸水界更是上溯到江村水厂附近。

咸潮成灾常由枯季干旱推动，当江河基流锐减，含咸水体就趁机随潮上涌。据资料统计，新中国成立以来，较严重的旱灾有 1955 年、1963 年、1977 年的冬春时节。1955 年及 1963 年的春大旱，咸潮上溯很远，珠江前航道伸入至广州郊区鸦岗，沙湾水道上溯到番禺境内的三善滘、市桥一带，东江北干流上溯到增城境内的新塘镇附近。广州部分市区的饮水味觉咸苦；工业生产的锅炉亦受自来水的咸渍腐蚀而损坏。

2004—2005 年度冬春时节，是近几十年来广州第四次大旱，造成相当于 20 年一遇的咸潮灾害。番禺区位于广州市南部，更接近南海，狮子洋含盐水体沿沙湾水道上溯，由于番禺南沙水厂、东涌水厂、沙湾水厂取水点偏向下游且水源单一，咸潮灾害导致长达十余天的间歇性停止供水现象（其中东涌水厂含氯度曾超过 2000mg/L，高达饮用水标准的 8 倍），严重影响居民生活和工农业生产。广州市属 8 家水厂的水源分别取自东江、流溪河、北江、珠江后航道和顺德水道，具有多水源且布局合理的优势，便于统筹调配，应对咸潮灾害。在这次咸潮灾害中，占供水总量绝大部分的西村、石门、江村水厂等主要水厂的取水点所在流溪河河段未受到咸潮的威胁，个别水厂（如广州河段后航道的石溪水厂、东江北干流河段的西洲水厂）受到了咸潮的一定影响。

3.5 潭江下游—银洲湖咸淡水区范围

黄茅海—崖门—银洲湖—潭江下游也是潮汐动力作用为主的潮成水道体系。据2004—2005年冬春日最大盐度实际监测结果：江门河出口的大洞口（会城站），盐度0.9‰～1.3‰（2005年2月26日至3月15日）；银洲湖水道双水镇附近盐度1.5‰～1.8‰（2005年2月27—28日）；虎跳门水道沙堆站盐度0.5‰（2005年3月4—7日）。据此推断，虎跳门水道的咸水界位于沙堆站上游，江门河咸水界在大洞口站上游，潭江下游—银洲湖的咸水界位于双水至石咀之间河段。据江门市水利局调研，在开平—银洲湖河段，近10年来人为挖沙平均挖深河床约2.5m，另西江河网汇入银洲湖的径流量有所减少，该河段咸潮上溯较20世纪80年代以前有所加强。

3.6 珠江三角洲网河区近年来咸淡水区范围

1. 珠江三角洲咸淡水区的上界

根据《广东省水资源公报》成果中2008—2011年珠江三角洲咸水界范围，在磨刀门水道和横门—小榄水道2011年咸水界上溯距离最远，至磨刀门水道大敖站，小榄水道广珠西线高速公路桥，鸡鸦水道马鞍站附近；广州水道—狮子洋2009年咸水界上溯距离最远，至中大站附近；潭江下游—银洲湖2009年咸水界上溯距离最远，至新会小岗镇黄宣充纪念大桥上游；东江三角洲北干流2011年咸水界上溯距离最远，至莞穗路江南大桥上游；东江三角洲南支流2009年咸水界上溯距离最远，至莞穗路东城中路大王大桥附近。

通过上述分析，近年来珠江河口咸水界的上界自西向东依次为石咀（潭江）、新会大洞口（江门河）、沙堆站（虎跳门水道）、大鳌镇（磨刀门水道）、港口镇（小榄水道）、板沙尾下（洪奇沥水道）、三善滘（沙湾水道）、老鸦岗（流溪河）、中堂桥（东江北干流）和石碣桥（东莞水道）等的连线。

2. 珠江三角洲咸淡水区的下界

根据咸淡水的定义，咸淡水下界取在：水质含氯度常年保持在250mg/L以上水域的最上界，即多年最小含氯度为250mg/L的等值线。根据数学模型计算结果，珠江河口的咸淡水下界位置如下：伶仃洋水域咸淡水下界为东岸妈湾与西岸珠海九洲机场之间的连线，内伶仃岛位于连线上；磨刀门的咸淡水下界与大横琴岛南岸线基本齐平；鸡啼门的咸淡水下界东岸位于石榴花顶，西岸位于高栏岛的京角咀；黄茅海的咸淡水下界在黄茅岛附近。

第4章　珠江河口咸淡水混合特征

4.1　基本概念与定义

4.1.1　盐度及其测定

河口是河流与海洋的交接地段，是一个天然的“过滤器”，河流淡水通过河口的混合作用后在各种动力作用下最终输向近岸陆架海域。几十亿年来，来自陆地的大量化学物质溶解并贮存于海洋中。如果全部海洋都蒸发干，剩余的盐将会覆盖整个地球达70m厚。根据测定，海水中含量最多的化学物质有11种：即钠、镁、钙、钾、锶等5种阳离子；氯、硫酸根、碳酸氢根（包括碳酸根）、溴和氟等5种阴离子和硼酸分子。其中排在前3位的是钠、氯和镁。为了表示海水中化学物质的多寡，通常用海水盐度来表示。海水的盐度是海水含盐量的定量量度，是海水最重要的理化特性之一，与径流量、降水量及海面蒸发量密切相关。盐度的分布变化也是影响和制约其他水文要素分布和变化的重要因素，所以海水盐度的测量是海洋水文观测的重要内容。

盐度（Salinity，一般均用S代表）指将海水中一切碳化物（碳酸盐）、溴及碘化物等均代换为氯化物，同时将所有有机物完全氧化，则1kg海水中所含有之固体物质之总克数即为盐度。所以盐度是重量百分比浓度，其单位为千分之一（‰）。换言之，盐度系指1kg海水中含有的溶解物质的总克数。由于海水中溶解物质成分组成甚复杂，无法直接进行化学分析，故一般采用间接法。常用的间接法有两种：一种首先测出特定温度下的海水密度，再由密度与温度、盐度之关系求出盐度S，另一种为由导电系数反求。

在广阔的大洋中，海水的盐度一般在32‰～37.5‰范围内变化。世界海洋的平均盐度为35‰。海洋中增盐的因素有蒸发、结冰、高盐的平流、与高盐海水的混合、含盐沉积物的溶解等；减盐的因素包括降水、融冰、低盐的平流、与低盐水的混合、陆地上的淡水流入等。所有这些因素在不同时间、不同地点，它们的相对重要性是不相同的。对大洋来说，蒸发、降水、环流和海水的混合最为重要。在高纬度的寒带海区，结冰和融冰对盐度的影响很大。沿岸海区，尤其是河口海区，盐度的变化则取决于大陆径流。

海水的盐度也可以用氯化物的浓度即含氯度来描述。含氯度定义为1kg海水中所含的溴和碘由当量的氯置换后所含氯的总克数，单位为g/kg，符号为Cl‰，含氯度也称为咸度。为避免受原子量改变的影响，国际上一般使用标准海水来代替其他标准溶液作为测定海水含氯度和盐度的统一标准。标准海水是经过放置和严格的过滤处理，调整其含氯度为19.38‰左右的大洋海水。我国标准海水由山东海洋学院生产，其含氯度值与中国海平均含氯度数值相近，为17‰～19‰。

盐度S与含氯度Cl的转换关系如下：

$$Cl‰ = Cl\ (\text{mg/L})\ /1000 \tag{4.1-1}$$

$$S‰ = 0.030 + 1.8050Cl‰ \tag{4.1-2}$$

4.1.2 咸淡水混合与河口盐度分段

河口咸水是河流淡水与海洋盐水相互混合的产物，而所谓混合，是任何引起水体与周围流体掺混或冲淡的过程，是一个概称。

引起混合作用的驱动力包括风、潮汐、径流、波浪等。风动力主要通过水平的剪切应力和垂向上的气压力变化产生混合作用。而潮汐则通过湍流混合、潮汐剪切及大小潮混合等作用使海洋盐水与河流淡水混合，在考虑河口滩槽地貌格局的情况下，潮汐混合作用还包括潮滩及潮区界捕陷、断面余流、潮滩和浅水区余流、涨落潮潮道之间的交换等。淡水径流则主要通过重力环流影响盐淡水混合，其对盐度的影响最大。

根据 Venice（1958）关于河口水体盐度分带的论述，盐水是指盐度大于 30‰（或31‰）、水体理化性质相对稳定的海洋水体，见表 4.1－1。

表 4.1－1　Venice（1958）河口系统分类与分段

河口分段		盐度 S 指标/‰	河口分带	水体性质
河流		<0.5	淡水（freshwater）	河水水团
河口	上边界	0.5～5	微咸水（low salinity water）	冲淡水
	上段	5～18	中咸水（middle salinity water）	
	中段	18～25	高咸水（haline water）	
	下段	25～30	超咸水（hyperhaline water）	
口外海滨		>30	纯盐水（saltwater）	海水水团

河口是河流与海洋之间的交接过渡地带，河口水体是盐度为 0.5‰～30‰、有一定咸度的混合水体（brackish water），有别于性质稳定的河水水体（水体盐度小于 0.5‰）或海水水体（水体盐度大于 30‰），见图 4.1。

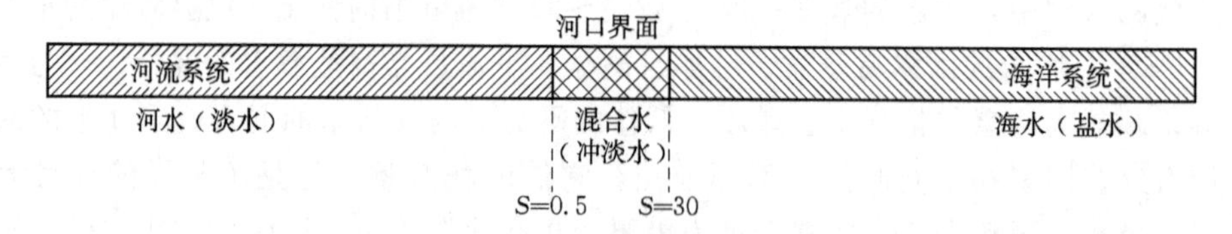

图 4.1－1　水流系统的盐度划界示意图

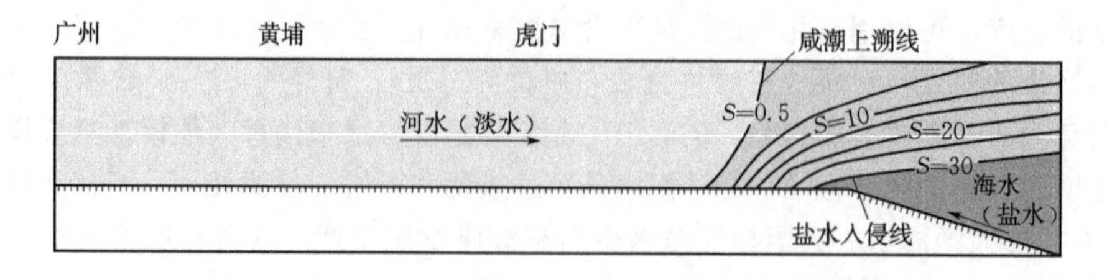

图 4.1－2　珠江河口（伶仃洋）水体分段与盐度分布示意图

4.2 新中国成立以来珠江三角洲咸潮的活动情况

珠江三角洲地区河道纵横交错，受径流和潮流共同影响，水流往复回荡，水动力以及物质输运关系复杂。珠江三角洲咸潮活动主要受径流和潮流控制，当南海大陆架高盐水团随着海洋潮汐涨潮流沿着珠江河口的主要潮汐通道向上推进，盐水扩散、咸淡水混合造成上游河道水体变咸，即形成咸潮上溯（或称盐水入侵）。

河口地区咸潮上溯是入注海洋河流的河口最主要潮汐动力过程之一，是河口特有的自然现象，也是河口区的本质属性。一般地，含盐度的最大值出现在涨憩附近，最小值出现在落憩附近。

受潮流和径流影响，河口区盐度变化过程具有明显的日、半月、季节周期性。由于珠江河口区内显著的日潮不等现象等因素的影响，一日内两次高潮所对应的两次最大含盐度及两次低潮所对应的两次最小含盐度各不相同。含盐度的半月变化主要与潮流半月周期有关，一般朔望大潮含氯度较大，上下弦含氯度较小。季节变化取决于雨汛的迟早、上游来水量的大小和台风等因素。汛期（4—9月）雨量多，上游来量大，咸界被压下移，大部分地区咸潮消失。

珠江三角洲的咸潮一般出现在10月至次年4月。一般年份，南海大陆架高盐水团侵至伶仃洋内伶仃岛附近、磨刀门及鸡啼门外海区、黄茅海湾口。大旱年份咸水上溯到虎门黄埔以上，沙湾水道下段、小榄水道、磨刀门水道大鳌岛、崖门水道，咸潮线甚至可达西航道、东江北干流的新塘、东江南支流的东莞、沙湾水道的三善滘、鸡鸦水道及小榄水道中上部、西江干流的西海水道、潭江石咀等地。

新中国成立以来，珠江三角洲地区发生较严重咸潮的年份是1955年、1960年、1963年、1970年、1977年、1993年、1999年、2004年。1955年春旱，盐水上溯和内渗造成滨海地带受咸面积达138万亩（9.2万hm^2）。1960年和1963年的咸灾给珠江三角洲的农作物生长带来巨大损失，番禺受咸面积达24万亩（1.6万hm^2），新会受咸面积达15万亩（1万hm^2）。20世纪80年代以前，珠江三角洲沿海经常受咸潮灾害的农田有68万亩（4.53万hm^2），大旱年份咸潮灾害更加严重。80年代以后，珠江三角洲地区城市化进程加快，农业用地大幅减少，受咸潮危害的主要对象为工业用水和城市生活用水。自20世纪90年代以来，珠江三角洲地区咸潮上溯污染范围愈来愈大，持续时间愈来愈长，活动频率愈来愈强。在西江磨刀门水道，1992年咸潮上溯至大涌口，1995年至神湾，1998年到南镇，1999年上溯至全禄水厂，2003年越过全禄水厂，2004年越过中山市东部的大丰水厂。西江磨刀门水道咸潮造成中山市东西两大主力水厂同时受到侵袭，水中最大含氯度达到3500mg/L，超过生活饮用水水质标准的13倍；承担珠海、澳门供水任务的广昌泵站连续29d不能取水，部分地区供水中断近18h，供水不中断的地区饮用水氯化物含量严重超过饮用水水质标准；在西北江水道和广州市珠江水道，1993年3月，咸水进入前、后航道，广州市区黄埔水厂、员村水厂、石溪水厂、河南水厂、鹤洞水厂和西州水厂先后局部间歇性停产或全部停产。1999年春，广州虎门水道咸水线上移至白云区的老鸦岗，沙湾水道咸水线首次越过沙湾水厂取水点，横沥水道以南则全受咸潮影响；在东江北干流，

2004年咸潮前锋已靠近新建的浏渥洲取水口，2005年12月15—29日，东莞第二水厂连续16d停水避咸，其上游不到5km的第三水厂，日产自来水110万m^3，取水口水中氯化物含量严重超过饮用水水质标准。

1980年珠江三角洲地区有总人口1259万人，城镇化率不足30%，城镇及工业供水量9.5亿m^3；2000年总人口增加到1956万人，城镇化率达77.5%（按户籍统计，考虑常住人口为总人口3309万人，城镇化率达73%，不含短期的暂住人口，不含香港与澳门的约700万人），城镇及工业供水量102.5亿m^3。由于人口规模不断扩大、城市化率提高、经济快速发展，城镇与工业供水量不断增大，而利用当地水资源的调剂、保障咸潮影响期间供水的调节能力相对不足。近几年来，随着珠江三角洲地区需水量的增加，珠江河口地区的咸潮对城镇供水影响就显得更加突出。珠江河口咸潮严重影响珠江三角洲地区正常的生产、生活秩序，妨碍经济社会的可持续发展，恶化水生态环境，珠江河口咸潮问题已经成为河口地区除洪、涝、台风之外的另一类严重自然灾害。

4.3 珠江河口不同年代咸潮活动

4.3.1 20世纪90年代以前咸潮变化

根据珠江河口虎门水道黄埔、磨刀门水道灯笼山、鸡啼门水道黄金、崖门水道黄冲等站资料分析表明，20世纪60—80年代，随着珠江三角洲的联围筑闸和河口的自然延伸，磨刀门、虎门、蕉门、洪奇门、横门的咸潮影响明显减弱，鸡啼门、虎跳门、崖门的咸潮影响略有减弱，见表4.3-1。

表4.3-1 珠江三角洲口门代表站盐度变化情况

口门	站名	涨潮盐度 S/‰		落潮盐度 S/‰		资料年限
		年平均值	年最大值	年平均值	年最大值	
虎门	黄埔	0.90	5.28	0.53	2.34	1959—1968
		0.60	5.77	0.31	2.27	1969—1978
		0.29	4.07	0.03	1.77	1979—1988
磨刀门	灯笼山	0.78	13.11	0.24	6.65	1960—1969
		0.60	14.45	0.06	3.49	1970—1979
		0.20	6.23	0.02	2.13	1980—1988
鸡啼门	黄金	5.08	25.81	1.26	10.83	1965—1974
		3.19	22.43	1.02	12.84	1975—1984
		2.44	20.32	0.86	9.94	1985—1988
崖门	黄冲	1.97	12.79	0.89	7.57	1959—1968
		1.36	12.43	0.42	5.84	1969—1978
		1.37	12.23	0.54	7.95	1979—1988

表4.3-1列出了20世纪90年代以前4个代表站不同时段的盐度，反映出涨潮、落潮的年平均盐度和年最大值除个别年份外都呈下降趋势。

4.3.2 20世纪90年代以后咸潮变化趋势

珠江三角洲地区咸潮活动有如下特点：咸潮活动频繁，持续时间长，上溯影响范围大，强度趋于严重。1998—1999年、2003—2004年、2004—2005年、2005—2006年均发生较严重的咸潮上溯。1999年春虎门水道的咸水线上移到白云区的老鸦岗，农作物受灾严重，咸潮上溯也使得部分水厂的取水口被迫上移，如广州市的石溪、白鹤洞、西洲等水厂曾被迫间歇性停产，1999年上溯至全禄水厂，2004年越过全禄水厂，2004年春广州番禺区沙湾水厂取水点咸潮强度及持续时间更是远远超过历年同期水平，横沥水道以南则全受咸潮影响。

2005—2006年冬春季节，磨刀门水道各取水点出现了1998年以来最大含氯度，平岗、联石湾、马角均出现最长时间的含氯度超标。表4.3-2为平岗泵站1998—2006年枯水期含氯度超标情况统计，图4.3-1为广昌泵站1998—2006年枯水期含氯度超标情况。从表、图中可知，2002—2003年枯水期咸潮最弱，以此为界，前4年咸潮逐渐减弱，后3年则逐步增强，且影响程度更超越前4年，尤其是2005—2006年枯水期，咸潮强度前所未有。

表4.3-2　　平岗泵站1998—2006年枯水期含氯度超标情况统计

年度	总超标天数/d	最长连续超标天数/d	总超标时数/h	最长连续不可取水天数/d
1998—1999	63	11	701	7
1999—2000	37	10	398	5
2000—2001	26	6	180	0
2001—2002	14	8	140	3
2002—2003	1	0	1	0
2003—2004	61	11	724	7
2004—2005	61	13	702	7
2005—2006	92	37	1602	10

注　1. 总超标天数即为出现咸潮总天数。
2. 最长连续超标天数即为连续出现咸潮总天数。
3. 如一日内超标时数大于20h，则视此日为不可取水日。

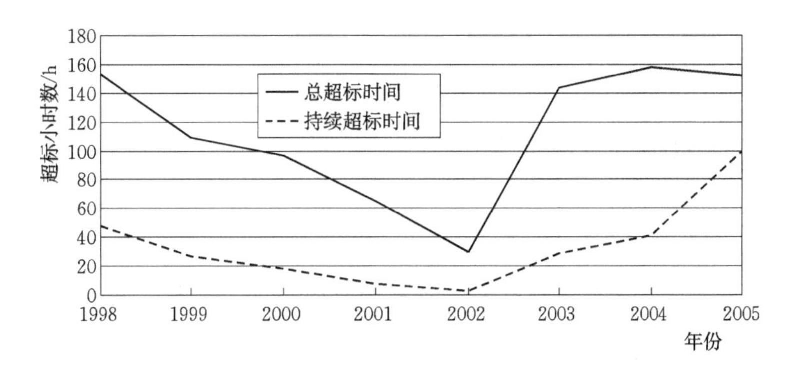

图4.3-1　广昌泵站1998—2006年枯水期含氯度超标历时

4.3.3　2005—2006 年枯水期各主要取水口咸潮现状

表 4.3-3 为磨刀门水道广昌泵站、联石湾水闸、平岗泵站、西河水闸及鸡啼门水道黄杨泵站 2005—2006 年枯水期分旬每日平均超标历时。从表中可知，澳门、珠海供水系统淡水来源的广昌泵站枯水期平均每日超标历时近 20h。咸潮影响的强度及历时前所未有。

表 4.3-3　　**2005—2006 珠海枯水期分旬每日平均超标历时统计**　　单位：h

月	旬	广昌泵站	联石湾水闸	平岗泵站	西河水闸	黄杨泵站
11 月	上旬	5.2	1.8	0.0	0.0	0.0
	中旬	11.1	1.8	0.0	0.0	0.0
	下旬	19.3	11.3	0.0	0.0	0.0
	中旬	21.1	11.5	0.0	0.0	0.0
	下旬	24.0	23.0	9.8	2.9	1.8
12 月	上旬	24.0	22.6	9.1	1.7	3.4
	中旬	24.0	24.0	19.3	9.8	14.4
	下旬	24.0	24.0	16.9	15.7	16.1
1 月	上旬	24.0	23.7	14.8	6.2	14.9
	中旬	24.0	17.5	13.0	3.6	18.9
	下旬	24.0	24.0	17.9	16.0	15.1
2 月	上旬	24.0	24.0	16.2	7.9	21.9
	中旬	24.0	24.0	18.1	1.7	13.7
	下旬	19.2	19.2	17.6	7.7	12.4
3 月	上旬	9.5	4.3	0.0	0.0	0.5
	中旬	15.7	7.9	0.0	0.0	0.0
	下旬	22.1	12.1	0.0	0.0	0.0
平均		19.7	15.9	8.7	4.1	7.4

4.4　珠江河口咸潮变化原因分析

4.4.1　上游来水偏枯、咸潮上溯增强

近几年来，珠江流域偏旱，枯水期干支流来水偏小。由于径流动力的减少导致咸潮上溯动力加强，咸潮活动频繁。

咸潮强度与上游进入珠江三角洲的流量大小密切相关。根据 1998 年以来的咸潮监测和城市供水影响情况调查资料分析，当思贤滘流量为 2500m³/s 时，广州、中山、江门、佛山等城市主要取水口不受咸潮影响，珠海市取水口虽会间歇性地受到咸潮影响，但依靠现有水库蓄淡调咸可基本保证正常供水。

2003年以来，西江、北江流域枯水期连续干旱。枯水期（10月至翌年3月）降水量为150～200mm，比多年平均的315mm减少4～5成。枯水期西江、北江来水流量仅2410～2640m^3/s，比多年平均流量3800m^3/s减少3～4成，相当于10年一遇的枯水，最枯月平均流量仅1580～2090m^3/s，比压咸所需流量少16%～37%，2006年2月最枯10d平均流量仅1330m^3/s，比压咸所需流量少48%。由于压咸的径流动力不足，导致咸潮上溯增强、影响频繁，磨刀门广昌泵站2003—2005年三年的含氯度超标总历时分别达到144d、158d和152d，最长持续超标时间分别为29d、41d和100d。

表4.4-1为最近几次咸潮严重年份思贤滘控制断面枯水期流量对比。研究表明，枯水期连续最枯4个月的流量对咸潮上溯、供水影响最为严重。1998—1999年枯水期最枯4个月来水流量相当于20年一遇的枯水期来水流量，2003—2004年、2004—2005年、2005—2006年最枯4个月相当于5～10年一遇的枯水年。这4年枯水期均发生过比较严重的咸潮上溯，各主要取水口无法正常取水。连续10d、最枯1个月、最枯4个月平均流量都是以2005—2006年为最小，因此2005—2006年出现近几年最严重的咸潮与流域上游来水是一致的。

磨刀门水道河口段含氯度随上游流量变化见图4.4-1和图4.4-2。当上游来水接近最枯月多年平均流量2300m^3/s时，平岗泵站的最大含氯度为2498mg/L，半个月中可取水时间为188h；但当上游来水流量为1400m^3/s（接近2005—2006年最枯月流量1580m^3/s），平岗泵站的最大含氯度可上升至4316mg/L，半个月内可取水时间减少为0h。计算表明，2005—2006年因上游来水量偏枯，平岗站取水时段较多年平均情况减少约50%。

表4.4-1　最近几次咸潮严重年份思贤滘控制断面枯水期流量对比

时间	特征值	连续最枯10d	最枯1个月	最枯4个月	枯水期
1956—2006	流量/（m^3/s）	1900	2160	2730	3800
1998年10月至1999年3月	流量/（m^3/s）	1820	1910	2080	2410
	频率/%	50	70	89	94.5
2003年10月至2004年3月	流量/（m^3/s）	1940	2090	2220	2580
	频率/%	35	50	80	91
2004年10月至2005年3月	流量/（m^3/s）	1660	1980	2100	2510
	频率/%	70	60	85	92.5
2005年10月至2006年3月	流量/（m^3/s）	1330	1580	2030	2640
	频率/%	90	90	90	90

分析成果还表明，平岗河段含氯度对上游径流量的响应度大于广昌河段。

另一方面，流域用水增加，也造成枯水期流量减小。1980—2004年的24年间，西江、北江上游年用水量从324亿m^3增长到369亿m^3，增加了45亿m^3；珠江三角洲地区年用水量从77.5亿m^3增长为161.5亿m^3，增加了84亿m^3。由于用水量、耗水量的增加，导致枯水期珠江三角洲的入海平均流量减少了5%（约180m^3/s），使得压咸流量更显不足。

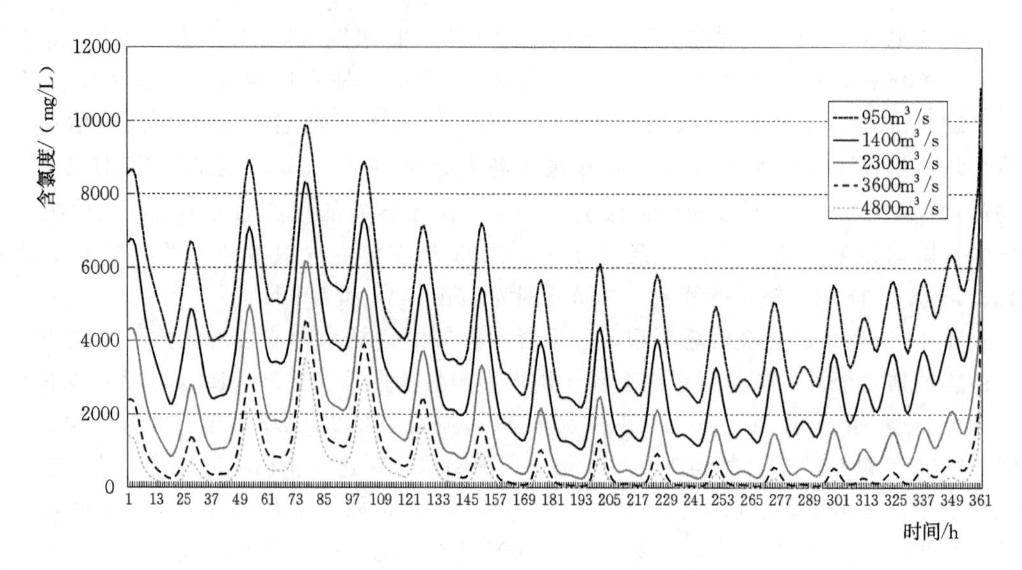

图4.4-1　不同流量对应的广昌泵站含氯度过程

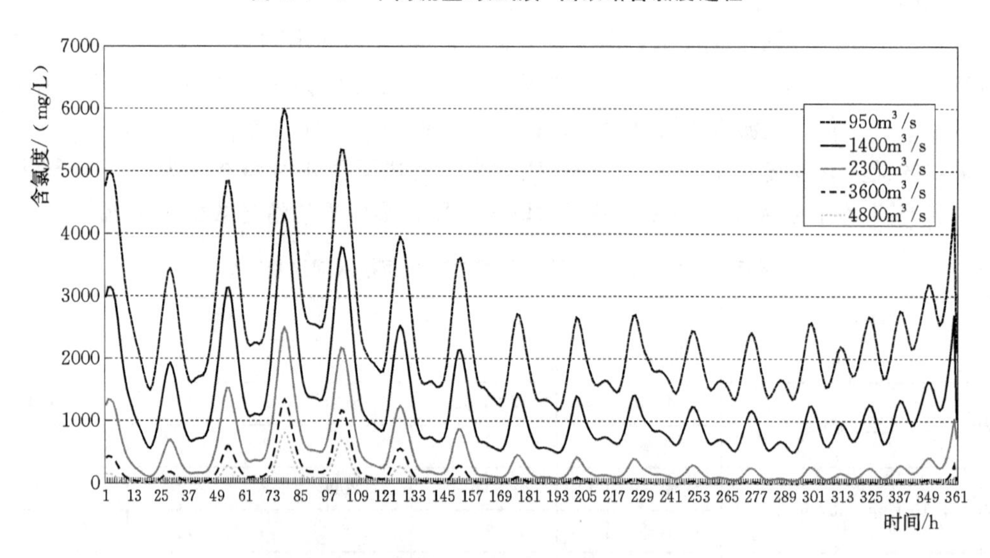

图4.4-2　不同流量对应的平岗泵站含氯度过程

4.4.2　珠江三角洲及河口地形变化

河床下切增加了珠江三角洲河网的纳潮容积而造成涨潮动力增强，主要表现为潮差加大、涨潮历时延长、涨潮量加大。河床不均匀下切，导致三角洲主要分流节点和河口径流分配比的变化，更进一步加重了磨刀门水道咸潮上溯程度。

1. 地形变化情况

近20年的大规模河道采砂，造成西北江三角洲河床由总体缓慢淤积变为急剧、持续的下切，过水断面面积及河槽容积普遍增大，人类采砂活动对珠江三角洲河道的作用强度远远超过河道的自然演变过程。

从1985年河道地形与1999年河道地形对比分析看，西江干流平均下切0.8m，河槽容积较1985年增加18%，下切速度较大的主要集中在中游平沙尾—灯笼山约94km的河段；北江干流平均下切2.8m，容积较1985年增加69%，下切速度较大的主要集中在上中游思贤滘—火烧头。

从1999年河道地形与2005年河道地形对比看，西江干流平均下切2.0m，容积较1985年增加29%，下切速度较大的为思贤滘—百顷头；北江干流平均下切1.5m，容积较1985年增加36%，下切速度较大的为思贤滘—三槽口49km的河段。1999—2005年间竹排沙以下河段冲淤变化较上段小，洪湾水道入口附近由微冲变微淤，拦门沙以上河道深槽变化很小。磨刀门口门整体上南偏东南向淤积趋势明显，口门附近整体上年均淤高6～8cm，其中拦门沙淤积更为显著。磨刀门口外深槽进一步延伸，向外海分左、右两槽，其中右边主槽向外延伸约1km，深泓下切1m，左边支槽向外延伸约2km，深泓下切2m。

1985—2005年，珠江三角洲及河口地区大规模无序采砂，西江、北江三角洲河槽容积增加约10亿m^3，若按正常的泥沙淤积速度，需要100年时间方可回淤至1985年以前的状态，因此地形变化在近20年内是不可逆的。加之航道疏浚，导致河道下切严重而且不均匀。河道下切呈现两大特点：一是上游深，上游河床平均下切3～6m，下游浅，下游河床平均下切0.5～1m，使得河道比降变缓甚至出现倒比降，河口与口外浅海区深槽刷深（2～3m），导致潮汐通道更加畅通，涨潮动力发生变化。

西江、北江河道三个不同年份地形枯水容积变化见图4.4-3。

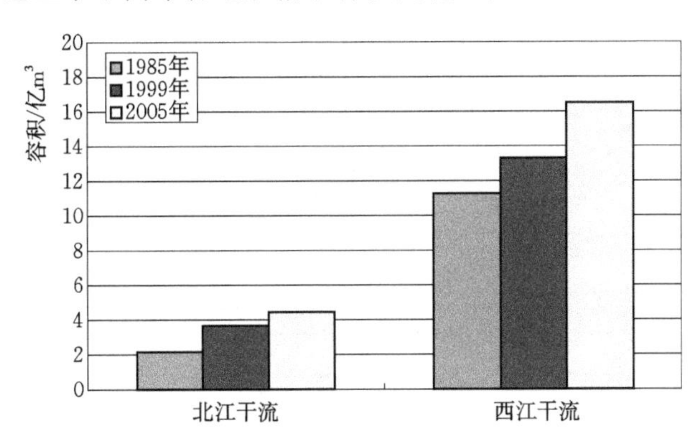

图4.4-3 西江、北江干流河道枯水容积变化

2. 分流比变化

由于西江、北江干流的河道下切不均匀，1985—1999年北江下切显著，使得在思贤滘枯水期分流进西江干流水道（马口站）的分流比由20世纪80年代的89.2%，降到90年代的82.3%，到2004年基本维持在82%左右，使得进入西江下游特别是磨刀门水道的径流动力进一步减弱。

3. 潮汐特征变化

近20年来，由于河道下切，同以前相比，西江干流水道多年平均高潮位在大敖站以下略有升高，大敖站以上呈下降趋势，平均低潮位则普遍有所降低，低潮位最大降幅在天河站附近，为0.12m；潮差有所增加，增幅为0.05～0.10m，天河—甘竹一带增幅最大；涨潮历时也有所增加，增加幅度为6～16min，大敖站增幅最大。西江干流水道潮历时、潮位的变化见图4.4-4和图4.4-5。潮差和涨潮历时的增加，反映了近20年来西江干流水道涨潮量增加，根据数学模型分析，当上游来水流量在2500m³/s时，西江干流潮流界在高要站附近，北江干流潮流界尚未到达三水站，但地形变化后，马口、天河和灯笼山涨潮量显著增加，分别增加了3.6倍、3.2倍和35%，北江干流的潮流界超过三水站，横门的涨潮量增加了20%，潮汐动力增强，咸潮影响也越来越严重。

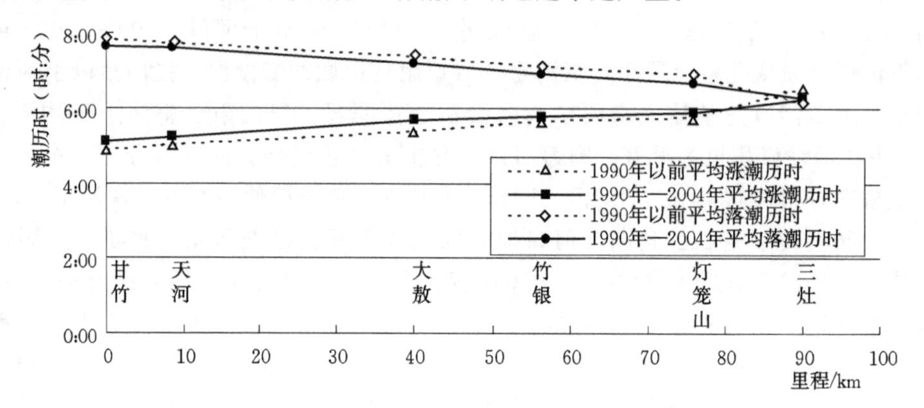

图4.4-4 西江干流水道主要站点潮历时变化

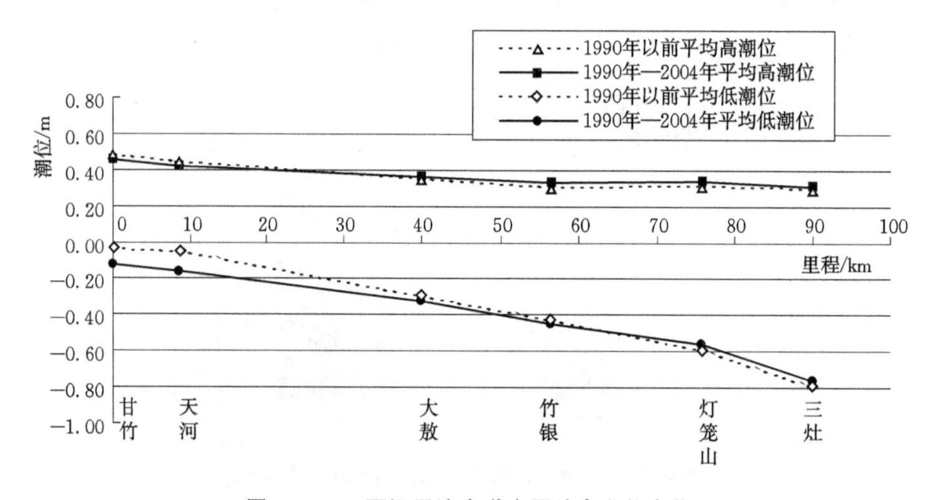

图4.4-5 西江干流水道主要站点潮位变化

4. 地形变化对咸潮影响的分析

通过分析比较珠江河口及三角洲河网区1985年地形和1999年地形的含氯度分布，西北江三角洲主要水道咸潮上溯加剧，含氯度普遍升高，超标历时增加，如思贤滘流量为2320m³/s，平岗泵站平均每天超标历时增加6h，最大含氯度升高329mg/L，见图4.4-6；联石湾最大含氯度升高853mg/L，平均每天超标历时增加了7h，其影响相当于上游径流减少350m³/s的情况，见图4.4-7；而近几年最枯4个月平均流量比多年平均情况少600～800m³/s，因此上游径流减少加剧咸潮活动是首要因素，大规模无序采砂造成河床下切等是重要因素。

通过以上分析表明，流域近几年咸潮上溯严重，首要因素是连续枯水年径流动力不足；其次是大量无序采砂造成河床下切，潮汐动力增强；风浪的影响是一种随机因素，不具有趋势性。

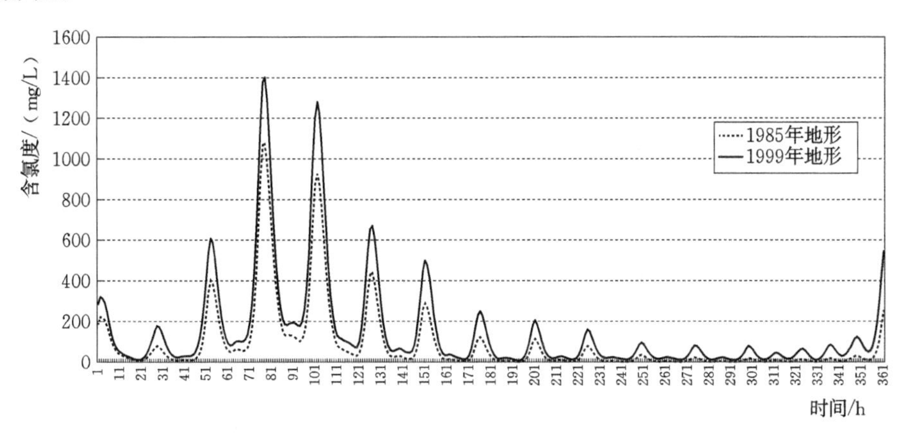

图 4.4-6 不同年代地形情况下平岗含氯度过程对比

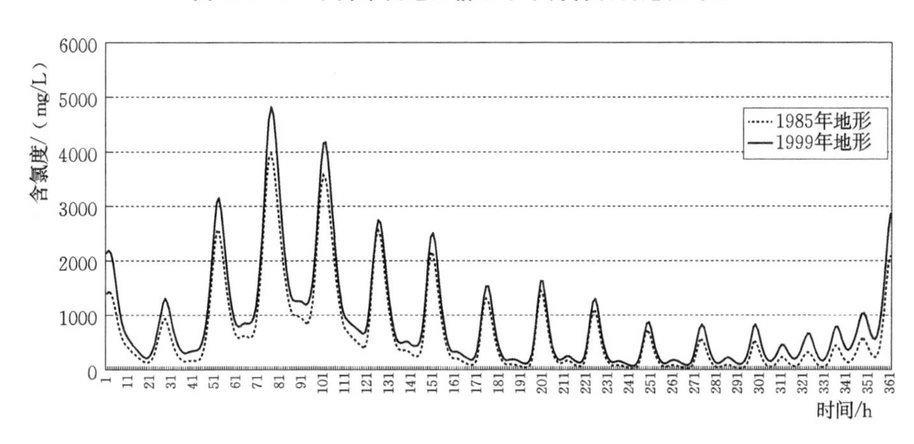

图 4.4-7 不同年代地形情况下联石湾含氯度过程对比

4.5 未来咸潮的演变趋势分析

珠江三角洲等地区由于大量的无序采砂带来了防洪、供水等一系列问题，已引起有关方面的重视。2005 年广东省颁布了《广东省河道采砂管理条例》，加强河道采砂的管理，未来珠江三角洲河道地形变化以航道整治和河口地区的清障等泄洪整治为主，考虑航道规划及河口整治等地形变化、海平面上升（2010 年按海平面上升 0.05m、2020 年按海平面上升 0.20m），不考虑河口的延伸等有利因素，通过数学模型进行计算分析演变趋势，见图 4.5-1 和图 4.5-2。在上游同样来水的情况下，2020 年咸潮影响范围上移 2～3km，西江干流—磨刀门水道和小榄—横门水道上移 5km 左右，各地含氯度有所上升，主要表现在高含氯度增加幅度大，而低含氯度增加幅度小，受咸潮影响的取水点平均超标历时增加 1～4h，流量大的影响小，上游思贤滘来水流量为 2320m^3/s 时，磨刀门联石湾、平岗、全禄平均超标历时分别增加 3h、3h、1h，小榄水道大丰水厂平均超标历时增加 4h，鸡啼门黄杨、竹洲平均超标历时增加 3h，沙湾水厂平均超标历时增加 1h。

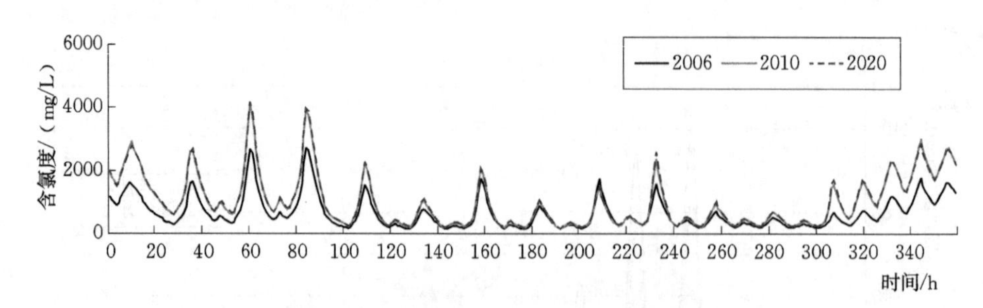

图 4.5-1　不同年份联石湾含氯度过程对比

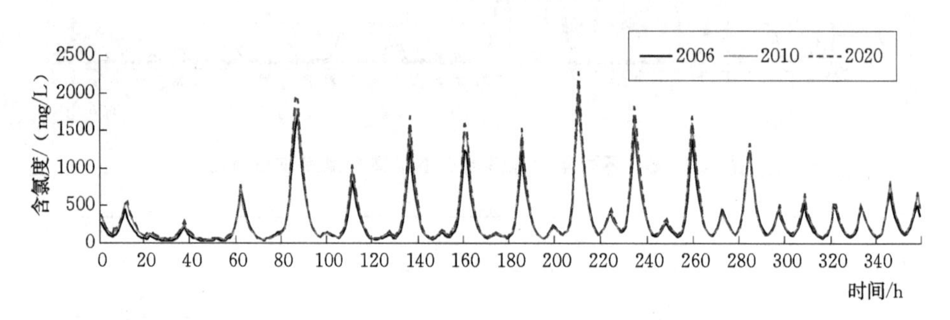

图 4.5-2　不同年份沙湾水厂含氯度过程对比

通过流域水资源配置，到 2020 年，保证率 98%的枯水年最枯 10d 流量可从 1120m^3/s 增加到 2250m^3/s、最枯月流量可从 1390m^3/s 增加到 2250m^3/s，可使珠江三角洲的咸潮影响范围下移 10～20km。各取水口的含氯度和超标历时普遍下降。总体来说，通过流域水资源配置，未来珠江三角洲的咸潮影响将会得到明显改善。

第5章　珠江河口咸淡水混合三维数值模拟

通过水文站实测资料的统计确定珠江三角洲河口的咸淡水比例方法简单，可操作性强。但由于珠江河口盐度监测站数量较少，分布不均，时间序列也不一致，不具备代表性，因而依靠统计资料得到的咸淡水比例仅能定性、半定量地反映珠江河口不同水域咸淡水的差异。为了得到一个更全面、更精确、更典型的咸淡水比例结果，建立一个珠江三角洲河口盐水数学模型，经率定验证后，通过模型模拟计算得出珠江河口各取水口咸淡水比例是十分必要的。

河口是咸水、淡水交汇地区，不论是水动力还是盐度分布都具有复杂的三维结构，因而建立的数值模式必须能够模拟三维特征，这样才有可能准确模拟河口的咸淡水混合过程。目前国际上比较先进、成熟的三维数学模式包括 POM（Blumberg and Mellor，1987）、ROMS（ShchePetkin and Mewilliams，2005）、SELFE（Zhang，2008）、FVCOM（Chen et al.，2003）、UnTrim（Casulli and Walters，2000）、MIKE、Delft3D等；珠江三角洲河口的最大特点是河网复杂，口门、岛屿众多，复杂的河网及地形使结构化网格在珠江河口的应用较为困难，而非结构网格具有良好的灵活性，能够精确地拟合复杂岸线，非常适用于珠江河口。因此本次模型网格选用非结构性网格。

盐水在河口区不仅要考虑其平面分布问题，其垂向分布也必不能忽略，过去由于计算方法及计算机硬件的限制，对整个珠江河网模型进行三维盐水计算存在一定的困难。随着计算机技术的发展及计算方法的改进，在数值计算方面可以采用 MPI 并行技术，这使建立一个包括珠江河网—八大口门—外海的整体三维盐水模型成为可能。

本书应用广东省水利水电科学研究院自主研发的基于非结构网格的珠江河口咸淡水混合三维数值模型（以下简称“该咸淡水模型”），模拟珠江河口的咸淡水混合过程，以计算珠江河口咸淡水比例分布情况。

5.1　模式介绍

该咸淡水模型是一个三维斜压、跨尺度环流模型，其水平向采用非结构网格、垂向采用 $S-Z$ 混合坐标，在地形侧边界和底边界的处理上更加精确，更贴合实际。在计算方法上采用半隐有限元-欧拉-拉格朗日来求解 Navier-Stokes 方程，使计算更加稳定。与其他水动力计算模型相比，该咸淡水模型还具有以下优点：采用无模态分解的方法，避免内外模态分解产生的误差；考虑静压和非静压情况，灵活度更强；所有方程采用半隐格式离散，连续方程和动量方程同时求解，减轻 CFL 稳定的限制性，对时间步长选择的限定更少；总体体积守恒性好，输运质量守恒。

5.1.1　模型的控制方程

模型基于静压近似及 Boussinesq 近似求解三维浅水方程和温盐输送方程。模型求解的主要未知变量包括：自由水面高程、流体速度、温度和盐度矢量。在笛卡尔坐标系统下，模型的主要控制方程如下：

$$\nabla \cdot \vec{u} + \frac{\partial w}{\partial z} = 0 \tag{5.1-1}$$

$$\frac{\partial \eta}{\partial t} + \nabla \cdot \int_{-h}^{\eta} \vec{u} \mathrm{d}z = 0 \tag{5.1-2}$$

$$\frac{\mathrm{d}\vec{u}}{\mathrm{d}t} = \vec{f} - g\nabla\eta + \frac{\partial}{\partial z}\left(\nu \frac{\partial \vec{u}}{\partial z}\right)$$

$$\vec{f} = -f\vec{k} \times \vec{u} + \alpha g \nabla\hat{\psi} - \frac{1}{\rho_0}\nabla P_A - \frac{g}{\rho_0}\int_z^{\eta} \nabla\rho \mathrm{d}\zeta + \nabla \cdot (\mu \nabla\vec{u}) \tag{5.1-3}$$

$$\frac{\mathrm{d}S}{\mathrm{d}t} = \frac{\partial}{\partial z}\left(\kappa \frac{\partial S}{\partial z}\right) + F_s \tag{5.1-4}$$

$$\frac{\mathrm{d}T}{\mathrm{d}t} = \frac{\partial}{\partial z}\left(\kappa \frac{\partial T}{\partial z}\right) + \frac{Q}{\rho_0 C_p} + F_h \tag{5.1-5}$$

式中：∇为哈密顿算子，$\nabla=\left(\frac{\partial}{\partial x}, \frac{\partial}{\partial y}\right)$；$(x, y)$为水平笛卡尔坐标，m；$z$为垂向坐标，向上为正，m；$t$为时间，s；$\eta(x, y, t)$为自由水面高程，m；$\vec{u}(x, y, z, t)$为水平流速在笛卡尔坐标下两个分量$(u, v)$，m/s；$w$为垂向流速，m/s；$f$为柯氏力因子，1/s；$g$为重力加速度，$m/s^2$；$\hat{\psi}(\varphi, \lambda)$为潮汐势，m；$\alpha$为有效地球弹性因子；$\rho(x, t)$为水的密度，默认参考值$\rho_0$为$1025kg/m^3$；$p_A(x, y, t)$为自由水面大气压强，$N/m^2$；$S$，$T$为水的温度和盐度，实用盐度单位，psu；$\upsilon$为垂向涡动黏性系数，$m^2/s$；$\mu$为水平涡动黏性系数，$m^2/s$；$\kappa$为温度和盐度的垂向涡动扩散系数，$m^2/s$；$F_s$，$F_h$为输移方程中的水平扩散系数；$Q$为太阳辐射能，$W/m^2$；$C_p$为水的比热，J/（kg·K）。

式（5.1-1）～式（5.1-5）在满足以下条件时闭合：①水体的密度是其盐度和温度的函数；②潮汐势和科氏力因子是确定的；③通过湍流闭合方程组对水平及垂直混合的各系数进行参数化；④具有初始及边界条件。

海水密度定义为盐度、温度及静水压的函数。根据Millero和Poisson（1981）的国际海水状态方程（ISE80）：

$$\rho(S, T, p) = \frac{\rho(S, T, 0)}{1 - \frac{10^5 \rho}{K(S, T, p)}}, \tag{5.1-6}$$

式中：$\rho(S, T, 0)$为一标准大气压下海水的密度；$K(S, T, p)$为割线体积模量。水压p符合静压近似，以巴（bar，1bar=100kPa=0.1MPa）为单位。

$$p = 10^{-5} g \int_z^{H_R+\eta} \rho(S, T, p) \mathrm{d}z \tag{5.1-7}$$

在水体表面，水体内部雷诺应力与外加剪切应力平衡，即

$$\rho_0 K_{mv}\left(\frac{\partial u}{\partial z}, \frac{\partial v}{\partial z}\right) = (\tau_{Wx}, \tau_{Wy}) \quad (\text{在 } z = H_R + \eta \text{ 处}) \tag{5.1-8}$$

模型中对表面剪切应力提供两种参数化方法。一种方法是利用空气动力学算法，计算不同大气稳定度条件下的海洋表面通量，包括动量、热量和盐量，此种方法一般在与大气模型嵌套时采用。另一种方法是当缺乏详细的大气稳定度资料时，表面应力可由下

式计算：

$$(\tau_{Wx},\ \tau_{Wy})=\rho_a C_{Ds}\ |\vec{W}|(W_x,\ W_y) \qquad (5.1-9)$$

式中：ρ_a 是空气密度，kg/m^3；C_{Ds} 为表面拖曳系数；$\vec{W}(x,\ y,\ t)$ 为海面以上 10m 处的风速；$|\vec{W}|$ 和 $W(x,\ y)$ 为相应的模和分量。

$$C_{Ds}=10^{-3}\ (A_{W1}+A_{W2}|\vec{W}|) \qquad (W_{\text{low}}\leqslant|\vec{W}|\leqslant W_{\text{high}}) \qquad (5.1-10)$$

风速在此区域外时，C_{Ds} 取适当的常数值。强风条件下，海气动量交换率随风速加大而增加。对于 A_{W1}，A_{W2} 已有很多定值方法，在缺乏数据的情况下，可假设起始值：$A_{W1}=0.61$，$A_{W2}=0.063$，$W_{\text{low}}=6$，$W_{\text{high}}=50$。

通常认为，在底边界上内部雷诺应力与底部摩擦应力平衡，即

$$\rho_0 K_{mv}\ \left(\frac{\partial u}{\partial z},\ \frac{\partial v}{\partial z}\right)_b=(\tau_{bx},\ \tau_{by}) \qquad (在\ z=H_R-h\ 处) \qquad (5.1-11)$$

底部应力定义为

$$(\tau_{bx},\ \tau_{by})=\rho_0 C_{Db}\sqrt{u_b^2+v_b^2}(u_b,\ v_b) \qquad (5.1-12)$$

底部拖曳系数 C_{Db} 随地形变化，也会随其他因素而改变，如波流相互作用和底床演变。在模型中，底部拖曳系数可以外部给定，也可以通过近底层流速（u_b，v_b）计算得到

$$C_{Db}=\max\left\{\left(\frac{1}{\kappa}\ln\frac{\delta_b}{z_0}\right)^{-2},\ C_{Db\min}\right\} \qquad (5.1-13)$$

式中：κ 为卡门常数，其值取 0.4；z_0 为底床糙率，通常取 1cm；δ_b 为底部计算单位厚度的一半，底部离散不好会导致 δ_b 估计过大，使实际边界层厚度过大。

若无 $C_{Db\min}$ 的调节，C_{Db} 会总体偏小。从陆架到深海区，$C_{Db\min}$ 的取值范围从 0.0075 变化到 0.0025，相应的有效 δ_b 为 1～30m。

大多数情况下，海洋表面及底部没有盐度通量交换，底部也没有热量交换。但是，海气介面的热量交换对于海洋系统非常重要。太阳辐射能由方程式（5.1－5）给出，其他的热量交换由表面边界条件计算：

$$K_{hv}\frac{\partial T}{\partial z}=\frac{H_{\text{tot}}^{*}\downarrow}{\rho_0 C_p} \qquad (在\ z=H_R+\eta\ 处) \qquad (5.1-14)$$

式中：$H_{\text{tot}}^{*}\downarrow$ 为海气介面向下的净热能量，但不包含太阳辐射的能量。

模型使用 GLS（Generic Length Scale）湍流闭合模式，该模式的优点在于其包含了大部分的 2.5 阶湍流闭合模型（$k-\varepsilon$；$k-\omega$；Mellor 和 Yamada）。在 GLS 模式中，湍流动能（K）和通用长度变量（ψ）的产生、输运和耗散由以下方程式控制：

$$\frac{DK}{Kt}=\frac{\partial}{\partial z}\left(\upsilon_k^{\psi}\frac{\partial K}{\partial z}\right)+\upsilon M^2+\mu N^2-\varepsilon \qquad (5.1-15)$$

$$\frac{D\psi}{Dt}=\frac{\partial}{\partial z}\left(\upsilon_{\psi}\frac{\partial\psi}{\partial z}\right)+\frac{\psi}{K}(c_{\psi1}\upsilon M^2+c_{\psi3}\mu N^2-c_{\psi}F_w\varepsilon) \qquad (5.1-16)$$

式中：υ_k^{ψ} 和 υ_{ψ} 是垂直湍流扩散系数；$c_{\psi1}$，$c_{\psi2}$，$c_{\psi3}$ 为模型中的系数；F_W 为一个壁函数；M 和 N 分别是剪切力和浮力的频率；ε 为耗散率。

模式中，通用尺度通过下式定义：

$$\psi=(c_{\mu}^{0})^{p}K^{m}l^{n} \qquad (5.1-17)$$

式中：$c_{\mu}^{0}=0.3^{1/2}$；l 为湍流混合长度；常量参数 p，m，n 的选择将决定采用上面提到的哪

种湍流闭合模型。

式（5.1-3）～式（5.1-5）中的垂向黏性系数及扩散系数与K，l具有以下关系：

$$\upsilon=\sqrt{2}s_m K^{1/2} l \tag{5.1-18}$$

$$\mu=\sqrt{2}s_h K^{1/2} l \tag{5.1-19}$$

$$\upsilon_k^{\psi}=\frac{\upsilon}{\sigma_k^{\psi}} \tag{5.1-20}$$

$$\upsilon_{\psi}=\frac{\upsilon}{\sigma_{\psi}} \tag{5.1-21}$$

式中：σ_k^{ψ}和σ_{ψ}为模型中设定的参数。

在河流、海洋的自由水面及底部，湍流动能和混合长度直接由边界条件决定：

$$K=\frac{1}{2}B_1^{2/3}\ |\tau_b|^2 \tag{5.1-22}$$

$$l=\kappa_0 d_b \text{ 或者 } l=\kappa_0 d_s \tag{5.1-23}$$

式中：τ_b为底部摩擦应力；κ_0为卡门常数，其值取0.4；B_1为常数；d_b、d_s分别为到水体底部及自由表面的距离。

由于垂向边界条件（尤其是底边界条件）牵涉到对速度的求解，因此它在模式的动量方程中显得非常重要。作为解偏微分方程组的重要一步，模型利用底边界条件把自由水面方程（5.1-2）从动量方程中（5.1-3）中分离开来。在水体表面，模型认为内部雷诺应力与外加的剪切应力平衡，即

$$\upsilon\frac{\partial u}{\partial z}=\tau_w \quad (\text{在 } z=\eta \text{ 处}) \tag{5.1-24}$$

式中：外剪切应力可以利用Zeng et al.（1998）或者简单的Pond、Pickard（1998）方法进行参数化。

在众多的海洋模式中，底边界条件并没有得到很好的解决。因此，通常在进行非滑移的海底及河底边界计算时，采用内部雷诺应力与底摩擦应力相平衡的方法：

$$\upsilon\frac{\partial \vec{u}}{\partial z}=\tau_b \quad (\text{在 } z=-h \text{ 处}) \tag{5.1-25}$$

对于底摩擦应力τ_b的计算要视具体的边界情况而定，这里仅简要说明一下模式中湍流边界层中底摩擦应力的计算方法：

$$\tau_b=C_D|\vec{u_b}|\vec{u_b} \tag{5.1-26}$$

底边界层内的流速分布剖面服从对数定理：

$$\vec{u}=\frac{\ln[(z+h)/z_0]}{\ln(\delta_b/z_0)}\vec{u_b} \quad (z_0-h)\leqslant z\leqslant(\delta_b-h) \tag{5.1-27}$$

在模型中底边界层顶部流速与底边界层外部的流速是平滑吻合。式（5.1-27）中，δ_b是底部计算单元的厚度（假定底部计算单元是完全处于底边界层之内的），z_0是底部糙率，$\vec{u_b}$是底部计算单元顶部的流速。因此，由方程式（5.1-27）可得底边界层内的雷诺应力，可以表示为

$$\upsilon\frac{\partial \vec{u}}{\partial z}=\frac{\upsilon}{(z+h)\ln(\delta_b/z_0)}\vec{u_b} \tag{5.1-28}$$

利用湍流闭合理论，涡动黏性系数可由式（5.1－18）得到，而湍流动能混合长度则满足以下方程式：

$$\begin{cases} s_m = g_2 \\ K = \dfrac{1}{2} B_1^{2/3} C_D \ |\overrightarrow{u_b}|^2 \\ l = \kappa_0 (z + h) \end{cases} \tag{5.1-29}$$

式中：g_2 和 B_1 为常系数，且满足 $g_2 B_1^{1/3} = 1$。故雷诺应力在边界层内为常数：

$$v \frac{\partial \vec{u}}{\partial z} = \frac{\kappa_0}{\ln(\delta_b / z_0)} C_D^{1/2} |\overrightarrow{u_b}| \overrightarrow{u_b}，(z_0 - h \leqslant z \leqslant \delta_b - h) \tag{5.1-30}$$

拖曳力系数则可由下方程式计算：

$$C_D = \left(\frac{1}{\kappa_0} \ln \frac{\delta_b}{z_0} \right)^{-2} \tag{5.1-31}$$

5.1.2　模型采用的数值计算方法

在模式中，所有方程采用半隐格式离散。连续方程及动量方程同时求解，通过底边界条件，将连续方程式（5.1－1）及动量方程式（5.1－3）耦合起来。动量方程式（5.1－3）中的平流项采用欧拉－拉格朗日（ELM）方法求解，而物质输移方程式（5.1－4）和式（5.1－5）则可采用 ELM 或者迎风有限体积法求解。

模式水平方向上采用非结构三角形网格，垂向上采用 $S-Z$ 混合坐标。图 5.1－1 为模式采用的混合坐标示意图，其中 k^z 为 S 坐标及 Z 坐标的分界线，其上为 S 层，其下为 Z 层。

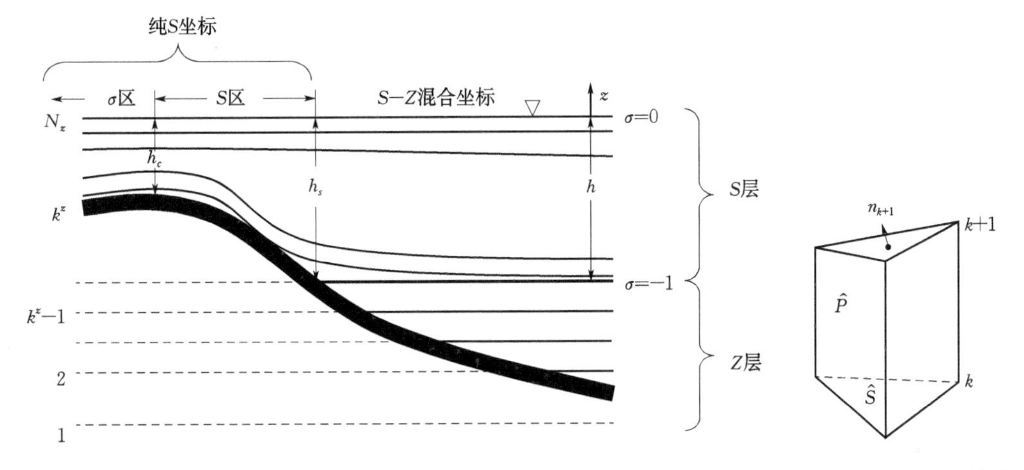

图 5.1－1　垂向混合坐标示意图

图 5.1－2　基本计算单元

模式的基本计算单元为三角棱柱体，见图 5.1－2。各变量的定义规则如下：水面的高程定义在节点上；水平方向的速度定义在每一层中三角形网格每条边的中点上。流体的垂向速度用有限体积法求解，故其定义在每一层的计算单元的中心点上。温度和盐度定义的位置则与求解输运方程的方法的选择有关，如用迎风有限体积法解输运方程，则温度、盐度定义在计算单元的中心点上；如用欧拉－拉格朗日的方法时，则定义网格节点及三角形边的中点上。

模式中首先求解正压方程式（5.1－1）～式（5.1－3），温盐输运方程及湍流闭合方程则落后一个时间步长求解（即动量方程中的斜压梯度项作显式处理）。由于静压近似，垂向流速 w 可以在求得水平流速后由方程式（5.1-1）求解。为求解相互耦合方程式（5.1—2）、式（5.1-3），需要采用半隐格式对其及边界条件方程式（5.1-24）、式（5.1-25）进行时间上的离散化，其离散方程如下：

$$\frac{\eta^{n+1}-\eta^{n}}{\Delta t}+\theta\,\nabla\cdot\int_{-h}^{\eta}\vec{u}^{\,n+1}\mathrm{d}z+(1-\theta)\,\nabla\cdot\int_{-h}^{\eta}\vec{u}^{\,n}\mathrm{d}z=0 \tag{5.1-32}$$

$$\frac{\vec{u}^{\,n+1}-\vec{u}_{*}}{\Delta t}=\vec{f}^{\,n}-g\theta\,\nabla\eta^{n+1}-g(1-\theta)\,\nabla\eta^{n}+\frac{\partial}{\partial z}\left(\upsilon^{n}\,\frac{\partial\,\vec{u}^{\,n+1}}{\partial z}\right) \tag{5.1-33}$$

$$\left.\begin{aligned}\upsilon^{n}\,\frac{\partial\,\vec{u}^{\,n+1}}{\partial z}&=\tau_{w}^{n+1},\qquad z=\eta^{n}\\ \upsilon^{n}\,\frac{\partial\,\vec{u}^{\,n+1}}{\partial z}&=\chi^{n}\vec{u}_{b}^{\,n+1},\qquad z=-h\end{aligned}\right\} \tag{5.1-34}$$

式中：上标表示时间步，$0\leqslant\theta\leqslant 1$ 是时间的隐式因子，为了使计算更具有稳定性，须有 $0.5\leqslant\theta\leqslant 1$。$\vec{u}_{*}(x,\ y,\ z,\ t^{n})$ 是应用欧拉－拉格朗日法回溯求得的流速的值，$\chi^{n}=C_{D}\,|\vec{u}_{n}^{\,n}|$。

方程式（5.1-32）中的第二项及第三项中的水位高程作显性处理，可以使方程线性化，从而提高计算效率。

方程式（5.1-32）的 Galerkin 加权残值弱形式为

$$\int_{\Omega}\phi_{i}\,\frac{\eta^{n+1}-\eta^{n}}{\Delta t}\mathrm{d}\Omega+\theta\left[-\int_{\Omega}\nabla\phi_{i}U^{n+1}\mathrm{d}\Omega+\int_{\Gamma_{v}}\phi_{i}\hat{U}_{n}^{n+1}\mathrm{d}\Gamma_{v}+\int_{\Gamma_{v}}\phi_{i}\hat{U}_{n}^{n+1}\mathrm{d}\overline{\Gamma}_{v}\right]$$
$$+(1-\theta)\left[-\int_{\Omega}\nabla\phi_{i}U^{n}\mathrm{d}\Omega+\int_{\Gamma}\phi_{i}U_{n}^{n}\mathrm{d}\Gamma\right]=0\qquad(i=1,\ \cdots,\ N_{p}) \tag{5.1-35}$$

式中：N_{p} 为总节点数；$\Gamma=\Gamma_{v}+\overline{\Gamma}_{v}$ 为总区域 Ω 的边界；Γ_{v} 为自然边界；$U=\int_{-h}^{\eta}u\,\mathrm{d}z$ 为流速沿水深的积分；U_{n} 为流速在边界上的分量；$\hat{U}_{n}$ 为边界条件；因为模式使用线性形函数，因此，ϕ_{i} 为所谓的“帽”函数。

将动量方程式（5.1-33）进行垂向积分，有

$$U^{n+1}=G^{n}-g\theta H^{n}\Delta t\,\nabla\eta^{n+1}-\chi^{n}\Delta t u_{b}^{n+1} \tag{5.1-36}$$

其中

$$H^{n}=h+\eta^{n}$$
$$G^{n}=U_{*}+\Delta t\,[F^{n}+\tau_{w}^{n+1}-g(1-\theta)H^{n}\,\nabla\eta^{n}]$$

式中：G^{n} 为显式项；u_{b} 为底部流速。

将动量方程式应用于底部边界层，由方程式（5.1-30），有

$$\frac{u_{b}^{n+1}-u_{*b}}{\Delta t}=f_{b}^{n}-g\theta\,\nabla\eta^{n+1}-g(1-\theta)\,\nabla\eta^{n}+\frac{\partial}{\partial z}\left(\upsilon^{n}\,\frac{\partial u^{n+1}}{\partial z}\right)\qquad(z=\delta_{b}-h) \tag{5.1-37}$$

最终，得到流速沿垂向的积分值为

$$U^{n+1}=\hat{G}^{n}-g\theta\hat{H}^{n}\Delta t\,\nabla\eta^{n+1} \tag{5.1-38}$$

其中

$$\hat{G}^{n}=G^{n}-\chi^{n}\Delta t\hat{f}_{b}^{n},\ \hat{H}^{n}=H^{n}-\chi^{n}\Delta t \tag{5.1-39}$$

把式（5.1-38）代入式（5.1-35）中，可以得到水面高程的方程：

$$\int_{\Omega}[\phi_i\eta^{n+1}+g\theta^2\Delta t^2\hat{H}^n\ \nabla\eta^{n+1}]\,\mathrm{d}\Omega-g\theta^2\Delta t^2\times\int_{\overline{\Gamma_v}}\phi_i\hat{H}^n\frac{\partial\eta^{n+1}}{\partial n}\mathrm{d}\overline{\Gamma}_v+\theta\Delta t\int_{\overline{\Gamma_v}}\phi_i\hat{U}_n^{n+1}\mathrm{d}\Gamma_v=I^n \tag{5.1-40}$$

其中

$$I^n=\int_{\Omega}[\phi_i\eta^n+(1-\theta)\Delta t\ \nabla\phi_i\cdot U^n+\theta\Delta t\ \nabla\phi_i\cdot\hat{G}^n]\,\mathrm{d}\Omega-(1-\theta)\Delta t\int_{\Gamma}\phi_iU_n^n\mathrm{d}\Gamma-\theta\Delta t\int_{\Gamma_v}\phi_in\cdot\hat{G}^n\mathrm{d}\,\overline{\Gamma}_v \tag{5.1-41}$$

当赋予一定的边界条件时，利用式（5.1-40）便可求解出任意节点的水位，之后，可以采用有限元半隐格式解动量方程得到水平方向及垂向上的流速。

由于模型是隐式计算模式，故其对时间步长的要求是越大越好，时间步长 $\mathrm{d}t$ 越大，计算越不容易发散。其对 CFL 数要求如下：

$$\text{CFL number}=\frac{\mathrm{d}t\sqrt{gh}}{\mathrm{d}x}\geqslant 0.2 \tag{5.1-42}$$

式中：$\mathrm{d}t$ 为时间步长；$\mathrm{d}x$ 为网格尺度；g 为重力加速度；h 为水深。若 CFL$<$0.2 时，则模型中使用欧拉—拉格朗日方法的计算结果会发散；当 CFL$>$0.5 时，计算结果将会非常稳定。

5.2 模型的范围及网格

采用模式建立范围覆盖了珠江网河－河口湾－近海陆架水动力数值模型。模型的计算范围为 112.6°E～113.6°E，21°N～23.6°N。模型上边界选取西江的高要、北江的石角、东江的博罗、流溪河及潭江上游，考虑到老鸦岗和石咀在潮流界内，故在模拟过程中将其流量边界各上延 35km，并对上延河道做概化处理，减小对计算结果的影响。外海下边界取外海约 100m 等深线处。

模型在平面上采用全三角形的非结构性网格，能够比较精确地贴合复杂的河岸边界。珠江河网结构复杂，空间范围广，故所建立的珠江河网模型的网格数量较庞大。模型网格有 101265 个节点，172246 个网格单元，网格单元的大小为 10～12000m。模型在垂向上采用 Sigma 坐标，共分 10 层，均分当地水深，分层厚度随水深而变化。

模型中珠江三角洲河网所用地形采用 2005—2008 年的大范围组合地形，河口湾及近岸海区地形采用 2000—2008 年海图数字化成果，外海地区地形采用 ETOPO1 全球海洋地形数据。

5.3 模型参数的设定

模型采用斜压模式进行计算，其中外海盐度边界取 34（取值依据为边界点处的 WOA09 盐度资料的年平均值），上游开边界盐度均设为 0。水平网格内部各节点的初始盐度采用以下方法设定：海域节点采用 WOA09 盐度资料进行插值，河网节点则直接设为 0。模型的干湿判定水深选取 0.01m。湍流闭合模型中动量方程和输移方程中的水平及垂向涡

扩散系数给常数 10^{-6}。方程离散所用到的时间隐性因子取 0.6，以保证模型计算的稳定性。在底边界摩擦力的处理上，该咸淡水模型选用二次的阻力公式，网格中各节点的阻力系数分河段设定，并通过率定进行调整。

模型计算的基准面为珠江基面，计算时间步长为 120s，冷启动，网格内各节点初始水位均设为 0m，模型计算 50h 后水位稳定，计算约 15d 后盐度场达到稳定。模型计算边界条件包括外海及上游，其中外海给的是潮汐调和常数，调和常数由中国海域潮汐预报系统 Chinatide 计算得到，共选取了珠江口海区 9 个主要分潮：Q1，O1，P1，K1，N2，M2，S2，K2 和 SA 的调和常数计算结果。模型上游边界均采用流量边界。

5.4 模型的率定和验证

模型主要选取了 2001 年 2 月的珠江三角洲河网区同步测量水文资料进行潮位、流速、盐度的率定。模型边界水文条件的插值使用已经证明插值结果比较符合实际的 Hermite 插值法。模型选用珠江三角洲主要测站的潮位、流速及盐度资料进行率定。模型提前于率定数据起算，总计算时长为 30d，选择后 8d（2001 年 2 月 7 日 14 时至 2001 年 2 月 14 日 20 时）进行水位、流速及盐度率定。

模型率定后，选择了 2005 年 1 月的实测潮位及流速对模型进行验证，另选择了 2005 年 1 月、2008 年 1 月、2009 年 12 月和 2011 年 1 月共 4 组盐度实测资料对模型的盐度计算进行验证。在 4 组验证计算中，每组总计算时间均为两个月，取最后的 10d 时间计算结果作为盐度验证的时间段。

5.4.1 潮位率定和验证

为了使模型更好地模拟珠江三角洲河网的潮汐涨落过程，选择了 2001 年 2 月八大口门的主要测站及河网区的各潮位站进行潮位率定。率定站点共计 33 个，覆盖整个珠江三角洲。各测站的计算潮位与实测潮位的对比见图 5.4-1。可以看出，模型计算潮位与实测的潮位吻合较好。表 5.4-1 为各测站计算值与实测值的误差统计，由表可知，绝大部分测站的潮位误差均在 0.1m 以内，符合相关模拟技术规范的精度要求。

表 5.4-1　　潮位率定误差（2001 年 2 月）

站名	误差绝对值/m	站名	误差绝对值/m	站名	误差绝对值/m
大虎	0.09	下横沥	0.09	灯笼山右	0.07
泗盛围	0.11	上横沥	0.10	灯笼山左	0.07
大盛	0.09	板沙尾	0.10	睦洲口	0.07
大石	0.08	澜石	0.09	北街水闸	0.08
沙洛围	0.09	勒流	0.07	天河	0.08
三沙口	0.10	石仔沙	0.10	南华	0.09
三善滘	0.13	横门北汊	0.05	黄金	0.09
三善左	0.09	横门	0.10	西炮台	0.08
南沙	0.07	小榄	0.13	官冲	0.09
凫洲	0.09	容奇	0.13	荷包	0.07
冯马庙	0.11	马骝洲	0.07	三灶	0.08

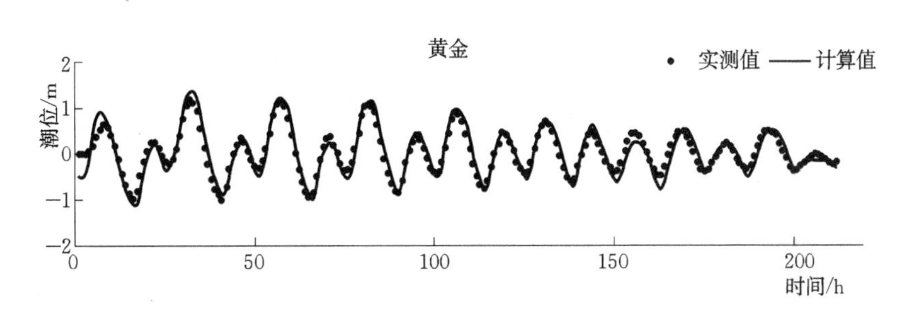

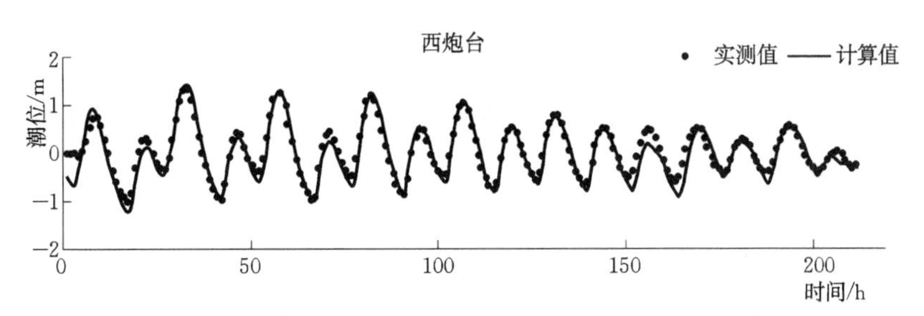

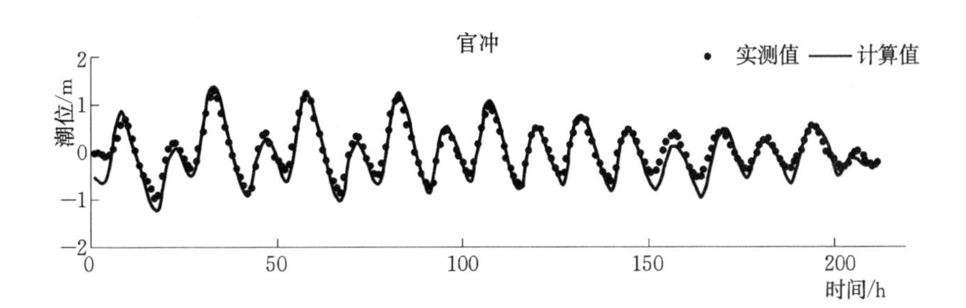

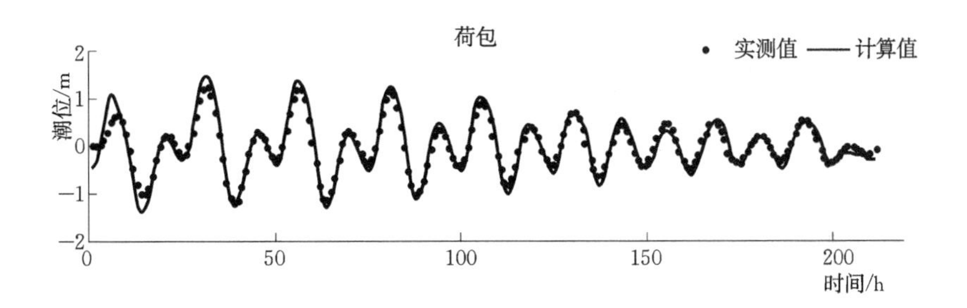

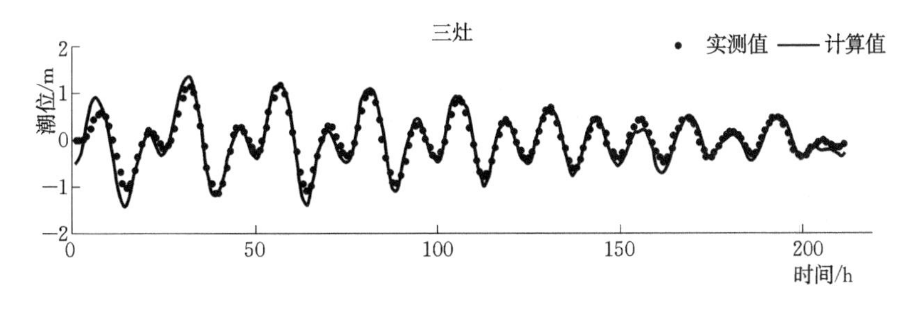

图 5.4-1（一） 珠江各水文测站潮位验证结果（2001 年 2 月）

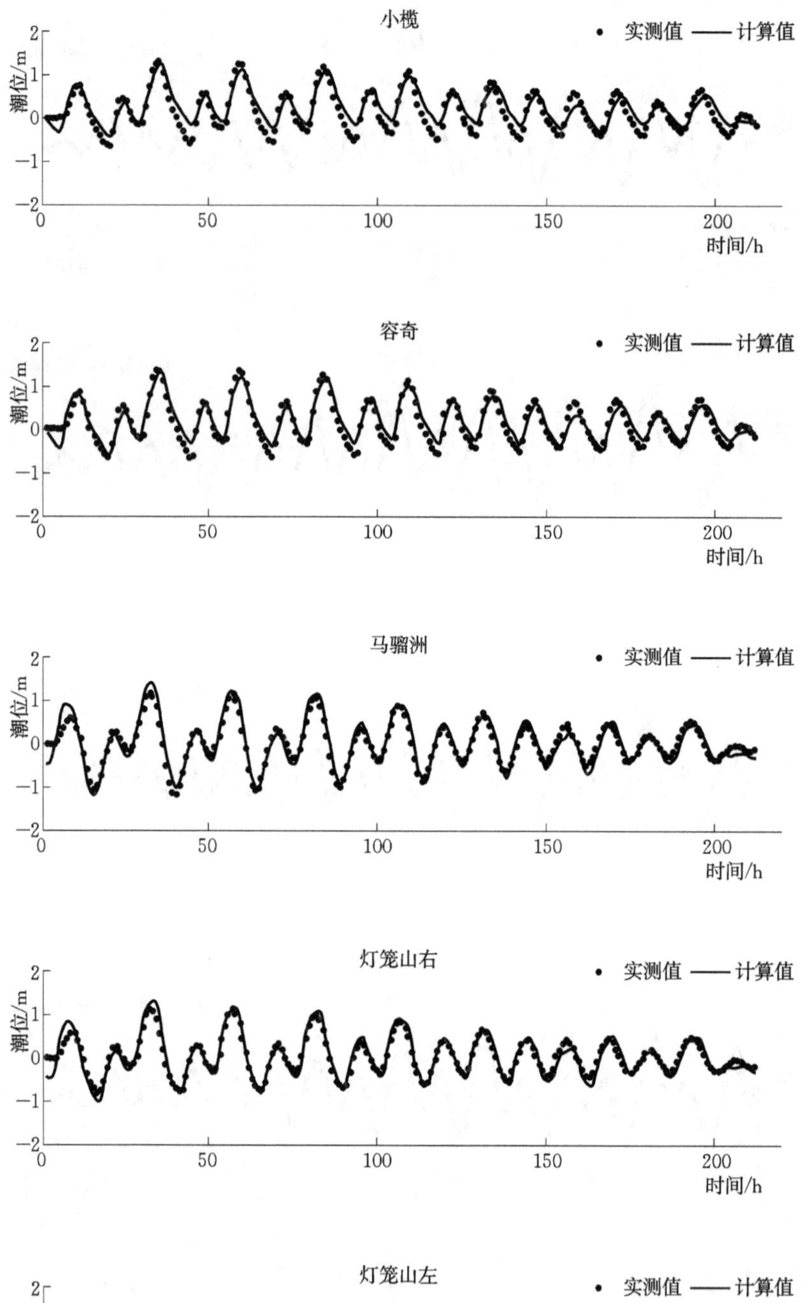

图5.4-1（二） 珠江各水文测站潮位验证结果（2001年2月）

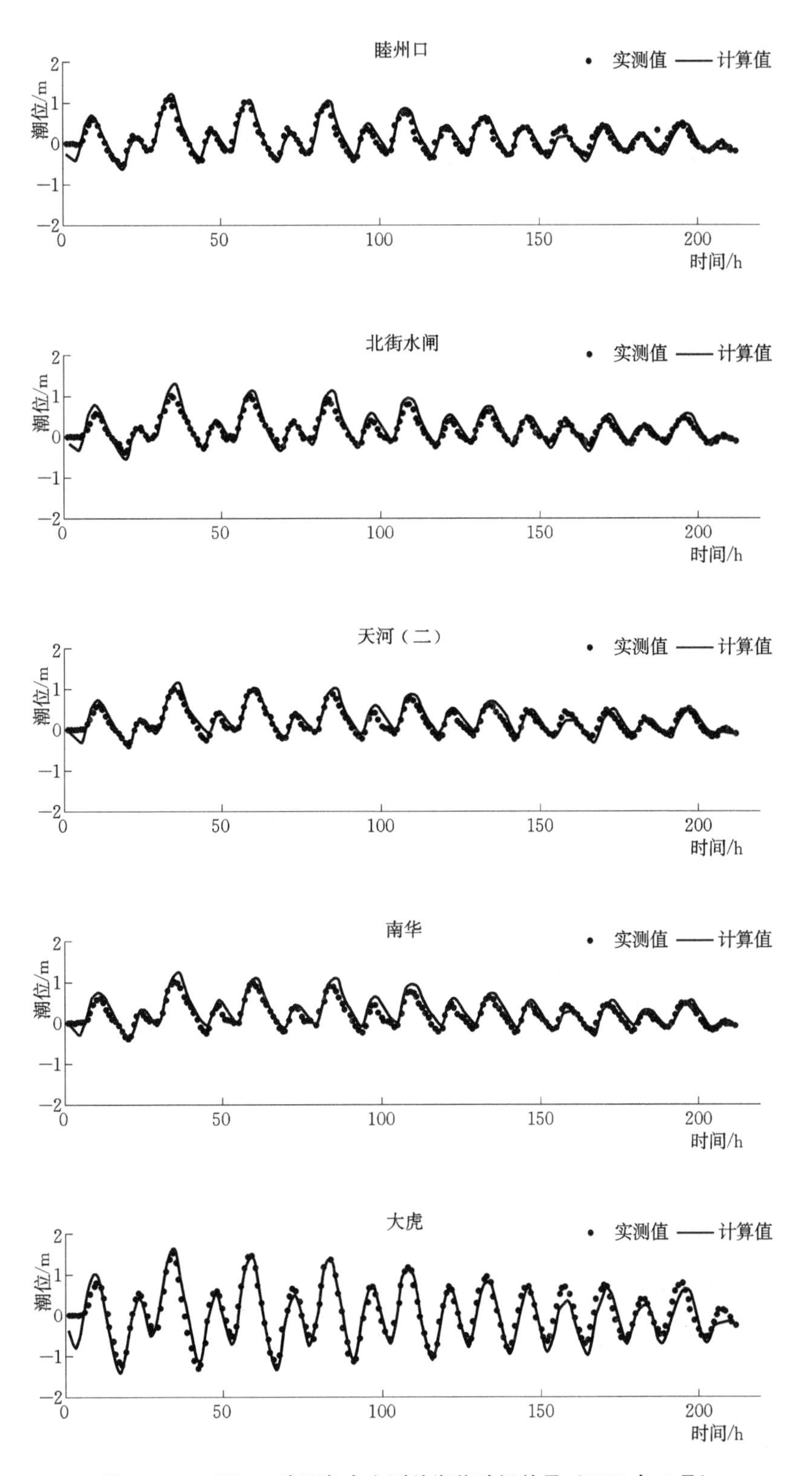

图 5.4-1（三） 珠江各水文测站潮位验证结果（2001 年 2 月）

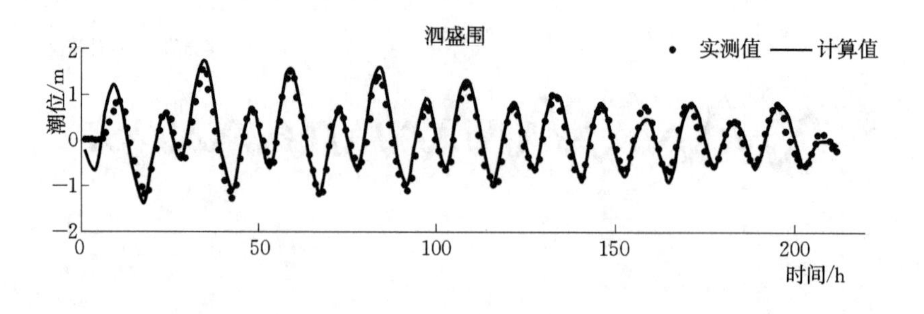

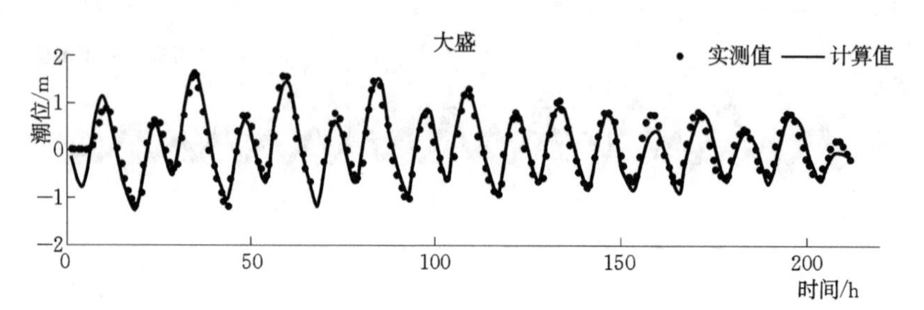

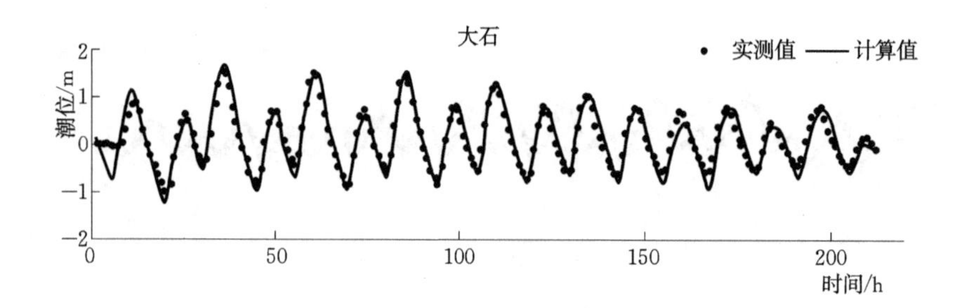

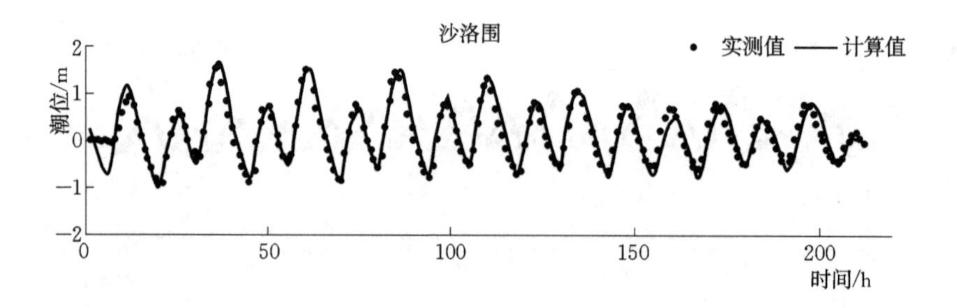

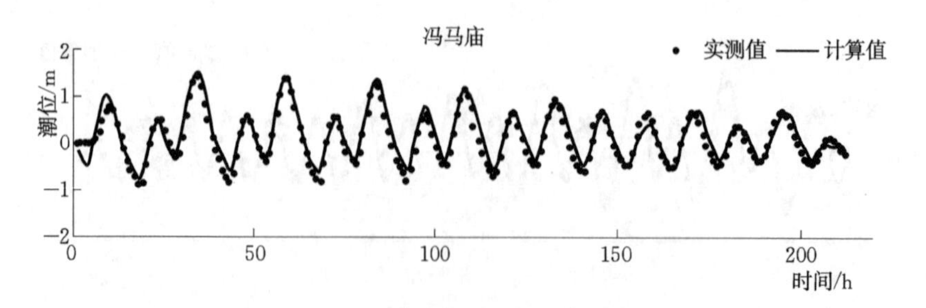

图 5.4-1（四）　珠江各水文测站潮位验证结果（2001 年 2 月）

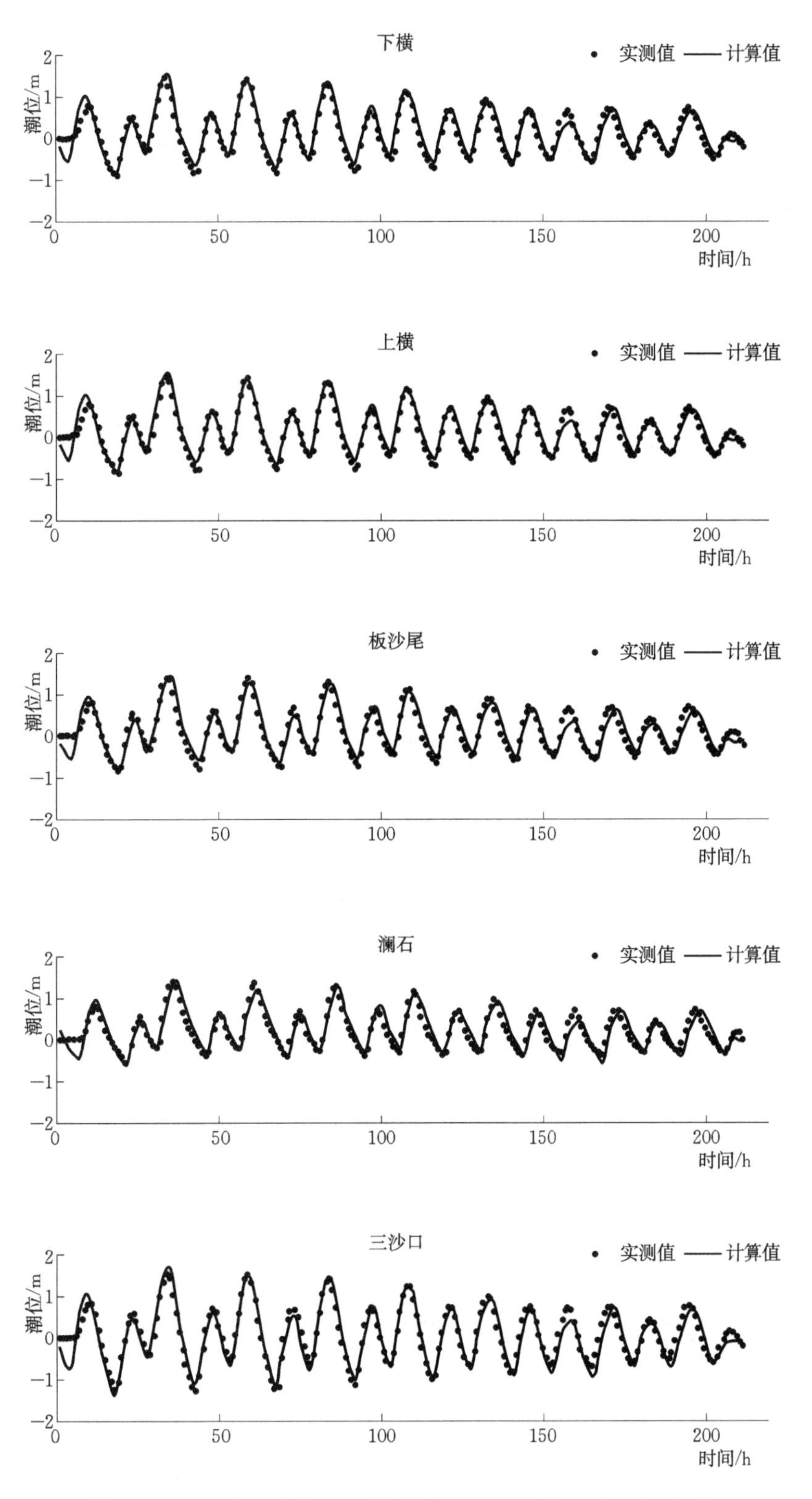

图 5.4-1（五） 珠江各水文测站潮位验证结果（2001 年 2 月）

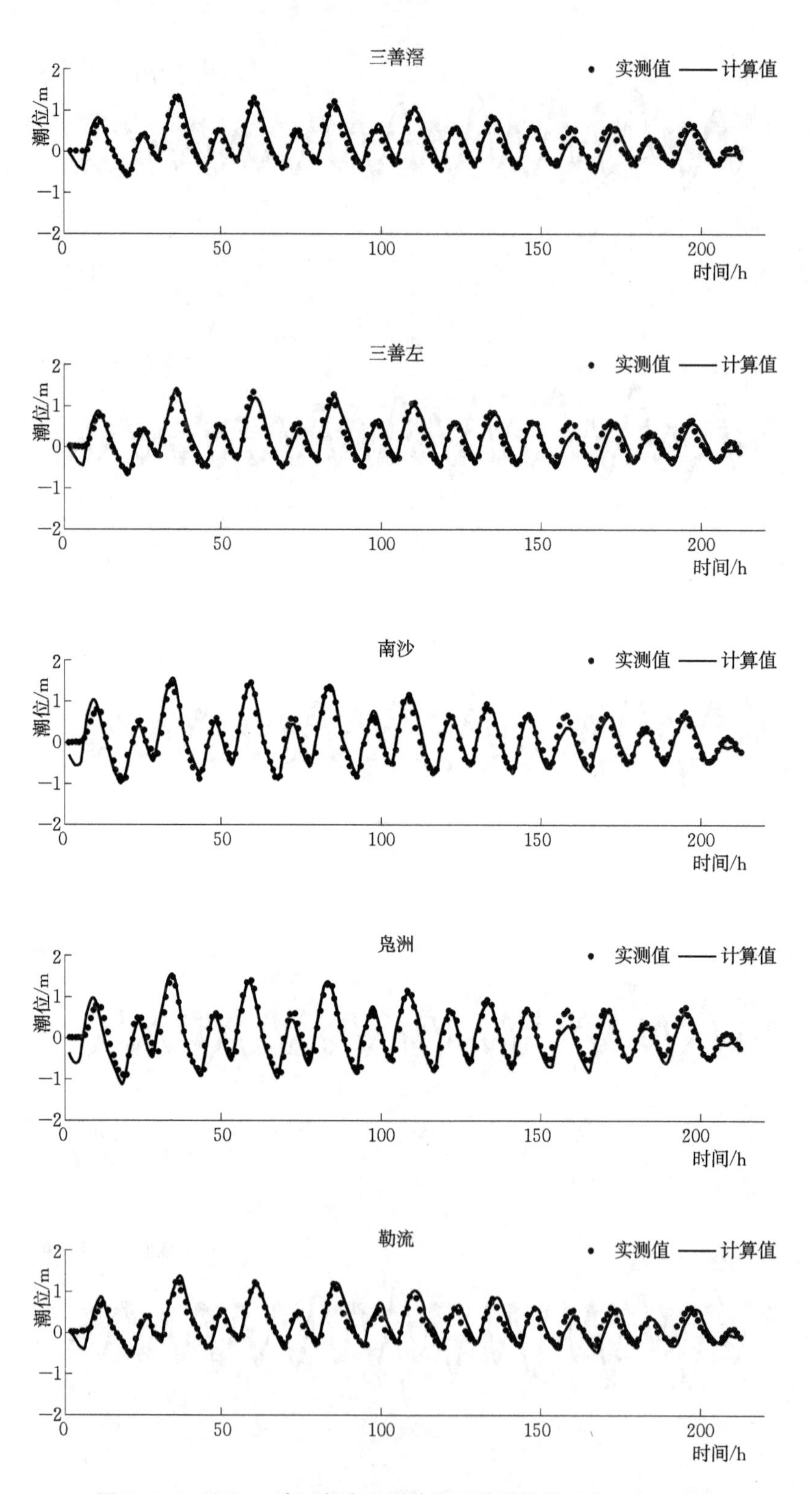

图5.4-1（六）　珠江各水文测站潮位验证结果（2001年2月）

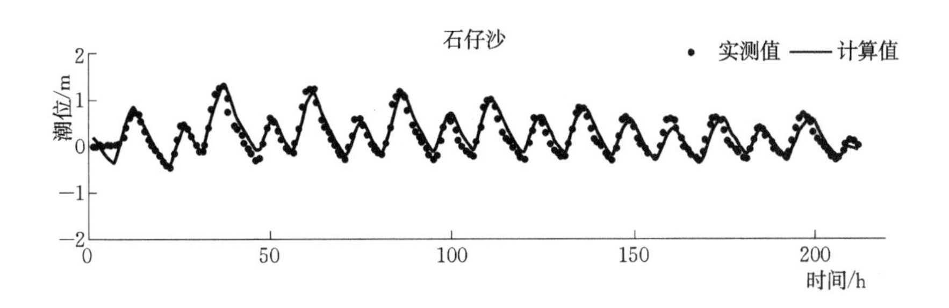

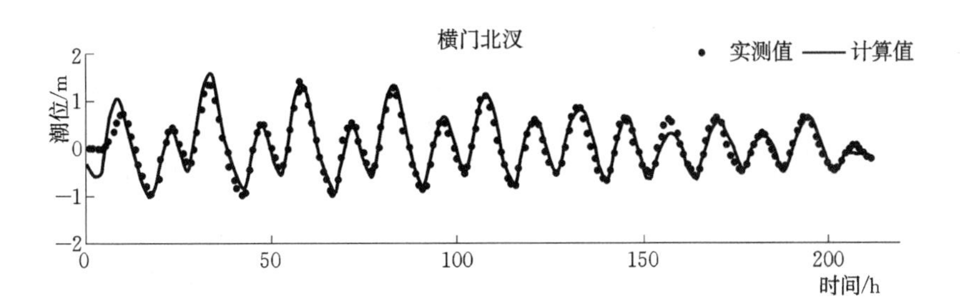

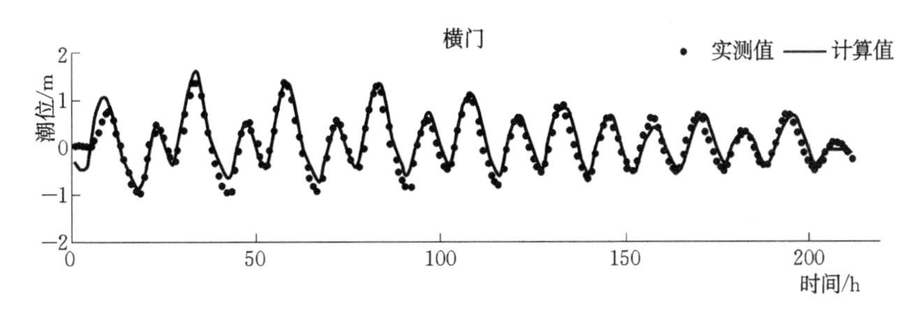

图 5.4-1（七） 珠江各水文测站潮位验证结果（2001 年 2 月）

模型选用 2005 年 1 月的实测潮位资料（13 个站点）进行进一步验证，其验证结果见图 5.4-2，潮位验证误差统计情况见表 5.4-2。可以看出，模型验证结果较好，绝大部分站点的误差绝对值均在 0.1m 以内。

表 5.4-2 潮位验证误差

站名	误差绝对值/m	站名	误差绝对值/m	站名	误差绝对值/m
马口	0.07	挂定角	0.08	冯马庙	0.10
天河	0.05	大虎	0.12	官冲	0.10
百顷	0.05	横门	0.10	西炮台	0.09
竹银	0.06	南沙	0.11	黄金	0.07
竹排沙	0.07				

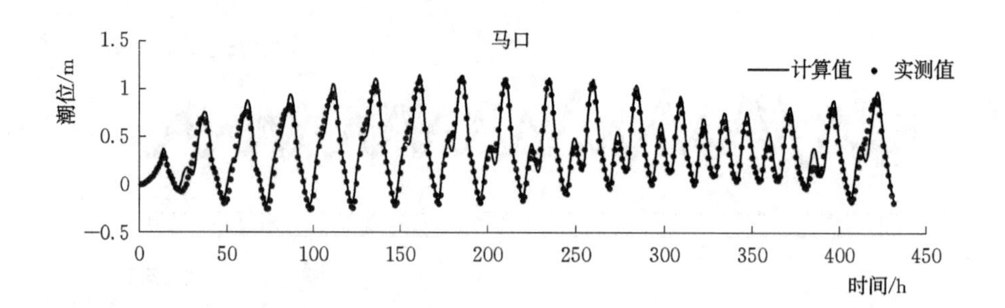

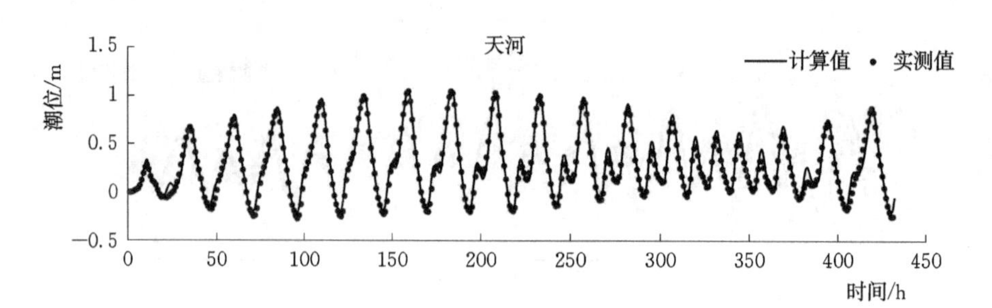

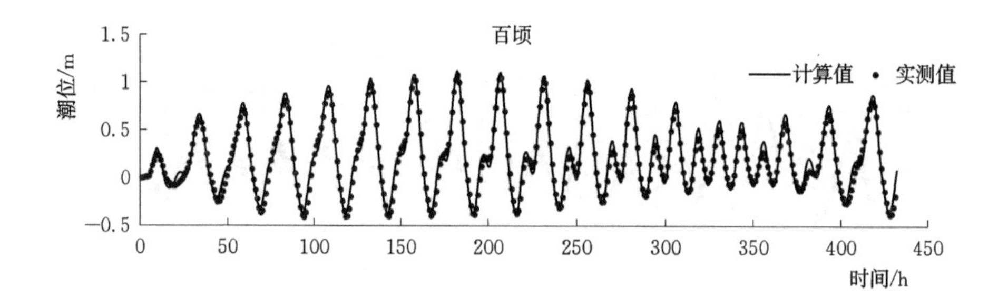

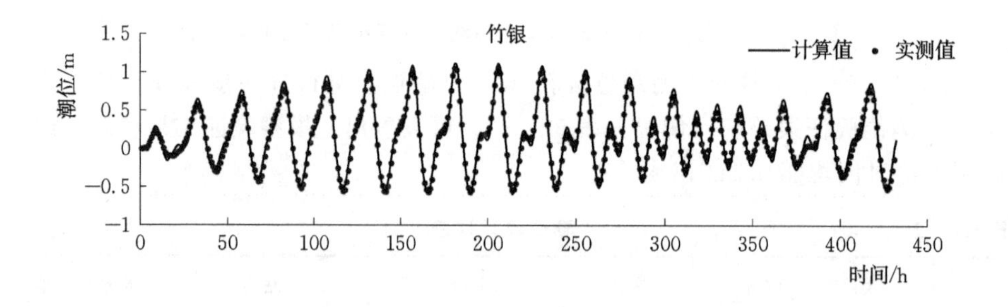

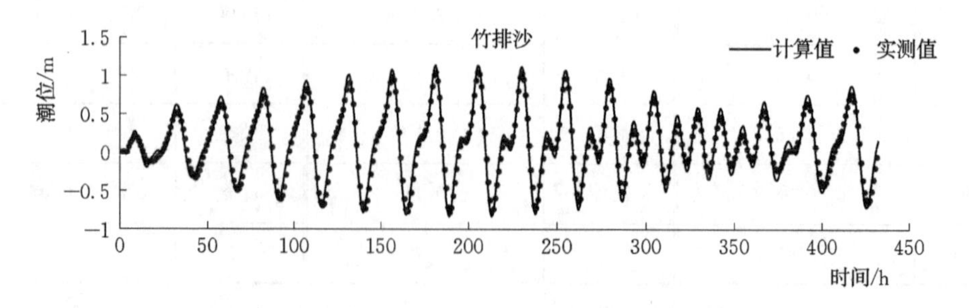

图 5.4-2（一） 珠江各水文测站潮位验证结果

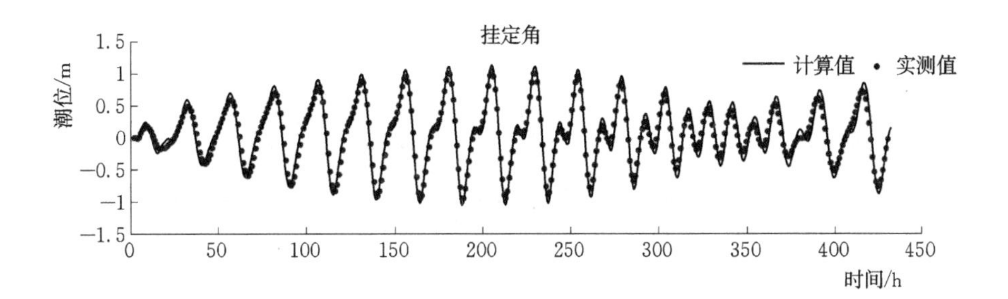

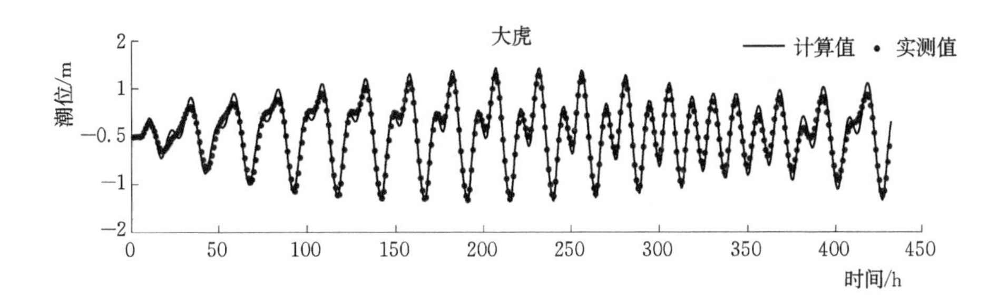

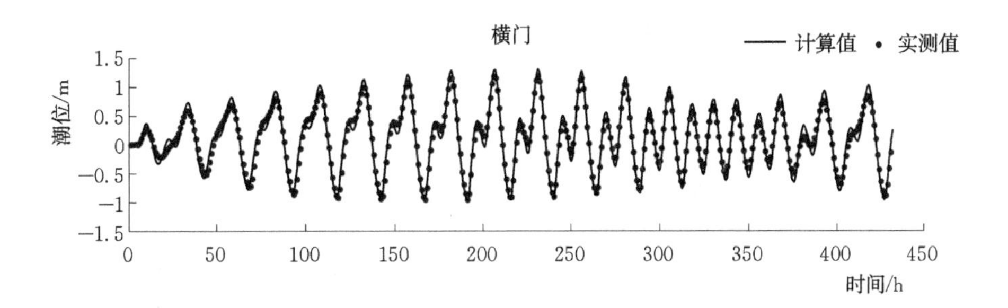

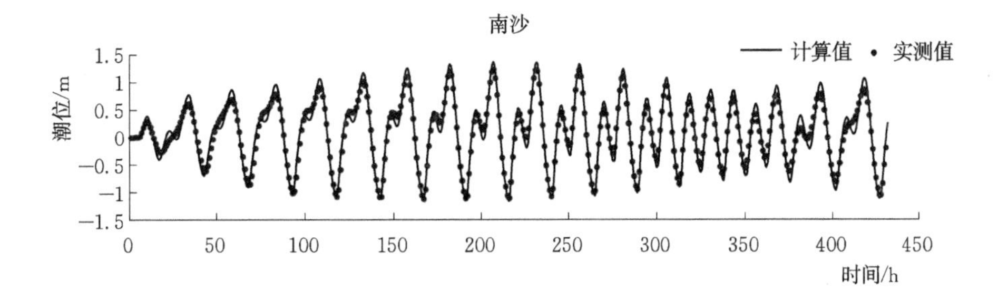

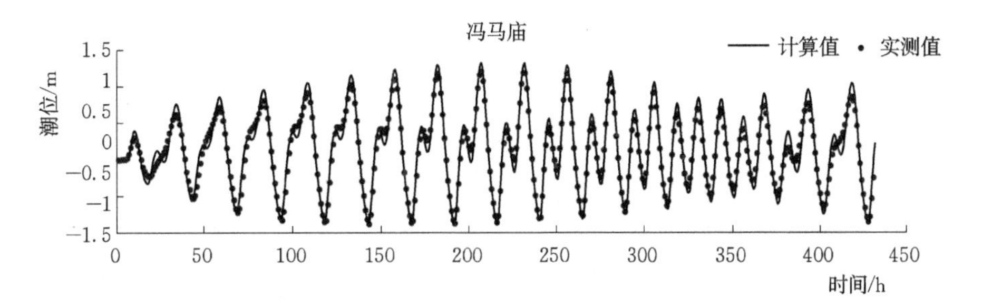

图 5.4-2（二） 珠江各水文测站潮位验证结果

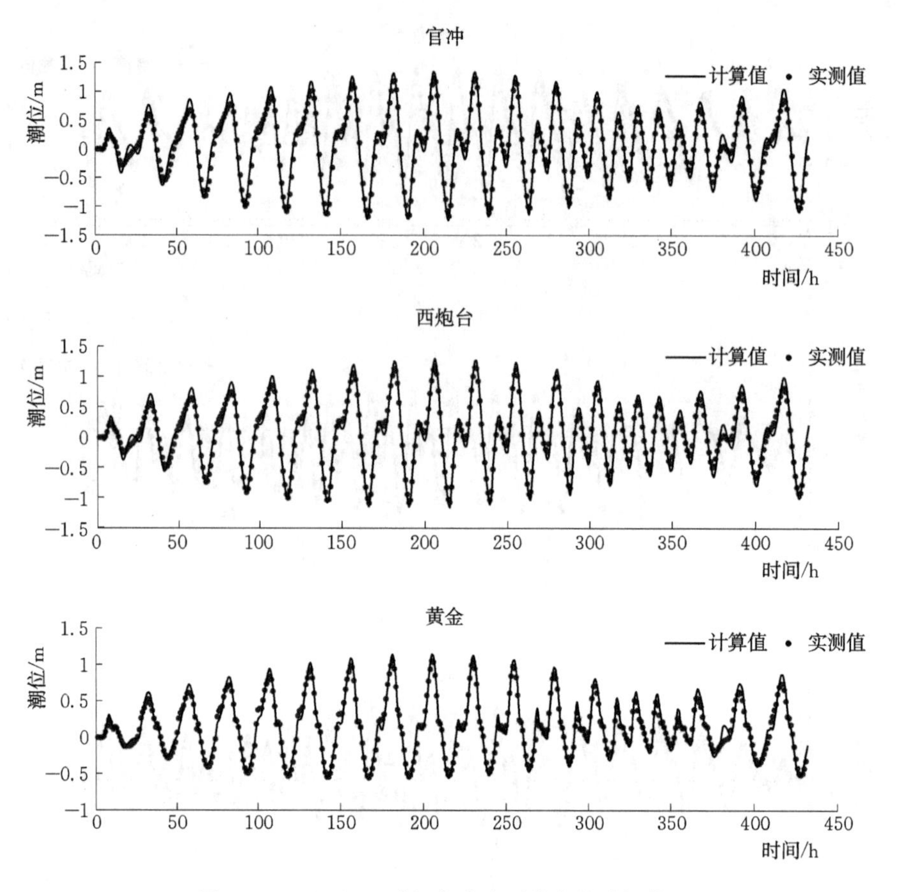

图 5.4-2（三）　珠江各水文测站潮位验证结果

5.4.2　流速率定和验证

模型共选择河网区及口门处共17个测站的流速资料进行率定，率定结果见图 5.4-3；此外，再选择河网区13个测站的流速资料（2005年1月）对模型进行验证，验证结果见图 5.4-4。从流速的率定和验证结果来看，大部分测站的计算流速与实测流速吻合得较好，仅有少数几个站点的流速误差稍大（仍在最大误差允许范围之内），考虑到珠江河网及地形的复杂性，流速计算结果还是比较理想的。

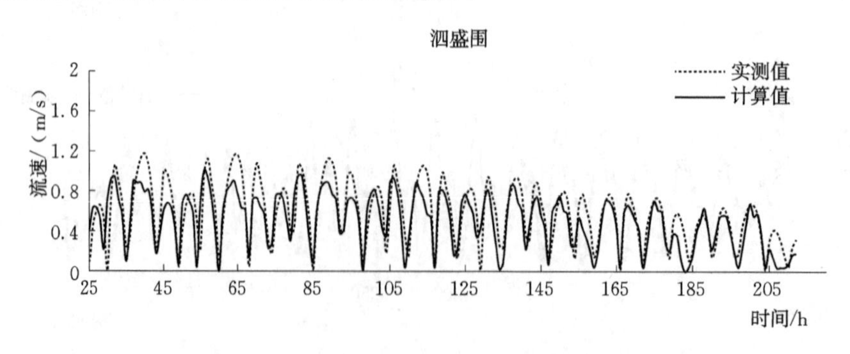

图 5.4-3（一）　珠江各水文测站流速率定结果（2001年2月）

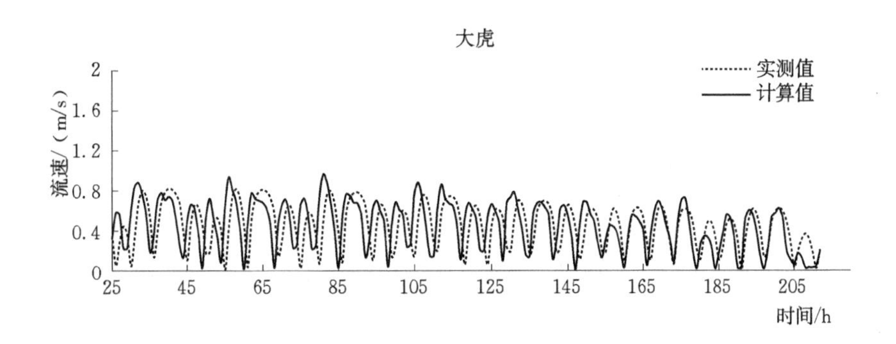

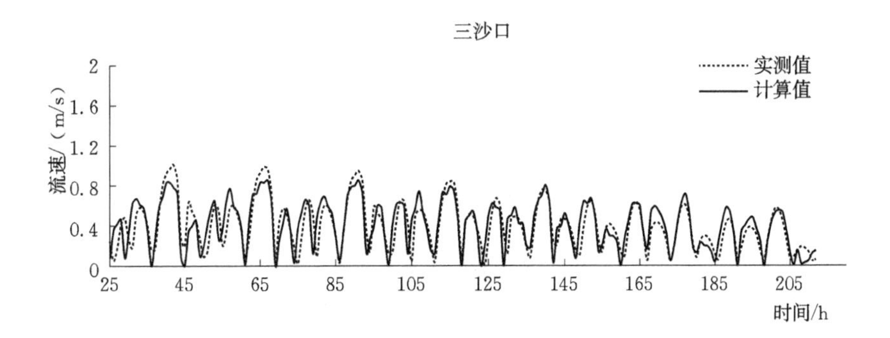

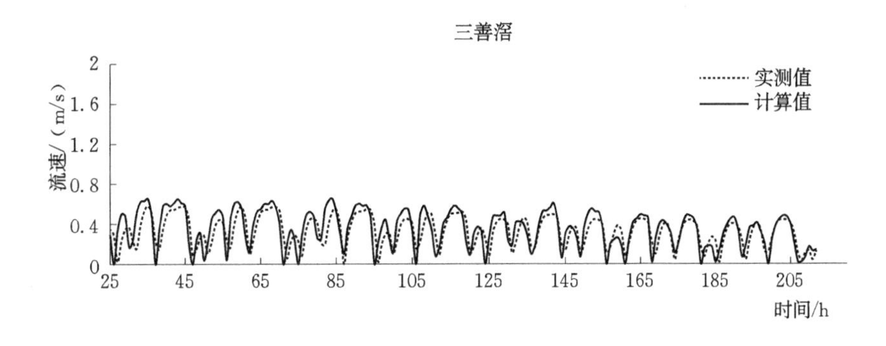

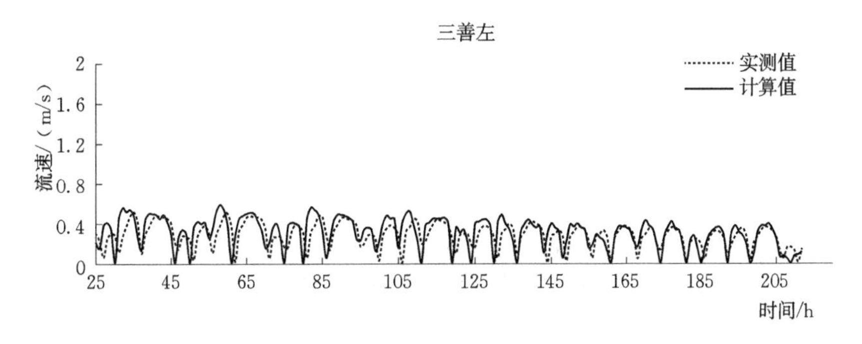

图 5.4-3(二)　珠江各水文测站流速率定结果(2001 年 2 月)

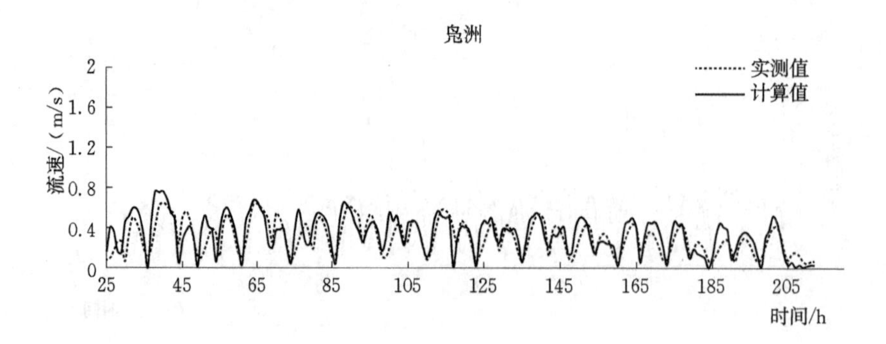

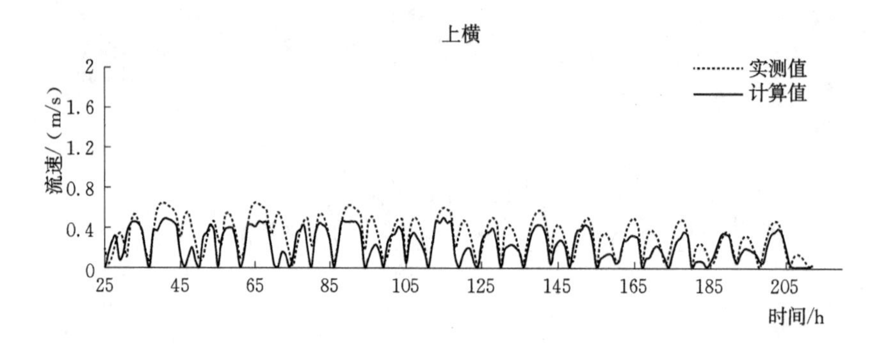

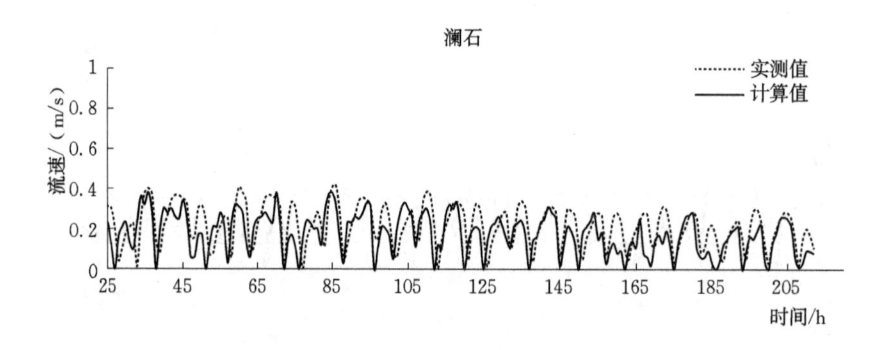

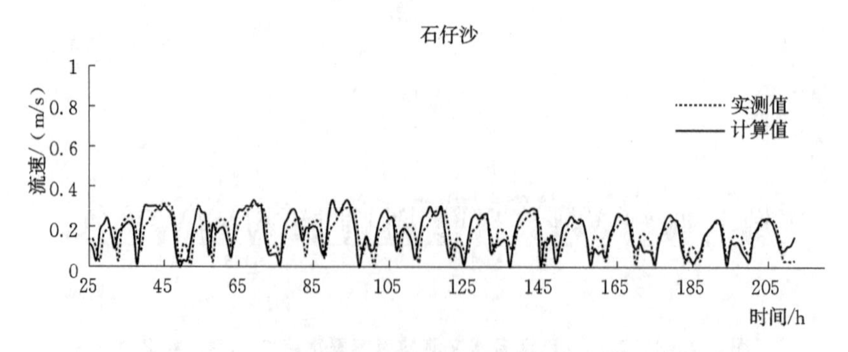

图5.4-3(三)　珠江各水文测站流速率定结果(2001年2月)

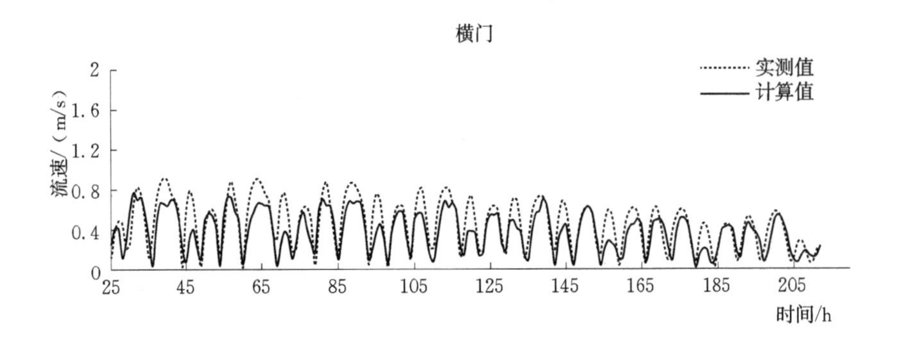

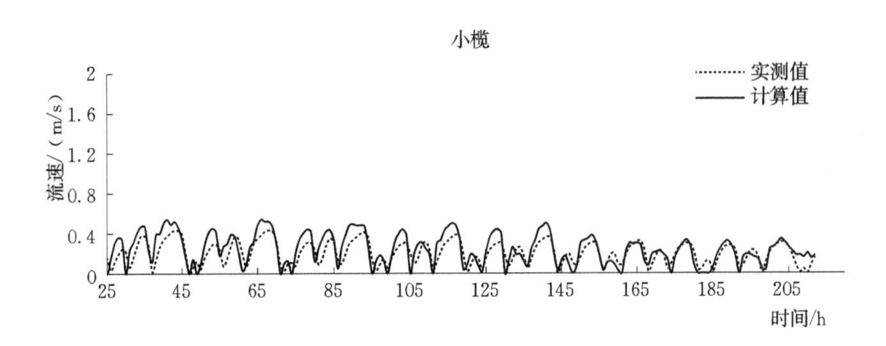

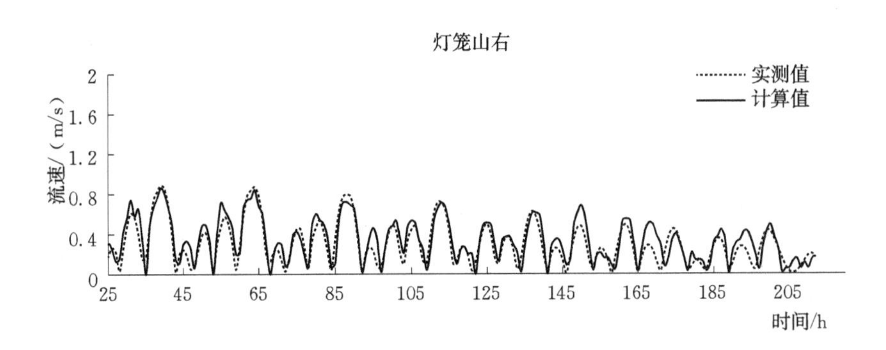

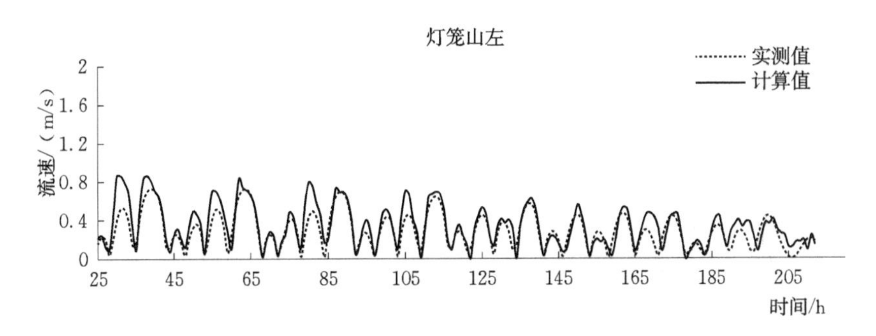

图 5.4-3（四） 珠江各水文测站流速率定结果（2001 年 2 月）

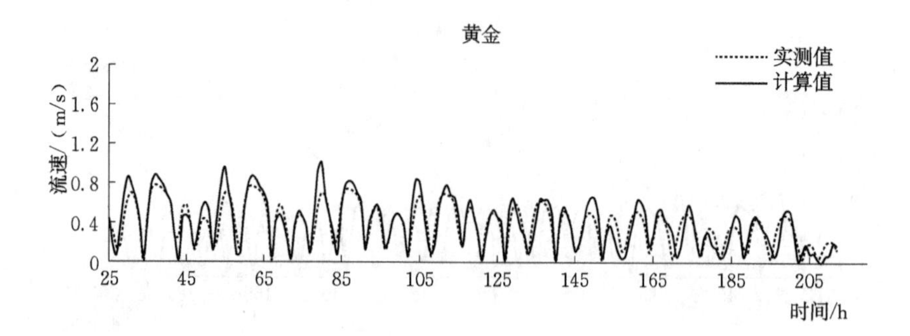

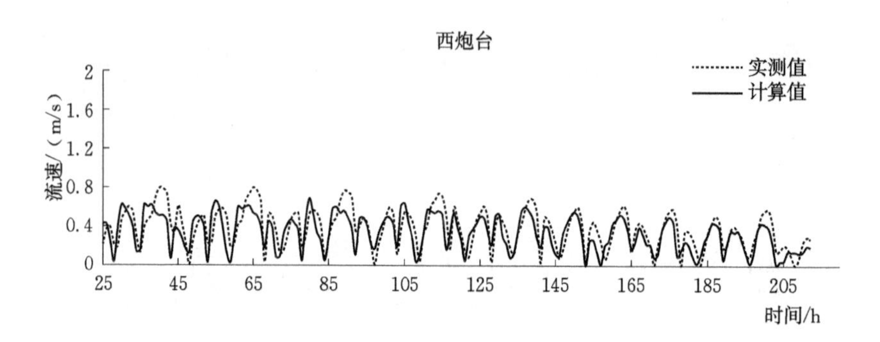

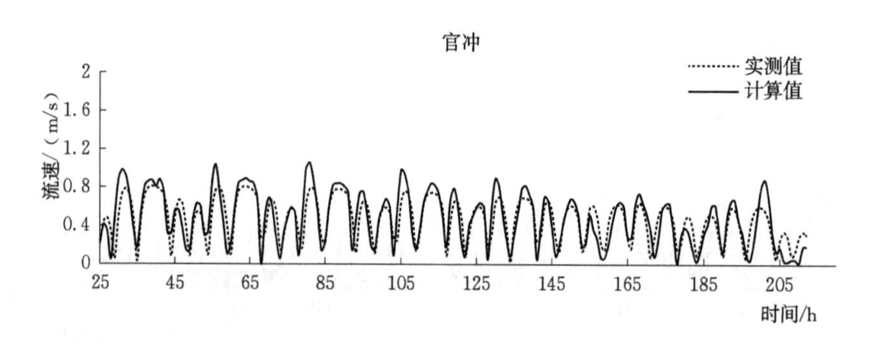

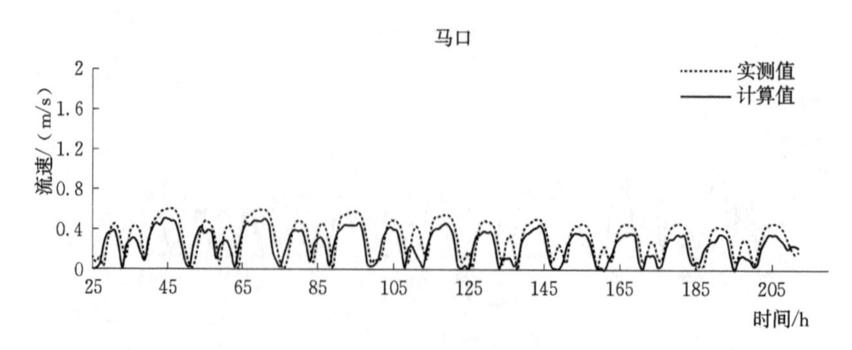

图 5.4-3（五）　珠江各水文测站流速率定结果（2001 年 2 月）

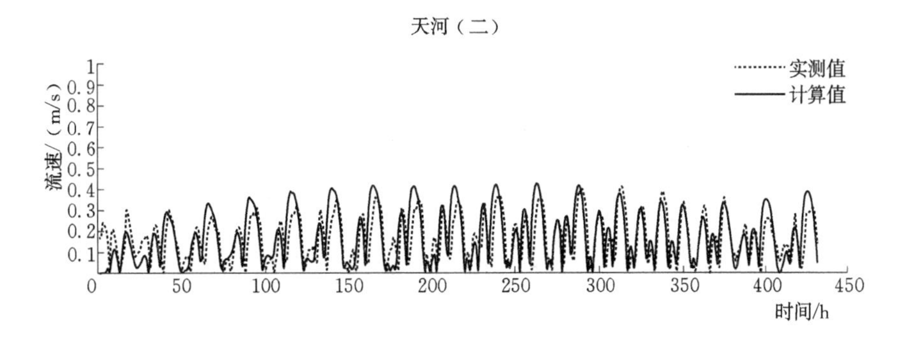

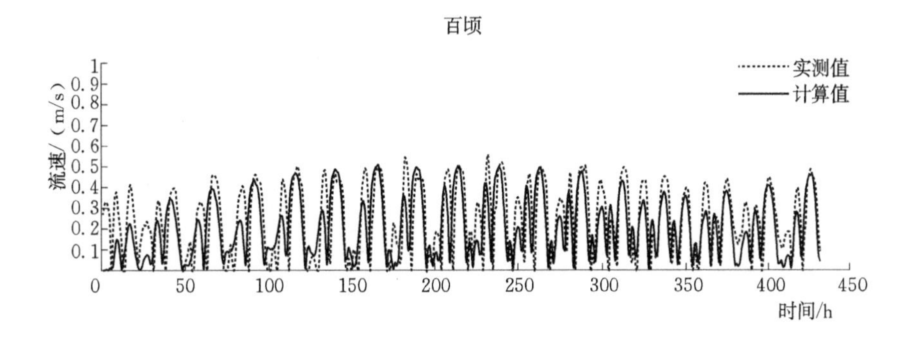

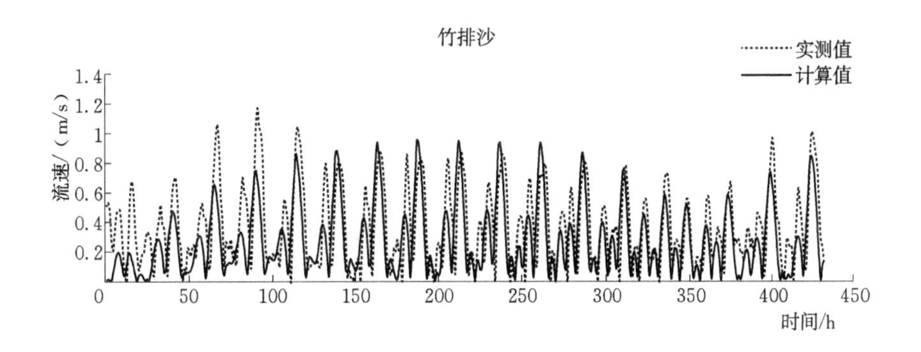

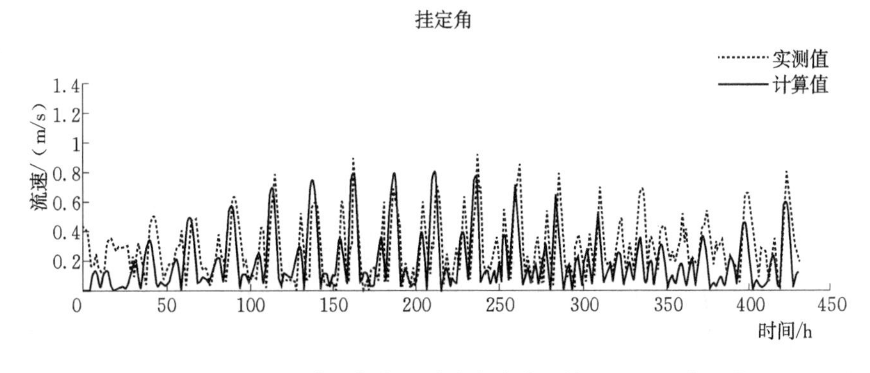

图 5.4-4（一）　珠江各水文测站流速验证结果（2005 年 1 月）

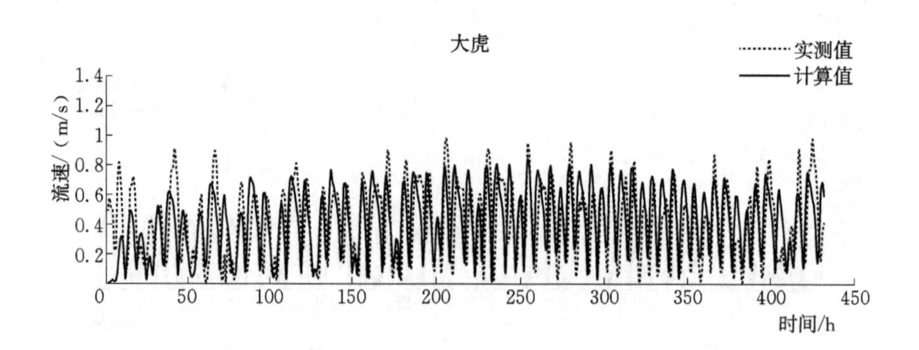

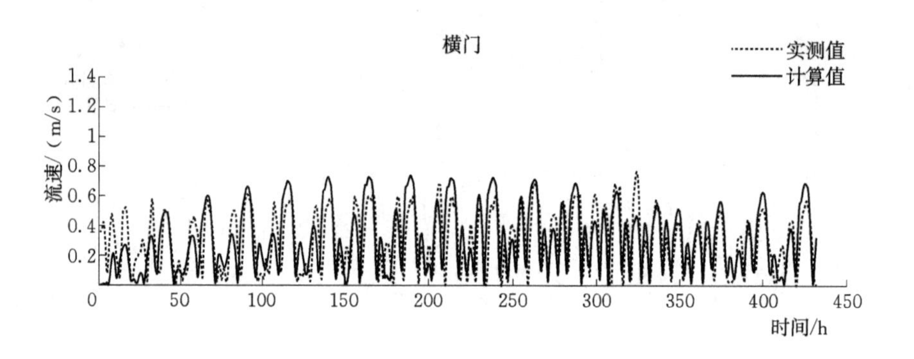

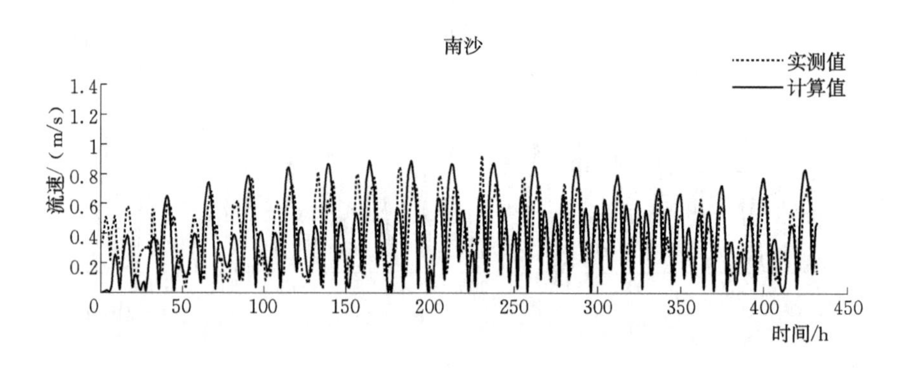

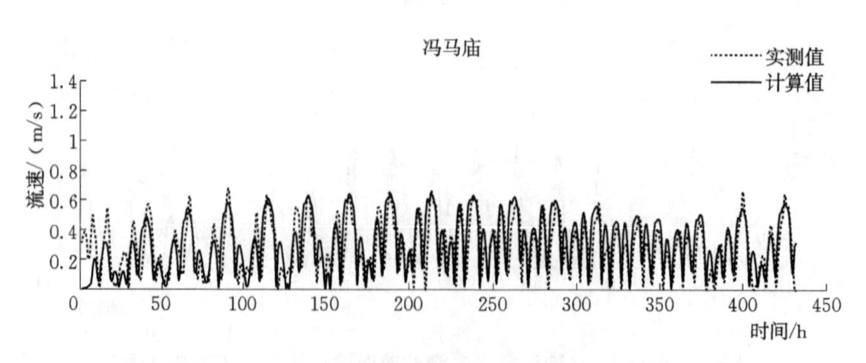

图5.4-4（二）　珠江各水文测站流速验证结果（2005年1月）

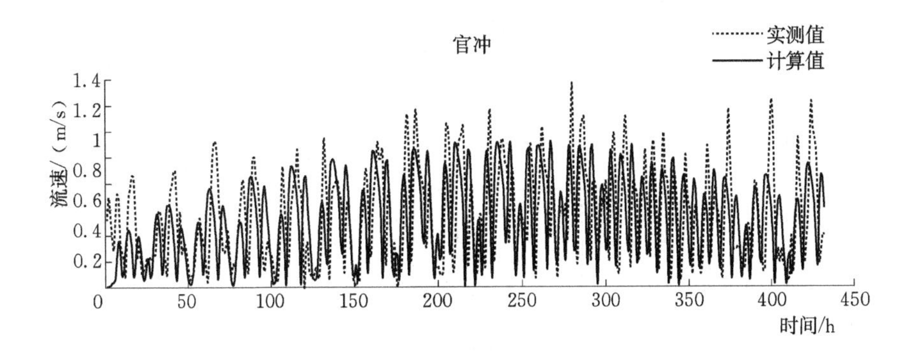

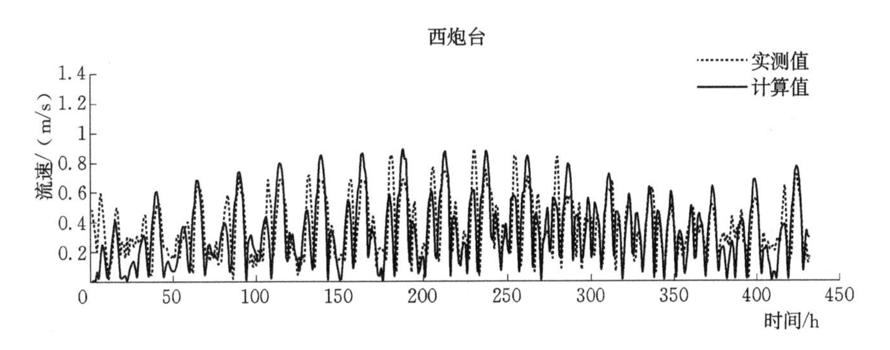

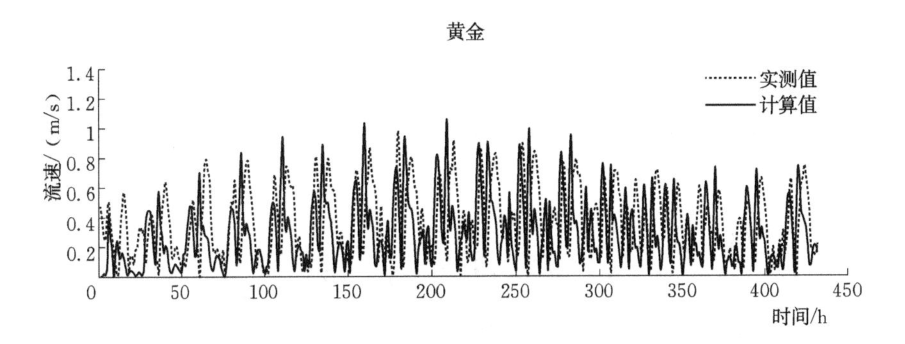

图 5.4-4（三） 珠江各水文测站流速验证结果（2005 年 1 月）

5.4.3 盐度率定和验证

图 5.4-5 为模型率定计算（计算时间为 2001 年 2 月）中各口门主要测站的盐度计算值与实测值的对比；图 5.4-6、图 5.4-7、图 5.4-8 和图 5.4-9 分别为模型验证计算（验证时间分别为 2005 年 1 月、2008 年 1 月、2009 年 12 月和 2011 年 1 月）中各口门主要测站的盐度计算值与实测值的对比。

可以看出，盐度的模拟精度相对于潮位及流速有所降低，但总的来说计算盐度的误差（见表 5.4-3）在允许范围之内，能够较好地体现出盐度的大小潮变化特征。考虑到地形、风等因素对盐度的变化有很大影响，而模型地形与率定验证时段地形有所差异，同时也没有把风场加以考虑，故计算结果存在允许范围内的误差是合理的。因此可以认为模型的精度达到了进行长时间序列咸潮入侵计算的要求。

表 5.4-3　　盐度验证误差

2001 年 2 月		2005 年		2008 年		2009 年		2011 年	
站名	误差绝对值/‰	站名	误差绝对值/‰	站名	误差绝对值/‰	站名	误差绝对值/‰	站名	误差绝对值/‰
大虎	1.6	竹银	2.5	大盛	2.7	挂定角	5.1	挂定角	5.3
灯笼山左	1.8	竹排沙	6.2	泗盛围	2.1	广昌	4.7	广昌	4.2
灯笼山右	2.1	横门	2.6	大涌口水闸	4.1	平岗河口	2.2	三沙口	2.7
大盛	1.9	大虎	4.1	挂定角	4.2			南沙	1.1
南沙	1.5	南沙	3.3	广昌	4.5			冯马庙	1.8
三沙口	1.8	冯马庙	2.8	平岗河口	2.6			灯笼山	3.2
西炮台	1.4	官冲	4.7					横门	0.5
横门北汊	1.2	西炮台	4.3						
		黄金	3.9						
		黄埔	3.4						
		三沙口	3.3						
		泗盛围	3.4						
		双水	4.6						

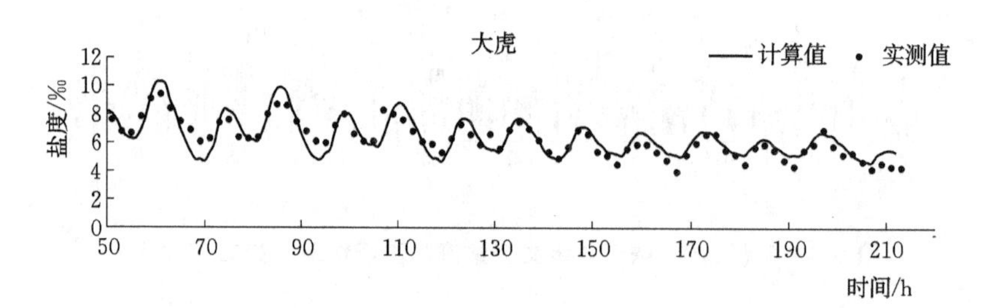

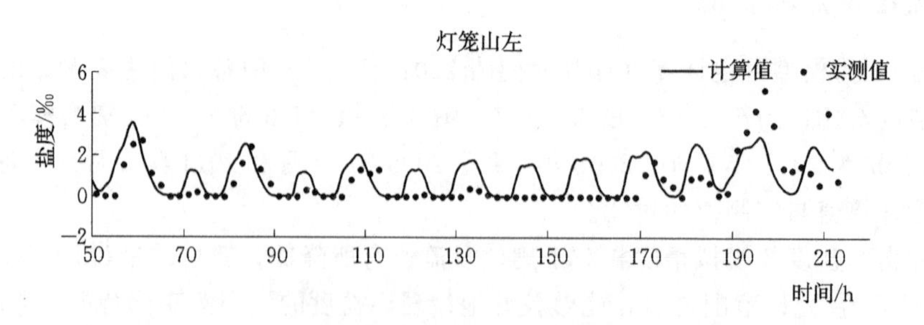

图 5.4-5（一）　珠江各口门主要测站盐度率定结果（2001 年 2 月）

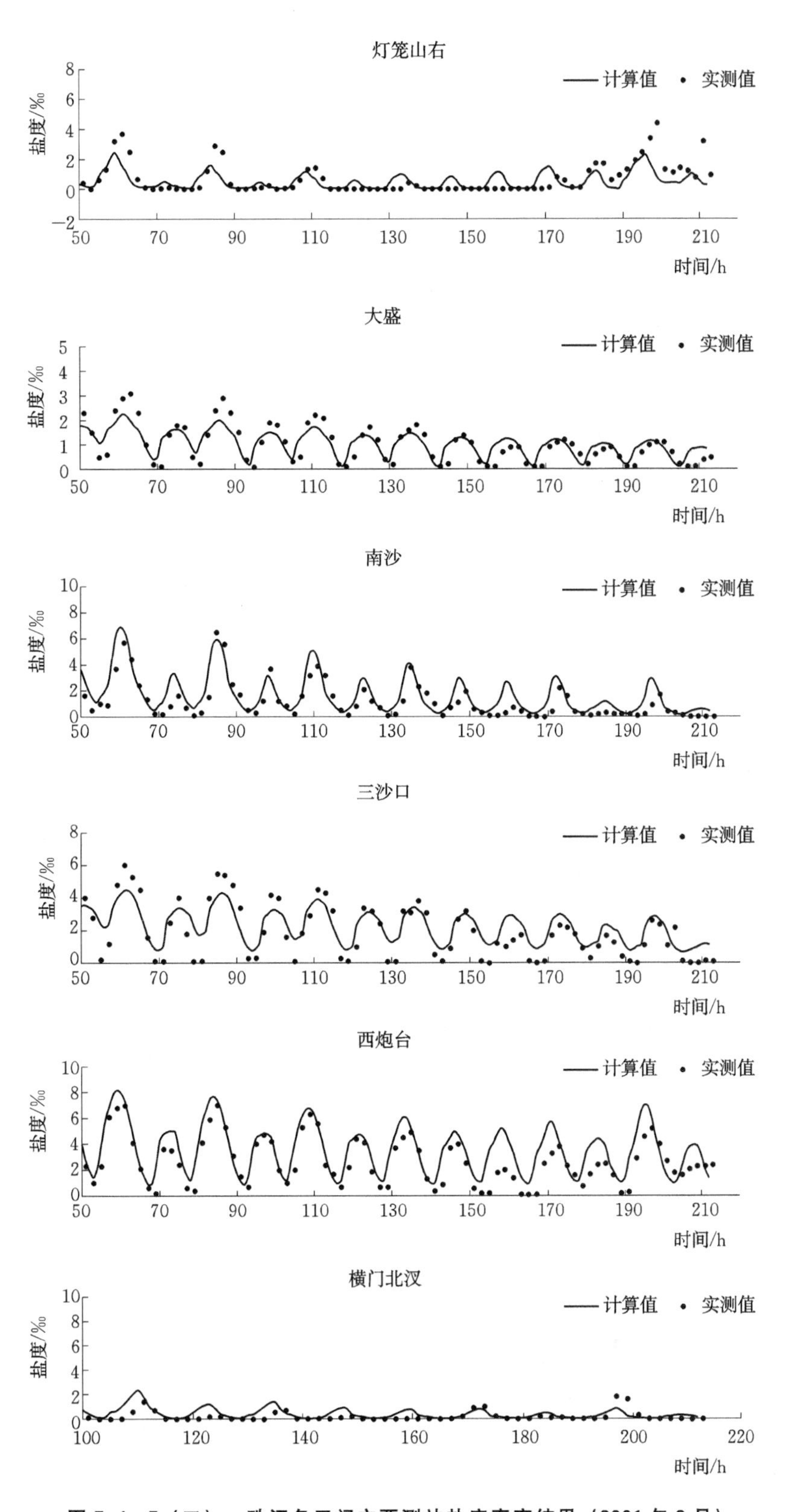

图 5.4-5（二） 珠江各口门主要测站盐度率定结果（2001 年 2 月）

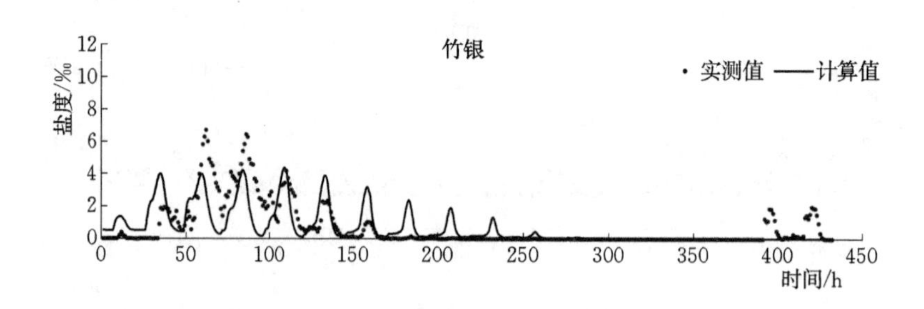

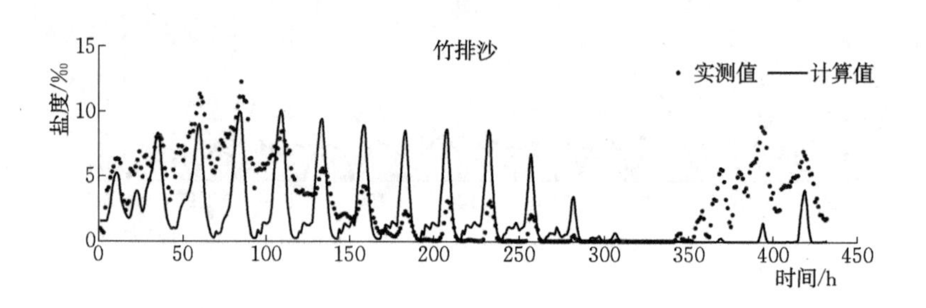

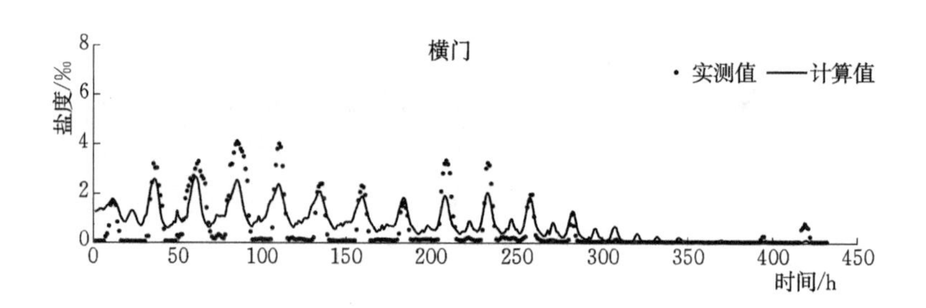

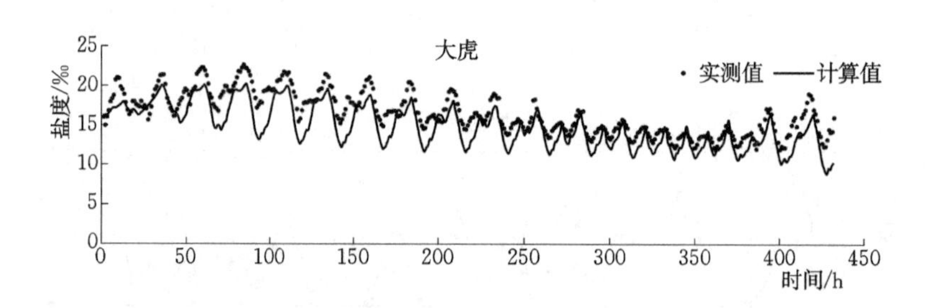

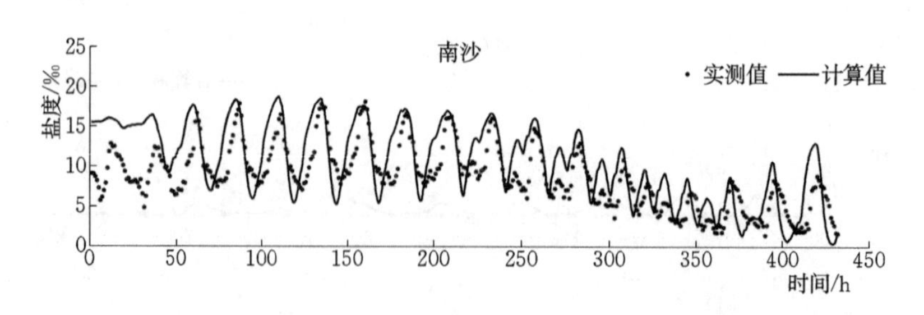

图 5.4-6（一） 2005 年 1 月珠江各口门主要测站盐度验证结果

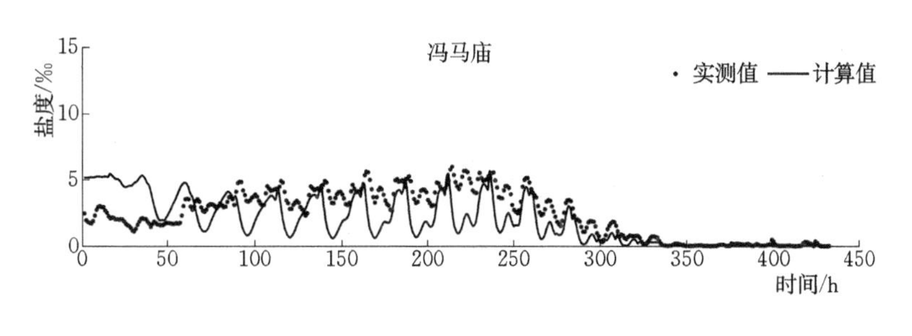

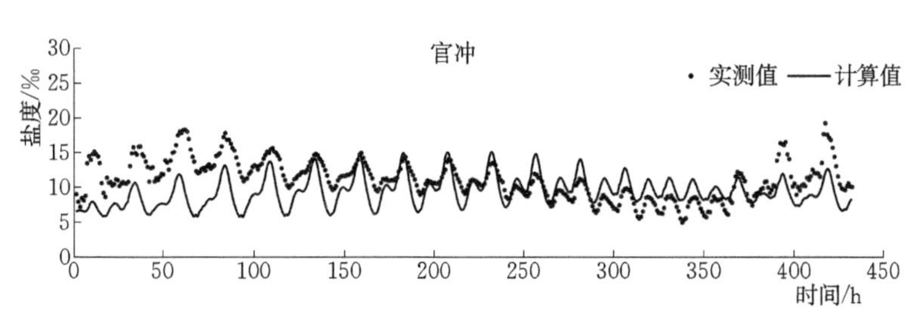

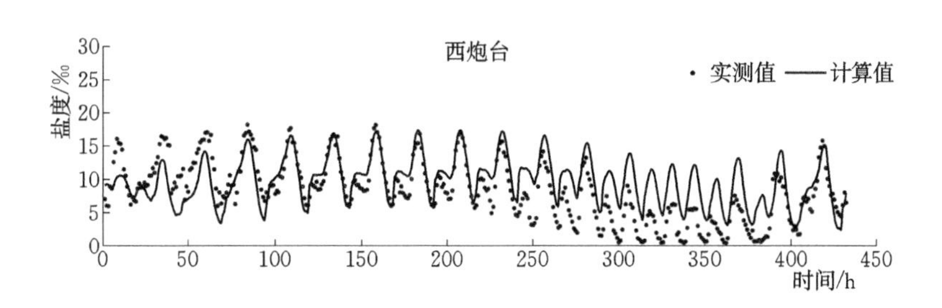

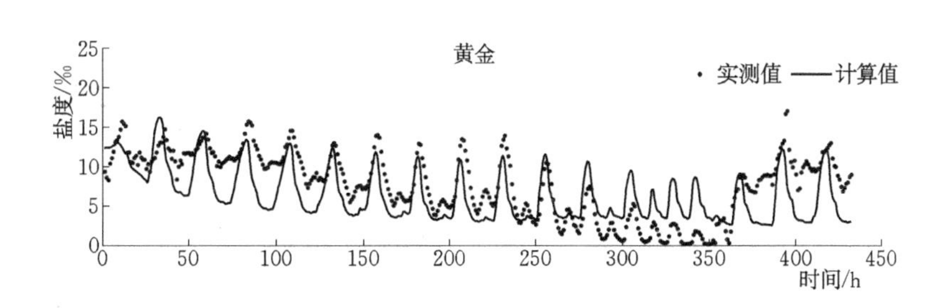

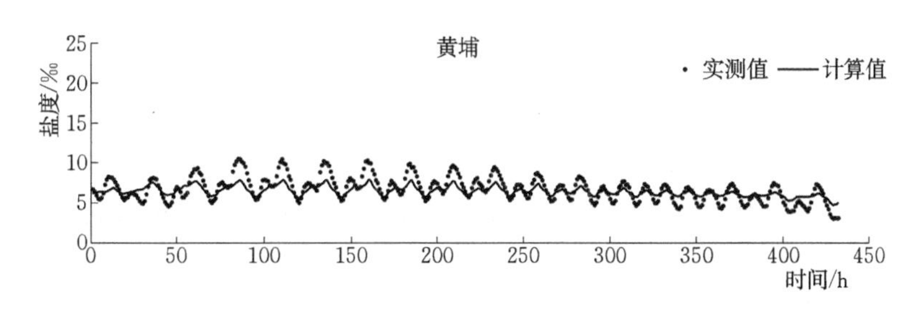

图 5.4-6（二） 2005 年 1 月珠江各口门主要测站盐度验证结果

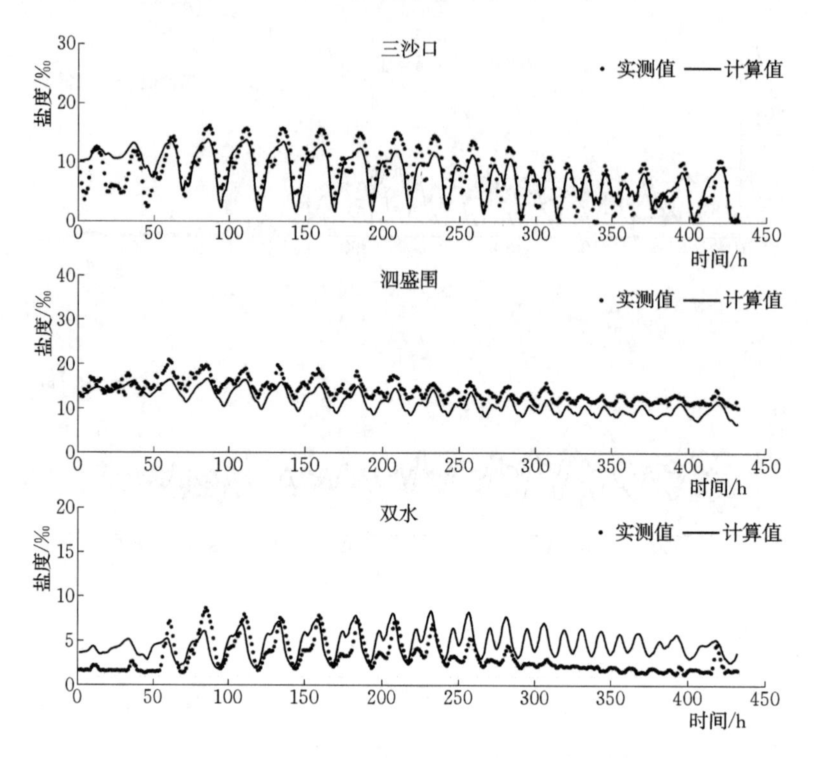

图 5.4-6（三）　2005 年 1 月珠江各口门主要测站盐度验证结果

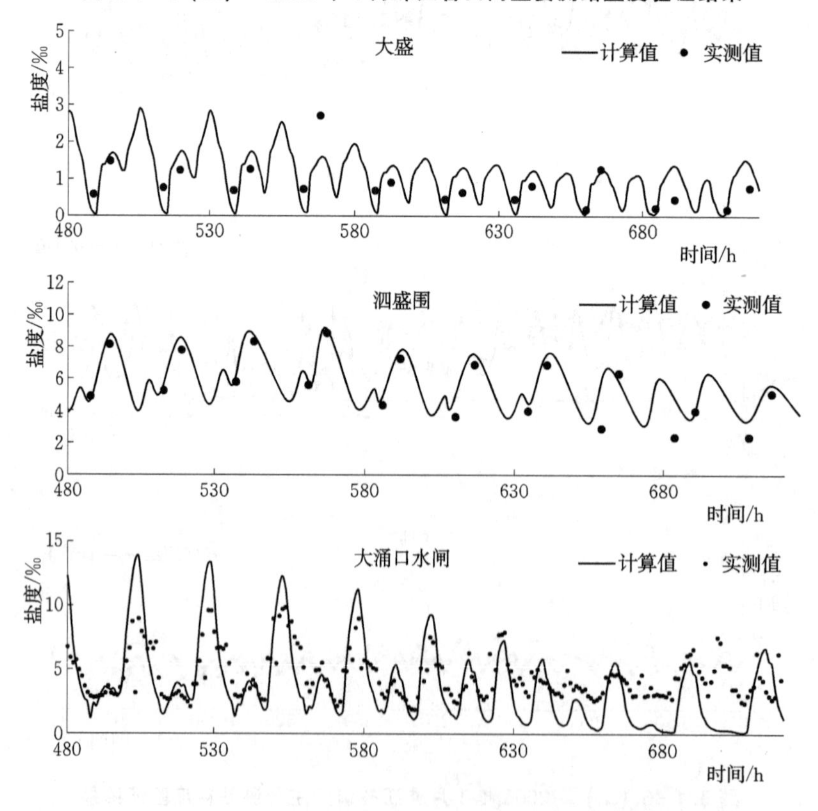

图 5.4-7（一）　2008 年 1 月珠江各口门主要测站盐度验证结果

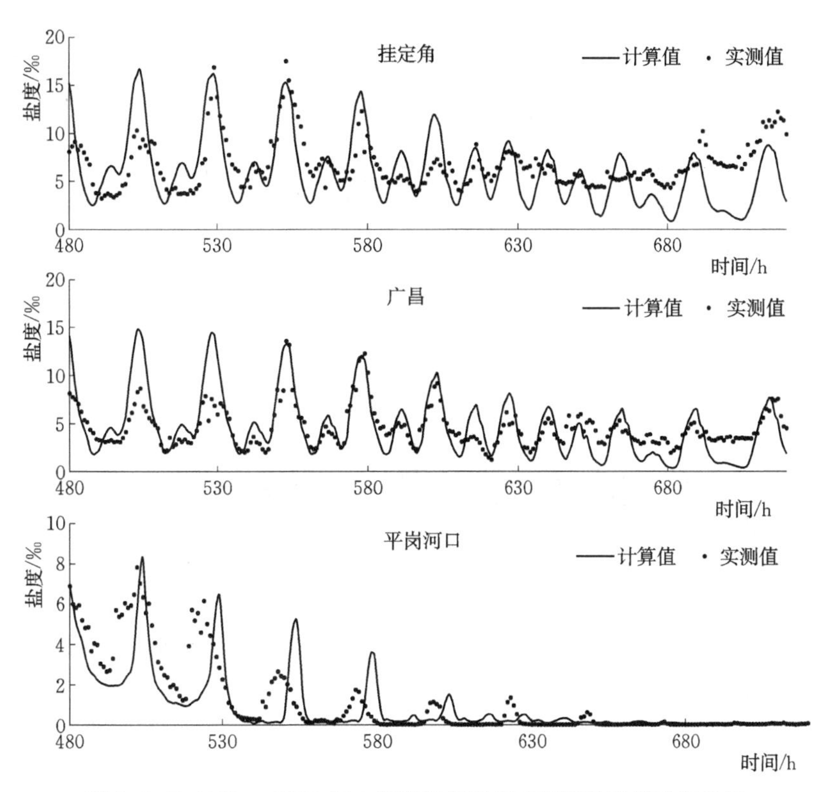

图 5.4-7（二） 2008年1月珠江各口门主要测站盐度验证结果

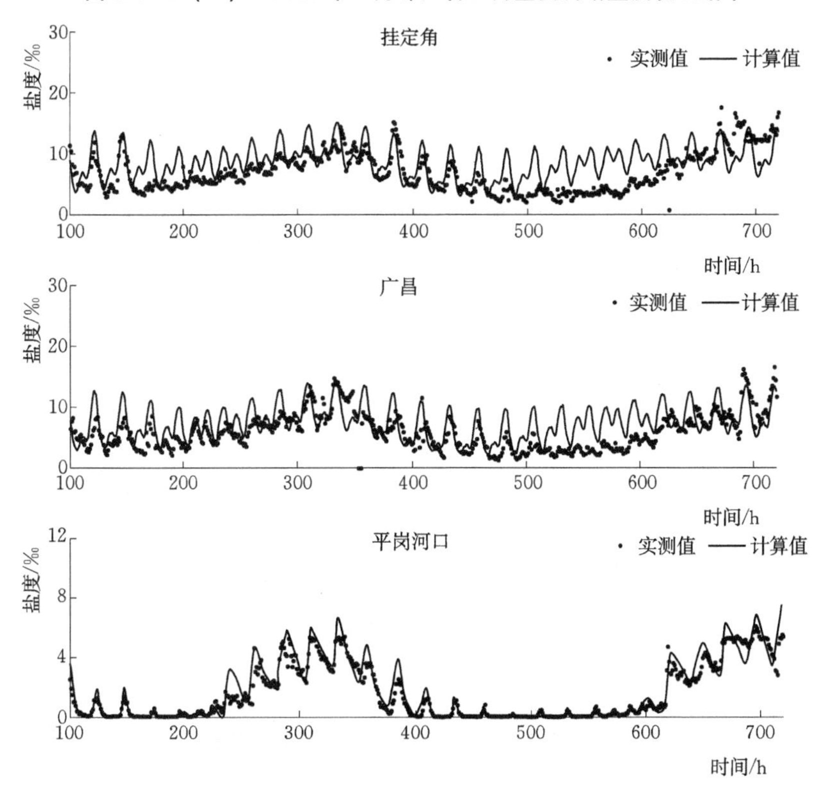

图 5.4-8 2009年12月珠江各口门主要测站盐度验证结果

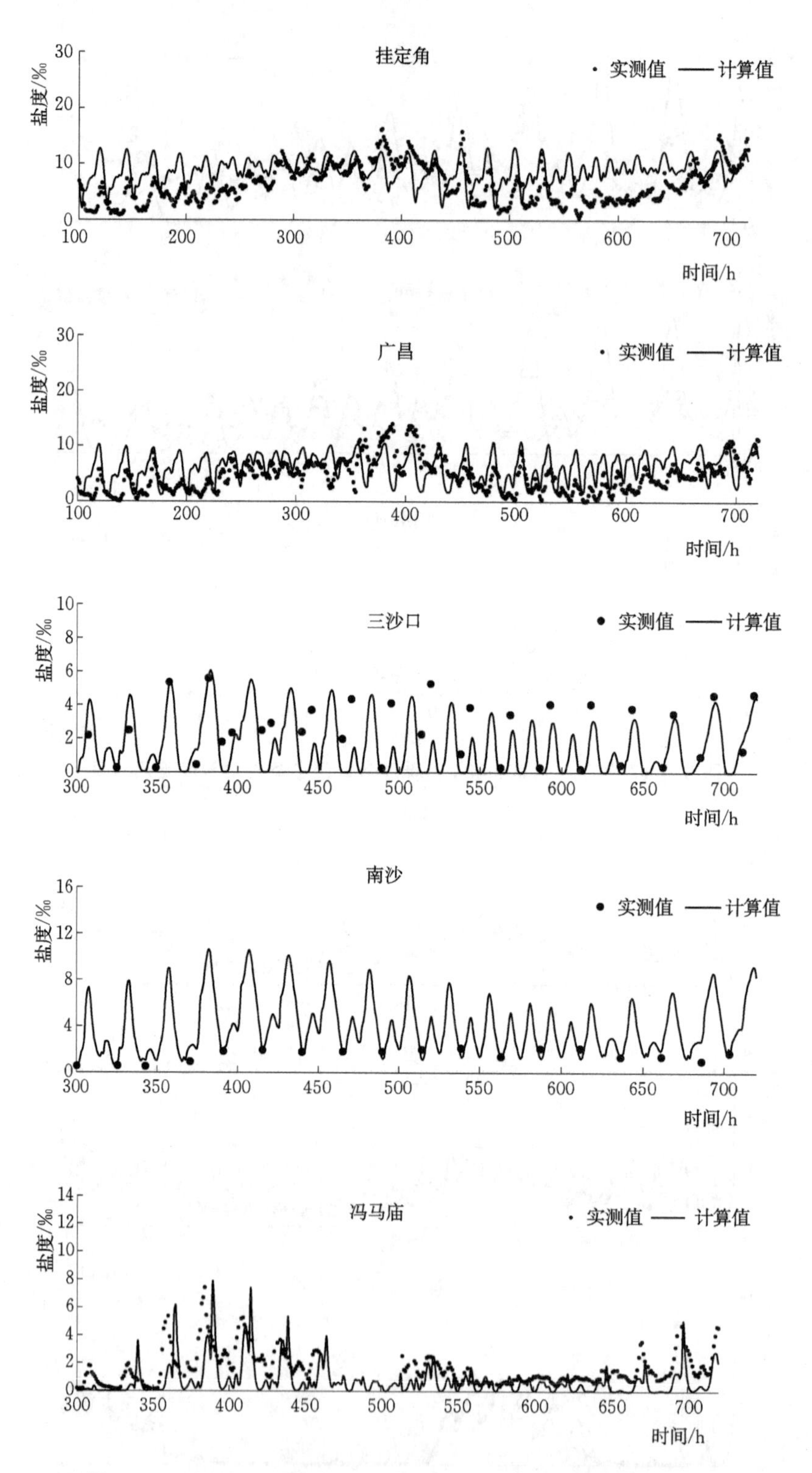

图5.4-9（一） 2011年1月珠江各口门主要测站盐度验证结果

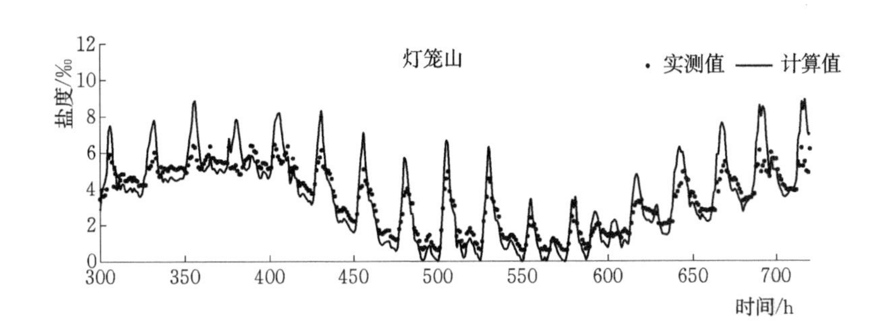

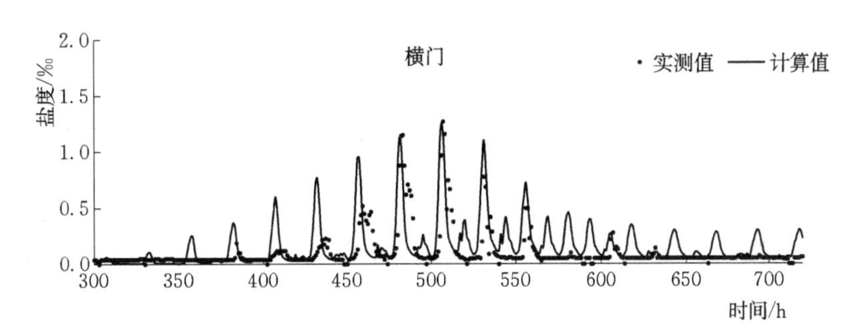

图 5.4-9 (二)　2011 年 1 月珠江各口门主要测站盐度验证结果

5.5 珠江河口盐度分布特征分析

5.5.1 盐度的时空变化

为了分析珠江河口的盐度时空变化特征，在已经建立并率定、验证良好的珠江河口三维盐水数值模式基础上，设置了一个控制试验，模拟枯季珠江河口盐水入侵，试验时间选择 2001 年 1 月，模型从 2000 年 12 月 1 日提前起算，共计算 62d，取后 31d 进行分析。其中上游高要、石角和博罗边界为实测流量数据，潭江的石咀和增江老鸦岗数据为枯季平均流量，外海边界由调和常数计算的相应时段的水位给出。下面对此次试验结果进行分析，盐度采样站点布置示意见图 5.5-1。

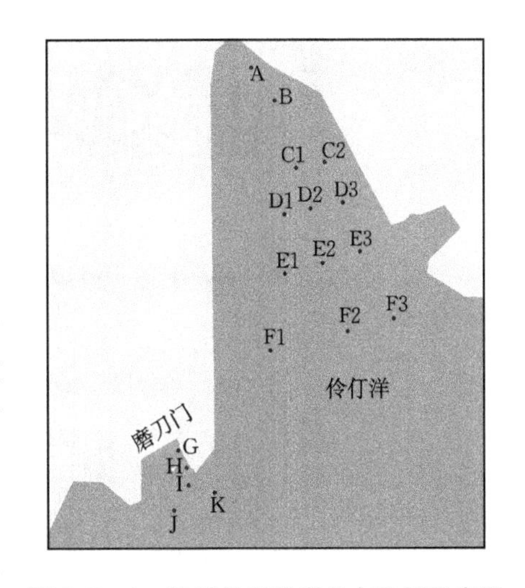

图 5.5-1　模型盐度输出站点位置示意图

A 点位于虎门口，B 点位于凫洲水道出口处，D1 点、E1 点及 F1 点位于伶仃洋西滩，C1 点、D2 点、E2 点及 F2 点位于伶仃洋西槽，C2 点、D3 点、E3 点及 F3 点位于伶仃洋东槽；G 点位于磨刀门河口拦门沙内，H 点、I 点位于磨刀门拦门沙水域，J 点位于磨刀门口外西侧，K 点位于磨刀门口外东侧。

1. 时间变化

图5.5-2给出了伶仃洋及磨刀门河口各个输出站点的表底层盐度随时间的变化过程。

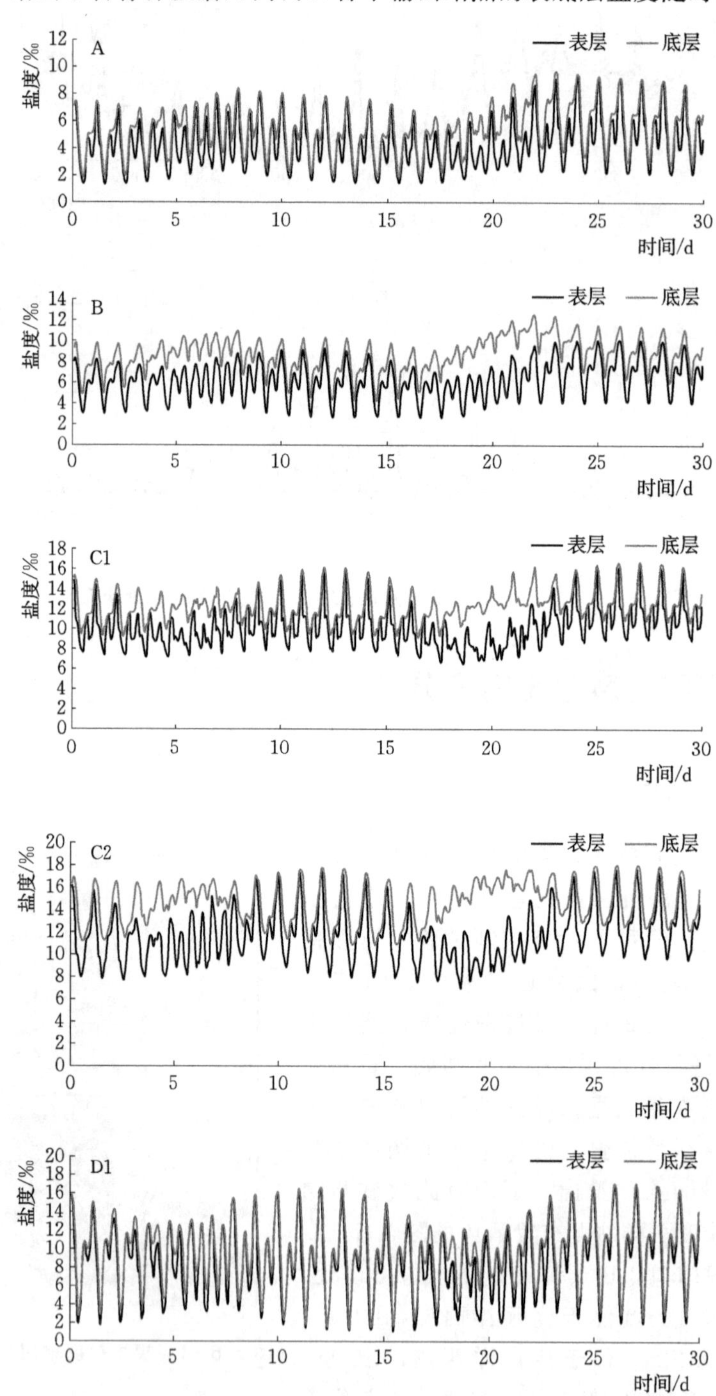

图5.5-2（一）　各站点盐度时间变化

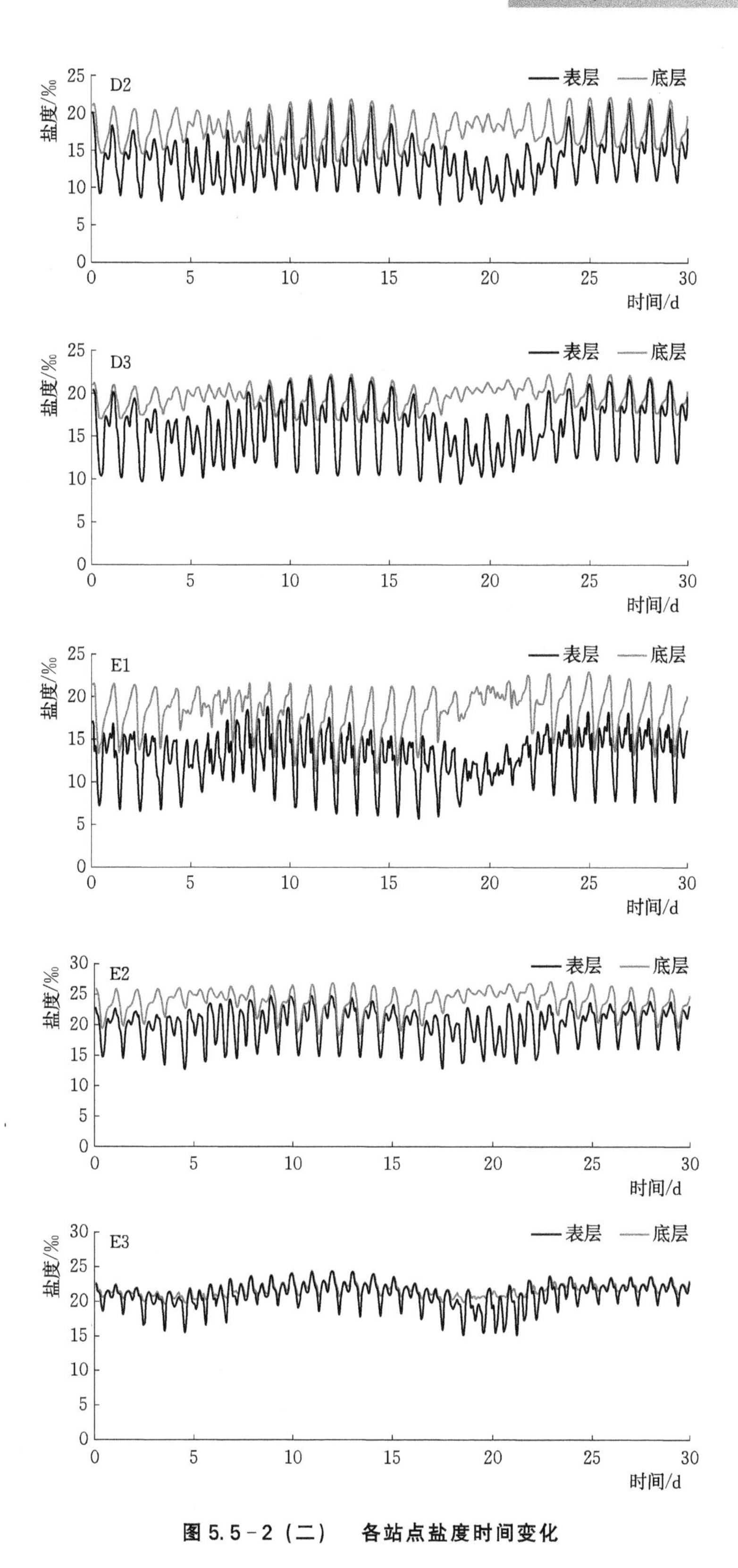

图 5.5-2（二） 各站点盐度时间变化

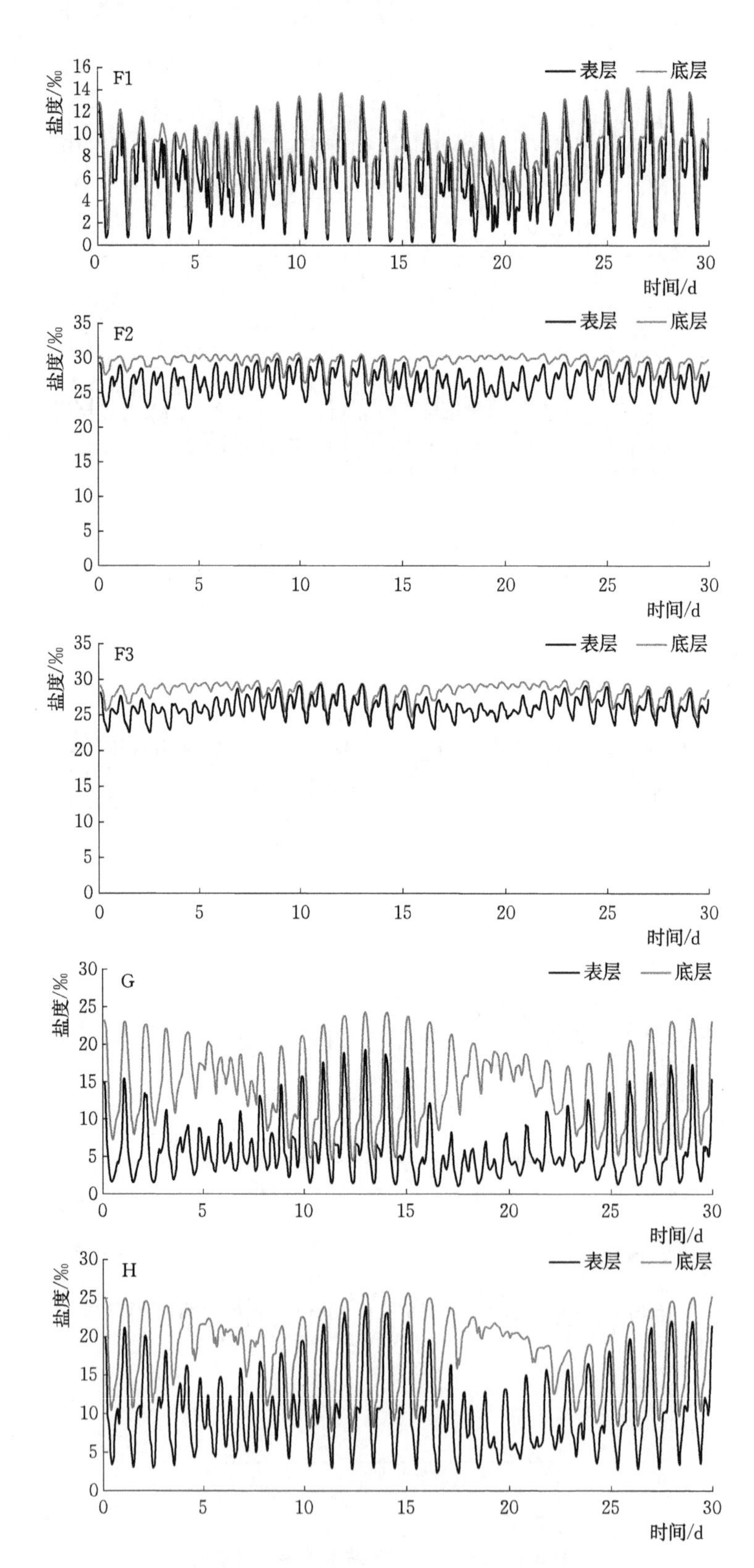

图 5.5-2（三）　各站点盐度时间变化

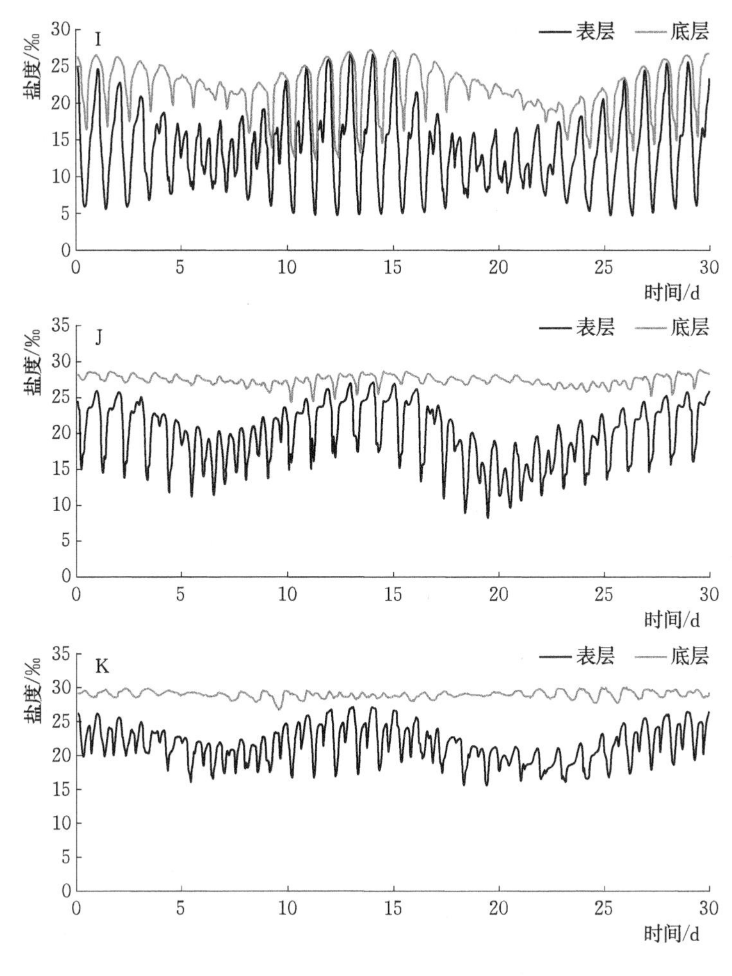

图 5.5-2（四） 各站点盐度时间变化

从图 5.5-2 中可以看出，A 站点表、底层盐度变化具有明显的大小潮和涨落潮周期。与潮汐不规则性相对应，盐度变化也较不规则，也在小潮后中潮期间出现全日周期变化的特征。表、底层盐度变化规律较为相似，大潮期间盐度较高，小潮期间盐度较低，相应的盐度日最大变幅也是大潮期间较大，而小潮期间较小。表层盐度总体为 2‰ ～10‰，底层盐度为 3‰ ～10‰。表、底层盐度差在落憩期间较为明显，其中小潮间差值达到最大，可达 4‰左右，涨憩期间表底层盐度差值很小。从表、底层的盐度差值来看，A 站点所在位置的盐淡水混合程度相对较高。

B 点表、底层盐度随时间变化规律一致，但 B 点的表、底层盐度差较 A 点大。B 点底层盐度为 5‰ ～12‰，表层盐度为 3‰ ～9‰；在小潮期间，表、底层盐度最大差值可达 6‰左右。C1 点、C2 点盐度变化规律较一致，两点盐度大小相差不大，表明在伶仃洋湾顶处东西向的盐度梯度不大。

D1 点表、底层盐度差值不大，总体盐度相对较小，表、底层盐度为 2‰ ～16‰，日最大盐度与日最小盐度的差值较大，最大可达 14‰左右，主要是 D1 点靠近西岸，受洪奇门、横门北汊的下泄径流的影响。表、底层盐度差值在大潮期间很小，在小潮期间相对较大，可达5‰。D2点和D3点表、底层盐度均比D1点大，D2点和D3点表层盐度为10‰～20‰，底层盐度为16‰～21‰。D2点、D3点盐度大于D1点盐度，表明东槽盐水入侵较西槽更为严重，这与东槽是主要的涨潮通道、西槽是主要的落潮通道有关。D2点、D3点表层盐度的日最大值随大小潮变化较为明显，而日最小盐度则变化不明显。涨憩时刻表、底层的盐度差值在大潮期间很小，小潮期间则较大；落憩时刻表、底层的盐度差值在大潮期间就较大，小潮期间则更大，这表明表层盐度受径潮动力平衡机制影响较大，表、底层的盐度混合程度随大小潮变化。

从E1点、E2点、E3点的表、底层盐度时间变化来看，自西向东，表、底层盐度均有所增大，有明显的东西向盐度梯度，盐水由东槽入侵；日最大盐度与日最小盐度的差值由西向东减小，盐度的总体变化幅度自西向东减小，西岸盐度受径流影响较明显；表、底层盐度差也自西向东减小，相对而言，西岸盐水混合性较弱，东岸盐水混合性较强。

F1站点的盐度变化与F2站点、F3站点有明显的差异，主要是因为F1站点受到横门南汊的径流通过淇澳岛与唐家湾之间的水道后向南排泄的影响。F1站点的表、底层盐度变化较为一致，总体盐度随大小潮波动变化明显。F2站点、F3站点盐度大小及变化规律比较一致，表层盐度都在24‰～29‰，底层盐度都在26‰～30‰，表层盐度随大小潮变化波动较明显，底层盐度在大潮期间有小波动，在小潮期间变化较平缓。表、底层盐度相差不大，盐水混合程度较强。

G站点、H站点、I站点自上游而下位于磨刀门水道出海口处，其表、底层盐度变化特征较一致，同时也从上游到下游存在一定的梯度变化。G、H、I三点的表、底层盐度差均表现为大潮期间较小，小潮期间较大。总体盐度从G点到I点逐渐增大。表、底层日最大盐度之差自G点到I点减小，而表、底层日最小盐度之差则从G点到I点增大。

J站点、K站点位于磨刀门水道口外，其盐度变化规律相一致。J站点的表层盐度变化范围都在10‰～25‰，底层盐度变化范围在25‰～28‰，K站点的表、底层盐度均较J点大1‰～2‰。J站点、K站点表层盐度随大小潮变化明显，大潮期间盐度较大，小潮期间盐度较小；底层盐度的大小潮变化规律不明显，盐度变化幅度也较小，仅大潮期间盐度波动相对稍大。总的来说，J站点、K站点底层盐度变化不大，表层盐度受径潮相互作用影响有大小潮变化规律，表、底层盐度差异明显，盐度垂向混合弱，分层较明显。

2. 空间变化

大潮涨憩时刻，珠江河口表层盐度等值线基本是呈沿岸带状分布（伶仃洋内沿西岸），平面盐度梯度在磨刀门河口口外处最大。伶仃洋内盐度总体上呈东高西低之势，但在局部地区还存在细微的特征，主要体现在东西深槽盐度等值线的分布上。从30‰盐度等值线上可以明显看出，内伶仃岛两侧深槽的盐度明显要高于周边区域，表现在盐度等值线上呈双峰向上游凸起，表明伶仃洋的盐水主要通过东西两槽上溯，28‰～14‰等盐度线依然可以明显地体现这一特征。随着两槽向湾顶合聚及河口湾形态在湾顶的收缩，盐度等值线的双峰结构在伶仃洋湾顶消失，变成一个单峰向上游凸起。伶仃洋的湾顶虎门附近的盐度为8‰～10‰，湾口附近盐度东西差异较明显，西侧约11‰，东侧约15‰。黄茅海的盐度分布情况同样存在东高西低。河口湾内的盐度分布呈现东高西低之势主要受科氏力的作用，涨潮流相对在东部较强，而落潮流在西部较强，同时下泄径流也在科氏力的作用下向西偏转。由于径流作用比较强，涨憩时刻磨刀门河口外表层盐度等值线分布特征是向口外凸出，口内河道表层盐度分布呈东高西低之势，盐水主要通过东侧主航道上溯。由于大潮涨憩时刻盐度垂向混合较均匀，涨憩时刻的底层盐度分布与表层基本一致，只是与表层相比，底层盐水入侵作用更强，底层各盐度等值线较表层稍向上游偏移；底层盐度等值线中，伶仃洋的双峰上凸结构、黄茅海和磨刀门水道的东侧上凸结构均更加明显。此外，大潮涨憩时刻磨刀门河口口外底层盐度等值线外凸程度有所消减，30‰和32‰等盐度线近乎与海岸线走向平行。从磨刀门河口口外的表、底层盐度分布的差异来看，磨刀门河口的盐度垂向梯度较大，盐淡水混合性弱，分层现象应较为明显。

大潮落憩时刻，表层盐度等值线明显被径流推向口外，盐度等值线较涨憩时刻稀疏，表明落憩时刻水平盐度梯度减小。在伶仃洋盐度的东西差异较涨憩时刻有所减小，但减小程度有限，盐度总体上还是呈东高西低分布。受下泄径流的影响，等盐度线向下游凸起，伶仃洋湾顶处盐度在8‰～10‰；横门、洪奇门口外6‰等盐度线具有向东和向南两个方向凸起之势。由于深槽流速较大，在内伶仃岛两侧深槽中的等盐度线向下游凸起很明显，其中西侧更甚，这与潮流"东进西出"的水动力特征相符。磨刀门口外等盐度线在口外向西、南和东向均有明显凸起，主要是因为磨刀门水道径流量较大，径流下泄使口外表层海水盐度大大降低。黄茅海的盐度分布中间较低，两侧较高，其中东侧最高。底层落憩时刻的盐度分布与表层不相同，各口门附近的底层盐度要明显高于表层盐度。此外，伶仃洋及黄茅海区域的表、底层盐度也存在较大差异。伶仃洋湾顶底层盐度在14‰，且盐度等值线向上游狮子洋凸起相当明显，凸起距离也较长，如12‰盐度等值线向上游凸起距离约在9km左右。这是由于伶仃洋湾顶水深较深，底层密度不均引起的斜压效应显著，使得底层落潮流较弱，因而盐度得以保持了深槽较高、两侧较低的分布形态。同样的原因导致伶仃洋东西两侧深槽，磨刀门水道东侧深槽、黄茅海东侧深槽的等盐度线均出现向上游凸起的现象，甚至在伶仃洋32‰等盐度线仍向上游凸起。

相比于大潮，小潮期间由于潮流较弱，对高盐海水的输运作用也相对减弱，因而涨憩时刻等盐度线向上游入侵现象不明显，盐度总体偏低。伶仃洋中盐度等值线依然呈现东北—西南走向，伶仃洋湾顶盐度12‰，在东西两侧深槽中盐度等值线稍向上游凸起，但没有大潮明显。黄茅海盐度为12‰～28‰，东部盐度稍偏高，但东、西部盐度差异不明显。底层涨憩盐度分布与表层分布较相似。

小潮期间底层盐度涨落潮变化较小，与涨憩时刻相比，落憩时刻主要是口门处盐度变化较大，如伶仃洋、磨刀门河口及黄茅海北部落憩时刻盐度较涨憩时刻有较明显的降低，而口门外的盐度分布在涨落憩时刻几乎没有什么变化。

从以上大小潮涨落憩时刻的盐度分布来看，珠江河口的盐度分布与岸线走向大体一致，这与径流下泄受到科氏力的影响及地形的控制作用等有关。总体上涨憩时大潮盐水入侵比小潮强；落憩时小潮盐水入侵比大潮强。伶仃洋中盐度总体是东高西低，这与径流主要在伶仃洋西岸入海有关，再加上伶仃洋水域较为宽阔，科氏力作用也在一定程度上有利于形成这种分布（东部涨潮占优，西部落潮占优）；黄茅海区域的盐度分布与伶仃洋相类似。此外，伶仃洋受独特地形影响，盐度分布存在一些细微的特征，即盐水入侵在东、西两侧深槽区域较强，大潮涨憩时更为明显。

总的来说，此次模型的模拟结果与现有对珠江河口咸淡水时空特征的研究成果是相符的。

3. 剖面分布

为进一步研究河口区盐度垂向分布特征，沿伶仃洋东槽、西槽各提取一条纵剖面。伶仃洋东槽大潮期间盐度剖面的潮周期变化见图5.5-3。涨急时刻盐度在上游段、中游段均有较明显的的分层结构，下游段混合较为均匀；随着涨潮过程的持续，下游盐度混合更加均匀，涨憩期间中游、下游底部盐度混合均匀；落潮期间，由于流速表层大、底层小，盐度垂向上出现明显分层，上游分层最为明显，垂向盐度梯度也最大，落憩时刻盐度分层达到最强，出现了明显的盐水楔特征，见图5.5-3（d）。小潮期间盐度剖面变化规律与大潮期间的变化相似（图5.5-4），涨潮期间下游盐度混合较均匀；而落潮时盐度则趋于分层，落憩时刻盐度分层最为明显。相比于大潮，小潮期间的盐水入侵总体较弱，涨急时刻小潮垂向混合不如大潮均匀，落急时刻小潮分层也不如大潮时明显，表明大潮期间盐度垂向结构变化较快，而小潮的变化较慢。这与大、小潮期间潮流强度大小有关。大潮潮流较强，盐度垂向调整会相对较快，涨潮期间垂向上能够较好地混合，而落潮期间较强的潮流也易使分层出现更加迅速；小潮潮流较弱，相对的盐度结构调整也较慢。由于此次涨、落急时刻的选择是参照虎门口门附近流速，因而导致所选涨急时刻，上游刚达涨急时刻下游已经接近涨憩；同样上游达涨憩时刻，中、下游已经开始落潮，这导致了涨急时刻下游混合性要比涨憩时刻下游好。

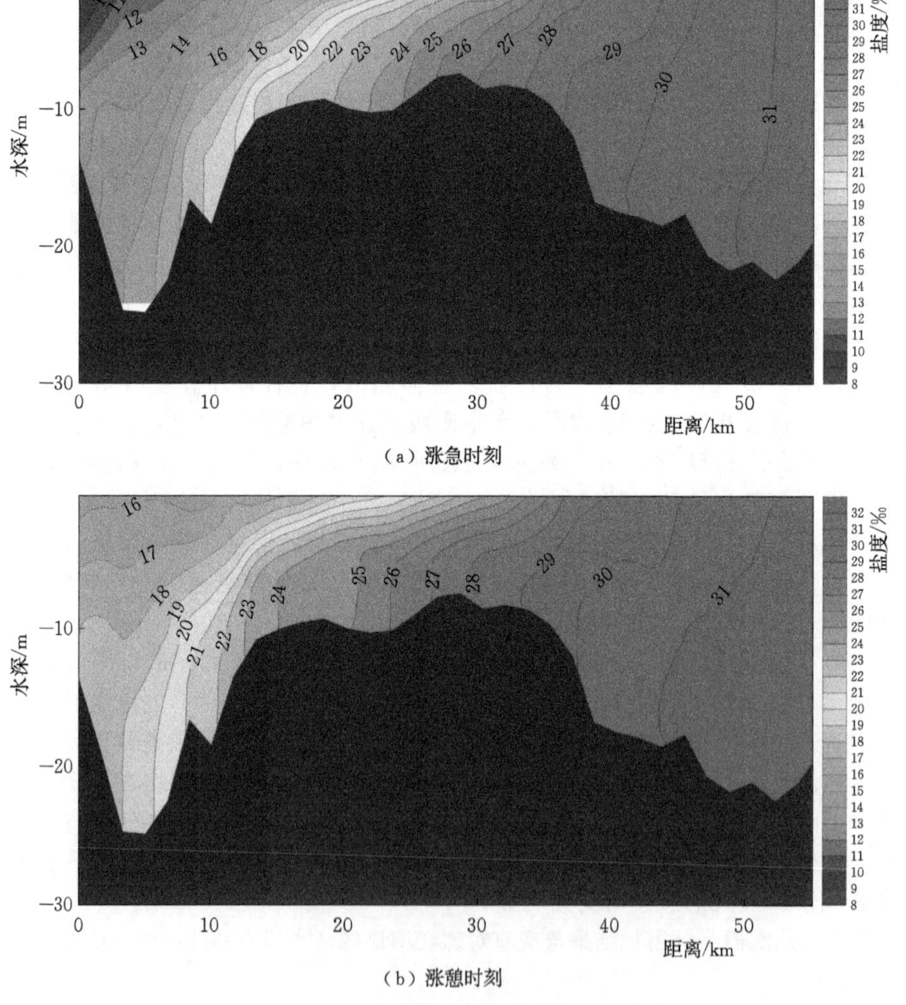

图5.5-3（一） 大潮期间伶仃洋东槽剖面盐度分布

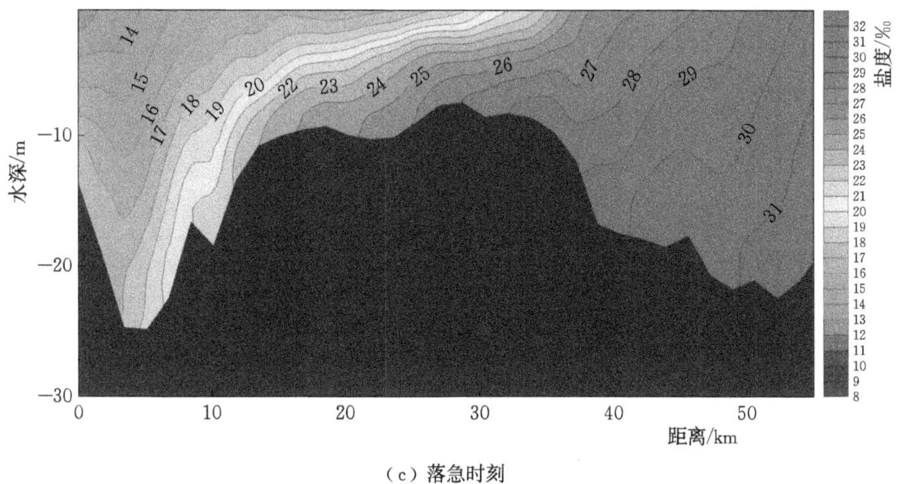

(c) 落急时刻

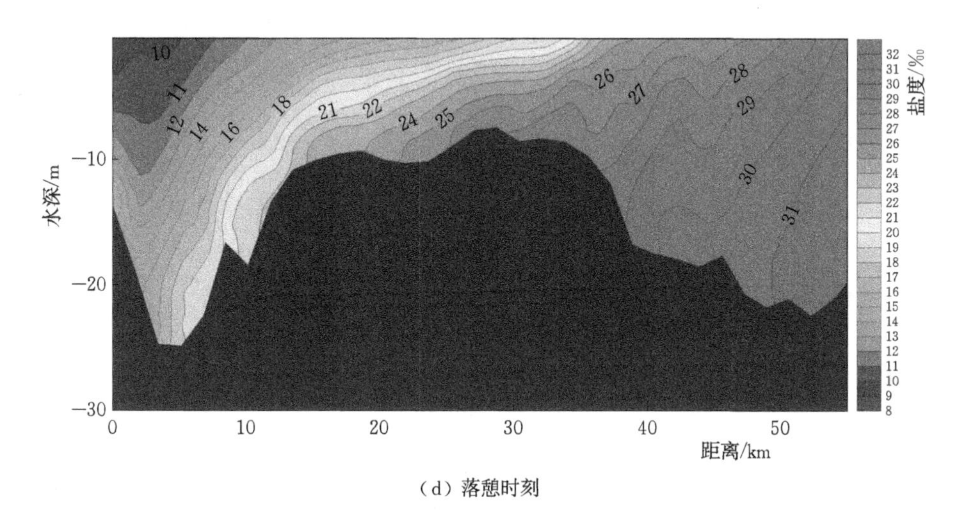

(d) 落憩时刻

图 5.5-3(二)　大潮期间伶仃洋东槽剖面盐度分布

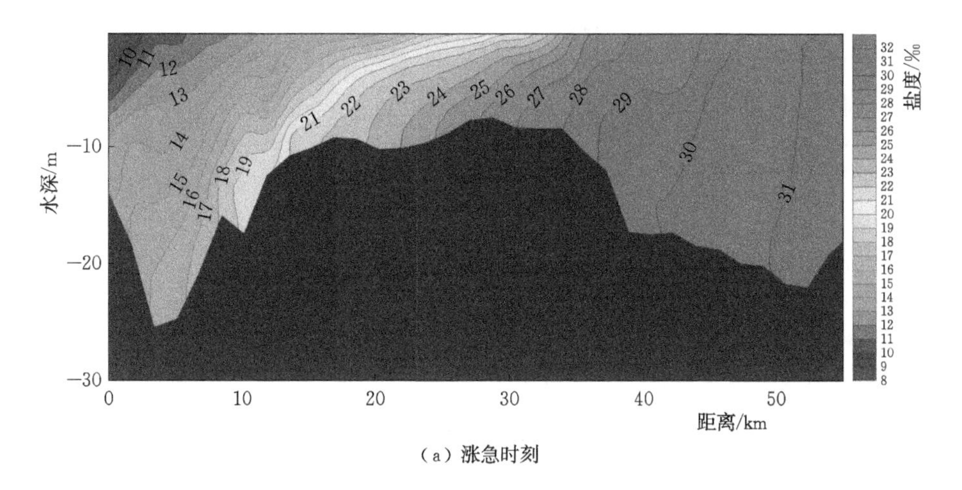

(a) 涨急时刻

图 5.5-4(一)　小潮期间伶仃洋东槽剖面盐度分布

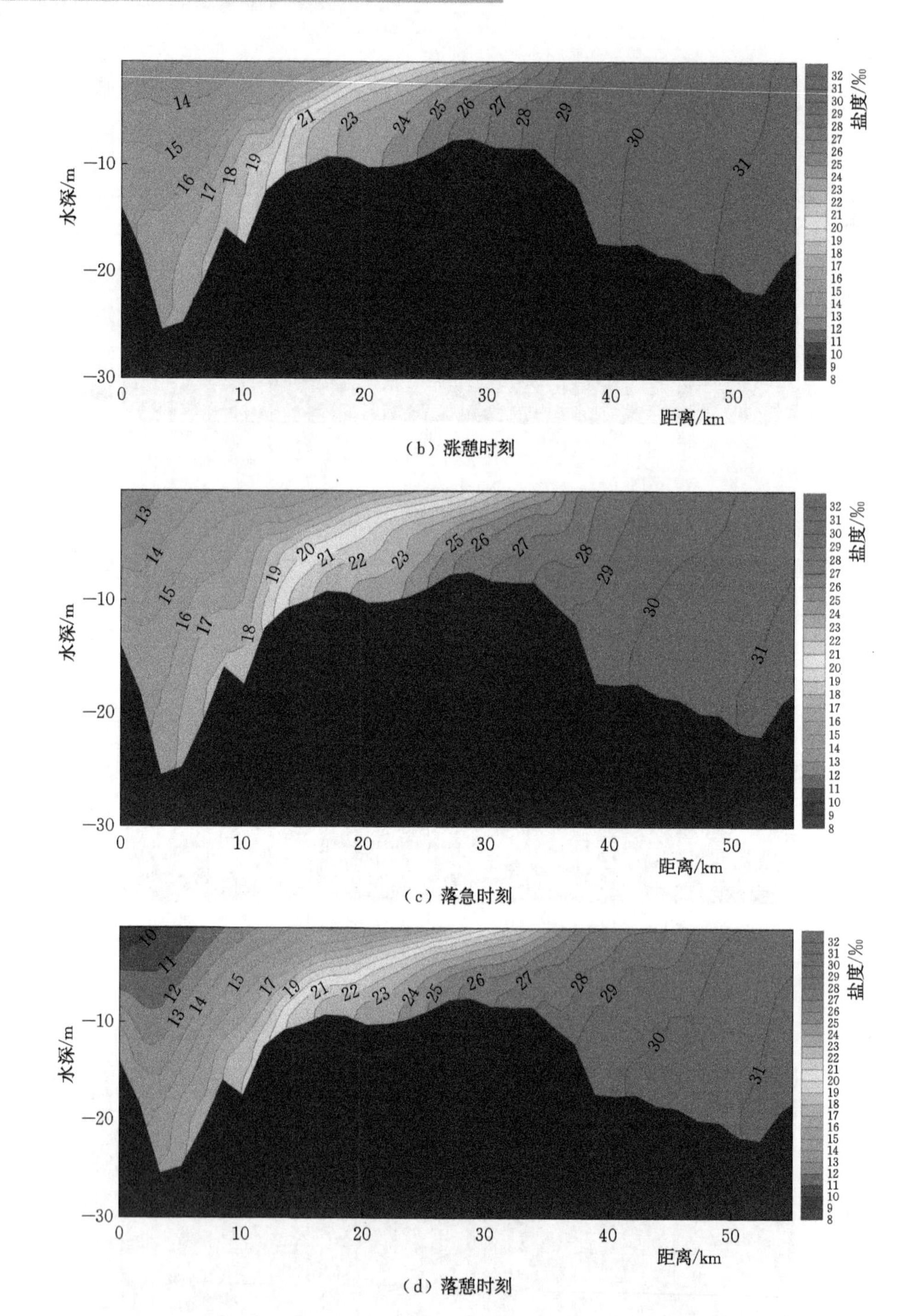

图 5.5-4（二）　小潮期间伶仃洋东槽剖面盐度分布

图 5.5-5 给出了伶仃洋西槽大潮期间的盐度剖面变化。可以看出，西槽的盐度剖面潮周期的变化过程与东槽相似，也是涨潮时盐度趋于均匀混合，落潮时盐度趋于分层。同样地，落憩时刻可以观测到较为明显的盐水楔特征。小潮期间（图 5.5-6），西槽的盐度剖面变化也与东槽一致。

从以上盐度剖面大、小潮分析可知，伶仃洋深槽区域盐度剖面在大潮潮周期内变化较为明显，小潮时变化相对较弱。盐度分层最强出现在大潮落憩时刻，此时，在东、西槽均可观测到盐度的盐水楔结构。总体上，大潮期间盐水入侵较强，小潮期间盐水入侵较弱。

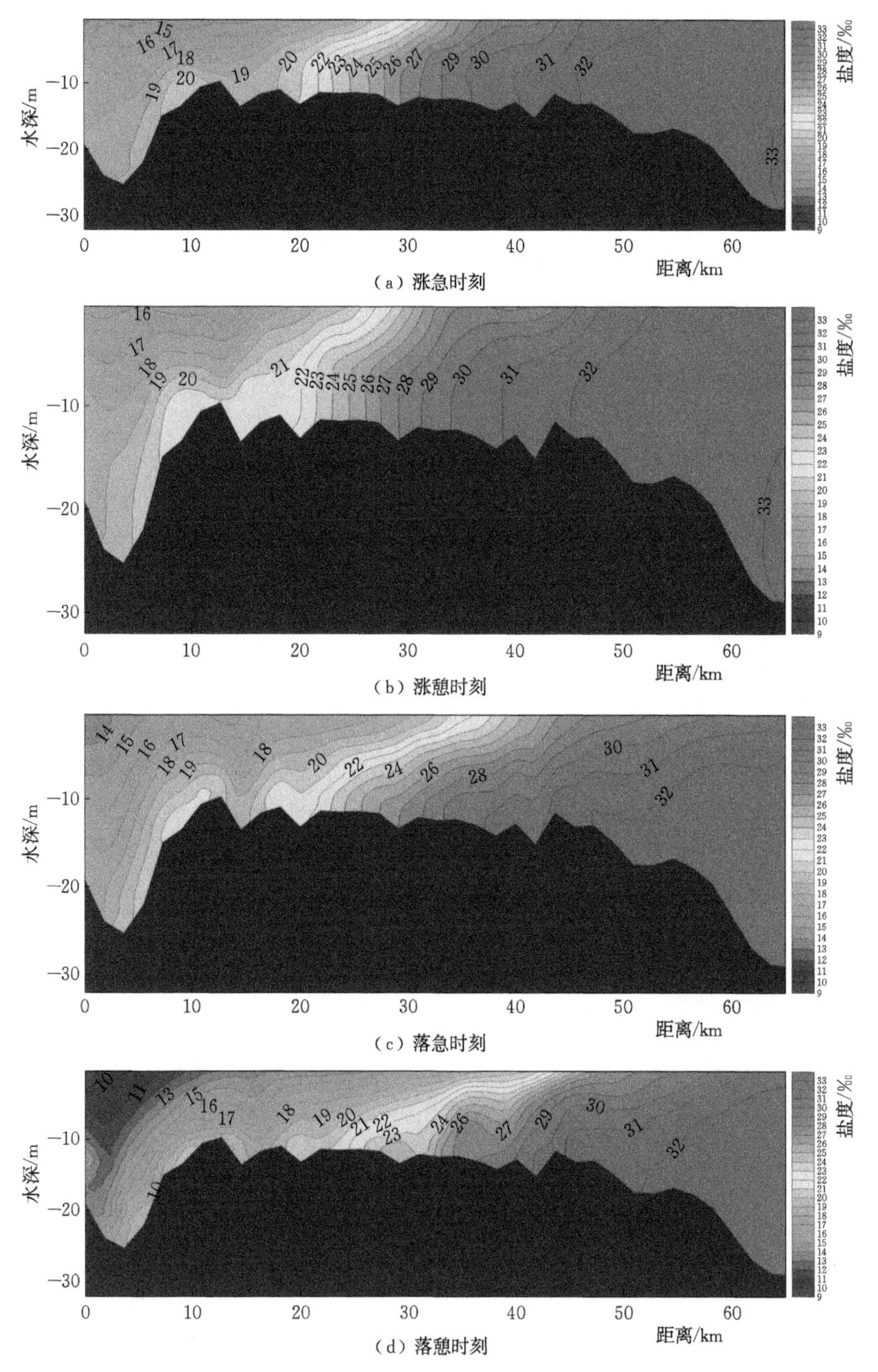

(a) 涨急时刻

(b) 涨憩时刻

(c) 落急时刻

(d) 落憩时刻

图 5.5-5　大潮期间伶仃洋西槽剖面盐度分布

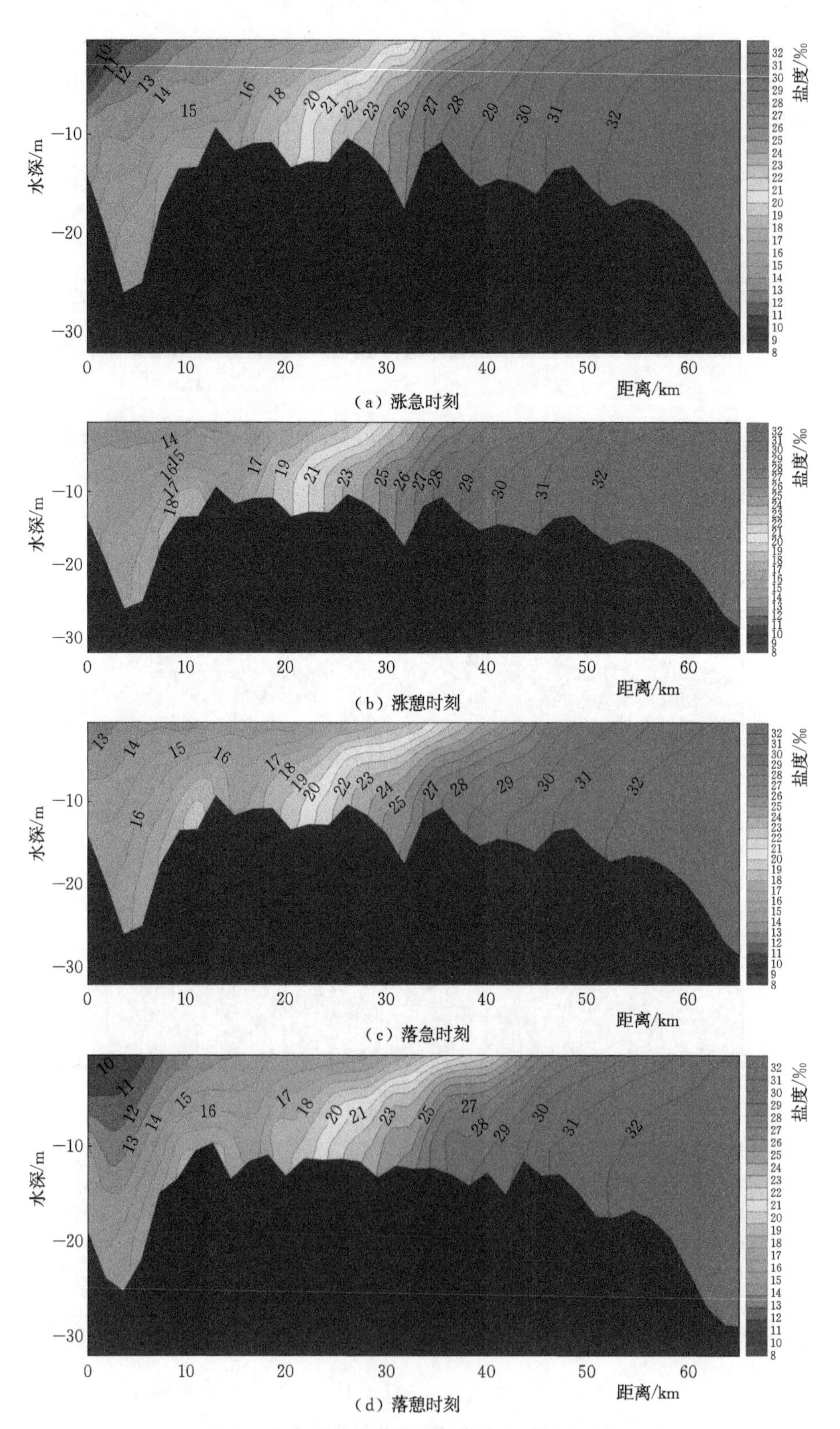

图5.5-6　小潮期间伶仃洋西槽剖面盐度分布

5.5.2 不同流量下的盐水入侵时空变化

珠江河口盐水入侵长度主要受径潮动力平衡体系影响，径流量的大小是盐水入侵长度的主要决定因子，径流量越小，盐水的入侵长度就越长。为了分析不同流量下珠江河口的盐水入侵最大距离，在完成珠江三角洲整体三维斜压模型的率定和验证后，设计了4个工况对珠江河口的盐水入侵进行模拟。表5.5-1为此次计算所采用的上游流量边界，其中老鸦岗、石咀上游边界均通过概化河道对河道进行上延，使计算边界处于潮流界以外，以提高计算准确性。高要站和石角站的流量分配比采用多年平均数据的统计分配比结果。模型计算下游边界采用2001年2月的典型枯季潮型，计算时间从2001年2月1日0时到2001年3月1日23时。此次计算时长达一个月，以保证盐度达到稳定状态，确保计算结果的准确性。

表5.5-1　不同工况下的流量边界条件

计算工况	流量/（m^3/s）					
	高要+石角	高要	石角	博罗	老鸦岗	石咀
工况1	1500	1275	225	150	100	150
工况2	2500	2125	375	300	120	200
工况3	3500	2975	525	400	150	250
工况4	4500	3825	675	500	200	300

1. 咸水界变化

咸水界位置变化对流量比较敏感，流量越小咸水界距离口门就越远。不同流量下，各大口门的咸水界变化情况均不相同，潭江及东江三角洲咸水界在不同流量下的变化范围不大，1500m^3/s和4500m^3/s流量下咸水界的移动距离潭江为19km左右，东江三角洲为16km左右。不同流量下，咸水界移动范围较大的是狮子洋、蕉门水道、洪奇沥、横门水道、磨刀门水道、鸡啼门水道及虎跳门水道，其中磨刀门水道咸水界的移动距离最大，1500m^3/s和4500m^3/s流量下的咸水界移动距离约44km。咸水界的最大上溯距离东江三角洲已经接近东莞，潭江基本在七堡镇附近，狮子洋水道的咸水界已直逼广州，磨刀门水道咸水界直达大鳌镇。由此可见，咸水界的移动对上游径流量的响应还是比较明显的，在大旱年，珠江三角洲的咸灾情况将更加严重，各大水厂或其他取水户的取水受到上溯咸水影响的时长将增长。

2. 盐度分布变化

除了咸水界在上游径流量不同情况下有所不同外，盐度在各大口门附近的分布也随流量的变化而不同。

涨憩时刻，从伶仃洋表层盐度分布来看，上游来流量（高要+石角）为1500m^3/s时，虎门口门处（虎门大桥下游8km）附近的盐度大约在14‰左右；上游来流量为2500m^3/s时，虎门口门处附近的盐度大约在13‰左右；上游来流量为3500m^3/s时，虎门口门处附近的盐度在10‰左右；上游来流量为4500m^3/s时，虎门口门处附近的盐度在8‰左右。随着上游来流量的增加，虎门口门附近盐度逐渐减小。虎门口外盐度也在一定程度上受到上游流量变化的影响，随着流量的增大，各盐度等值线均有所外推，且流量越大，等盐度线随流量增大而外推距离越大。

落憩时刻，从伶仃洋来看，上游来流量为 1500m^3/s 时，虎门口门处的盐度大约在8‰左右；上游来流量为 2500m^3/s 时，虎门口门处的盐度大约在 7‰左右；上游来流量为3500m^3/s 时，虎门口门处的盐度在 4‰左右；上游来流量为 4500m^3/s 时，虎门口门处的盐度在 2‰左右。由于受落潮的影响，各盐度等值线相对于涨憩时刻均有向外海推移，但不同流量下其后退的范围不同，且盐度越大的等值线其外推距离越小，即越靠近外海盐度分布的变化受上游流量变化的影响越小。

第6章 不同数值试验下的珠江河口咸潮上溯分析

6.1 试验方案设计

河口地区的咸潮上溯受诸多因素影响或制约，如径流、潮汐、地形、海平面变化、风等。作为典型河优型河口的磨刀门，上游下泄径流量的作用举足轻重，此外，研究表明，南海海平面高度季节变化量值可达10～17cm，它对咸潮的影响也不可忽视；而地貌条件的变化（开挖拦门沙）对咸潮的影响也正引起普遍的关注和重视。因此，为了进一步了解咸潮上溯的动力学机理，本章拟设计如下试验方案，探讨流量、月均海平面和开挖拦门沙这三方面的因素对咸潮上溯的影响。

6.1.1 咸潮对流量的响应

一般来说，流量越小咸潮上溯越远，影响范围越大，危害越大。为了更直观更详细地研究流量对咸潮的影响机制，选取了4个不同的流量进行数值试验。

咸潮比较严重的1999年1—3月马口平均流量为1710m³/s，所以试验一选择此流量（恒定）进行数值计算，研究小流量下的咸潮上溯情况；据1956—2005年资料初步统计，1月梧州最小月平均流量为1080m³/s，在这个西江上游流量下，马口流量应更小，故试验二选1080m³/s作为马口流量（恒定）进行数值计算，考察比较极端的小流量下咸潮上溯的情况；2006—2007年枯水期马口流量曾达到4155m³/s，枯季出现这种大流量在近年是不多见的，2003年全年平均流量才5850m³/s，故试验三取4155m³/s作为马口流量（恒定）进行数值模拟，讨论大流量条件下的咸潮情况；磨刀门属强径流弱潮流河口，根据佛山水文局2004年的磨刀门水道咸潮上溯成因报告，当马口站流量大于6000m³/s时，径流作用开始加强，试验四选取马口流量为6100m³/s进行数值模拟。

试验中，模型海域边界的潮位和盐度过程、马骝洲与黄金边界的潮位与盐度边界均采用经过验证的模型中的边界条件，流量边界因各个试验而改变。

6.1.2 咸潮对月均海平面的响应

平均海平面是指长期观测记录的水位的平均值，可简单表示为

$$A_0=\frac{1}{T}\int_0^T \eta \mathrm{d}t \tag{6.1-1}$$

式中：A_0 为平均海平面的高度；T 为观测时间；η 为观测记录的潮位值。

海平面的变化是一个十分复杂的问题，它是天文、气象、水文、地理和海洋等诸多要素综合作用的结果，而其作用过程和变化形式多种多样。平均海平面的变化大致可分为：

长期变化，年—季变化；短期变化和突然变化。

平均海平面的长期变化一般十分缓慢，与天文潮的18.6年周期有关，精确（精度达±1cm）的平均海平面就是指长期的海平面，观测记录的时间一般要达到19年；而短期和突然的海平面变化指几天或十几天。

由于不同时间尺度的平均海平面，因影响因素的差异，可以产生较大偏差。如1个月的平均海平面的变化相对多年平均海平面可以偏离60cm。相对于长期海平面，越是短期的平均海平面，变化幅度越大，对咸潮上溯的影响也越剧烈。

由于获取资料受限，用横琴站2003年10—12月逐时潮位数据计算出月均水位，由此推算出磨刀门水道的月均海平面变化幅度。结果表明，横琴枯季10—11月月均潮位变化8cm，11月与12月平均潮位相差13cm，为此，本次选取一个较大的值，假设海平面上升13cm，探讨其对咸潮的影响。因此，试验五（表6.1-1）中在试验一的边界和流量（马口流量1710m³/s）条件的基础上，假设月均海平面上升13cm，探讨其对咸潮的影响。

表6.1-1　　数值试验方案设计

项目	试验一	试验二	试验三	试验四	试验五	试验六
试验主控因素	枯水流量	极端枯水	较大流量	大流量	海平面	拦门沙
马口流量/（m³/s）	1710	1080	4155	6100	1710	1710
海平面变化/cm	0	0	0	0	+13	0
是否调整水下地形	否	否	否	否	否	是

6.1.3　开挖拦门沙对咸潮的影响

拦门沙就是处于河口口门附近、突出于上游河段河底连线之上的成型淤积体。拦门沙是三角洲河口的特殊地貌单元。磨刀门拦门沙位于灯笼山下游约15km处，全长约16km，其顶部约在拦门沙的10km处。在拦门沙的出口，由于水流向外海扩散，形成一个扇形分布的沙滩。

河口拦门沙的存在，有它的弊端，也有它存在的必要。磨刀门拦门沙面积很大，拦门沙顶的水深在2m以下，船只不能通过拦门沙，且影响泄洪，但是，拦门沙可以抵挡河口咸潮入侵及减轻台风增水值。

咸水上溯咸淡水混合是河口地区的特有现象，前人的研究表明，口门拦门沙对此有重要影响。在弱混合型和缓混合型河口，因径流与进潮量比值较大，表、底层的含氯度差异较大，底层的高含氯度水流被拦门沙外坡所阻，不能进入河口。

拦门沙变化对咸潮上溯的影响设为试验六（表6.1-1），此试验在试验一的边界和流量（马口流量1710m³/s）条件下，把拦门沙所在位置浚深至4m（原来只有2～3m），基本与口门（石栏洲）水深持平，计算9d，以此来模拟把拦门沙挖平后一个大潮、中潮、小潮的情况。

6.2 咸潮对流量的响应

6.2.1 盐度分布

试验一（马口流量 1710m³/s）。平面上，大潮咸潮上溯距离比小潮远，挂定角—横琴—石栏洲的深槽的盐度比西侧的浅滩高，只有大潮落潮时，由于深槽流速和流量都大，盐水被迅速冲出外海，所以深槽盐度比浅滩低，深槽浅滩的盐度差异在底层更明显。垂向上，挂定角附近盐度垂向梯度较大，口门（以石栏洲为口门，下同）内表层盐度总是小于底层盐度，但整体上混合比较均匀；小潮期垂向盐度梯度比大潮期大，层化比较明显，见图 6.2-1。

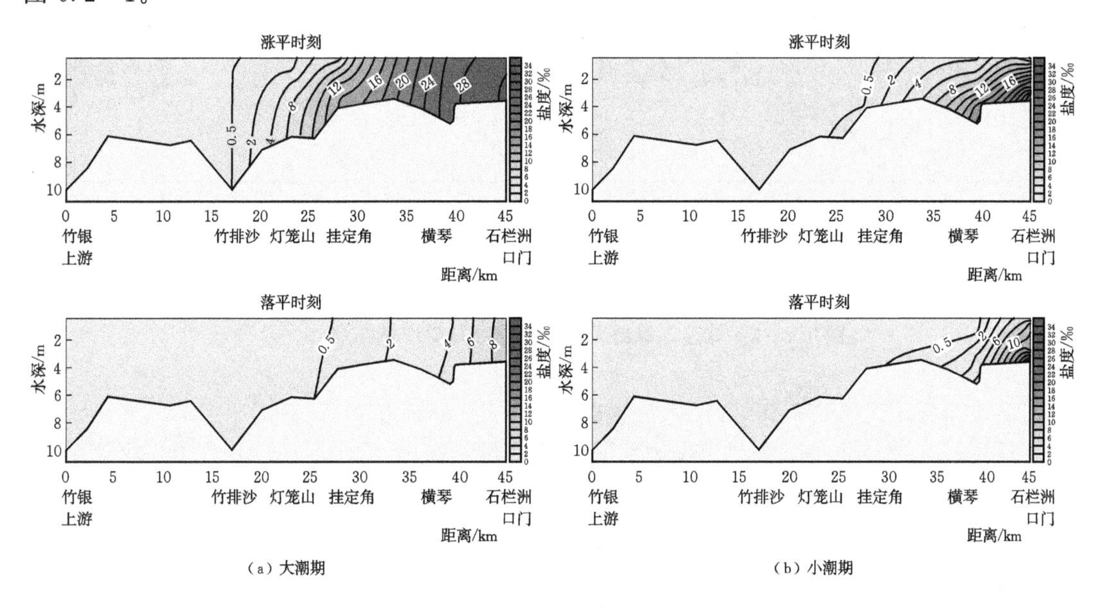

图 6.2-1 试验一纵剖面盐度分布（马口流量 1710m³/s）

大潮涨平时，底层 2‰盐度线都可到达竹排沙附近，表层也可达灯笼山附近；大潮落平时，表、底层盐水均退至洪湾水道口以下；小潮涨潮时，盐水沿着深槽上溯，涨平时底层 2‰盐度线可达挂定角附近（距口门约 16km）；落平时则退至横琴站与洪湾水道口之间。

试验二（马口流量 1080m³/s）。从平面上看，表、底层盐度分布的差异相对减小，入侵长度也很接近。大潮落平时，表层浅滩盐度明显高于深槽，底层则仍是深槽盐度大于浅滩，这可能是由于流量小，加上深槽底部深窄地形的影响，所以深槽底层的盐度更高的水未能迅速退出。从纵剖面上看，整体上垂向盐度梯度较小，分布较均匀。与试验一相比，随着径流量的减小，咸潮明显加剧，垂向混合趋于均匀，见图 6.2-2。

试验三（马口流量 4155m³/s）。大潮期，盐度垂向梯度比较小，咸淡水混合较明显。涨平时，2‰盐度线到达洪湾水道口；落平时，磨刀门水道的盐水完全被冲出口门外，几乎退至拦门沙外。小潮期，涨平时，垂向盐度梯度大，分层明显，底层 2‰盐度线到达洪湾水道口与横琴站之间（口门以上约12km），表层则在横琴和石栏洲之间（口门以上约3km），而且盐水主要是沿着深槽上溯，所以西侧浅滩的盐度很低，横向盐度分布差异很大；落平时，2‰盐度线退至口门以上约4km处，入侵比大潮期远，见图6.2-3。

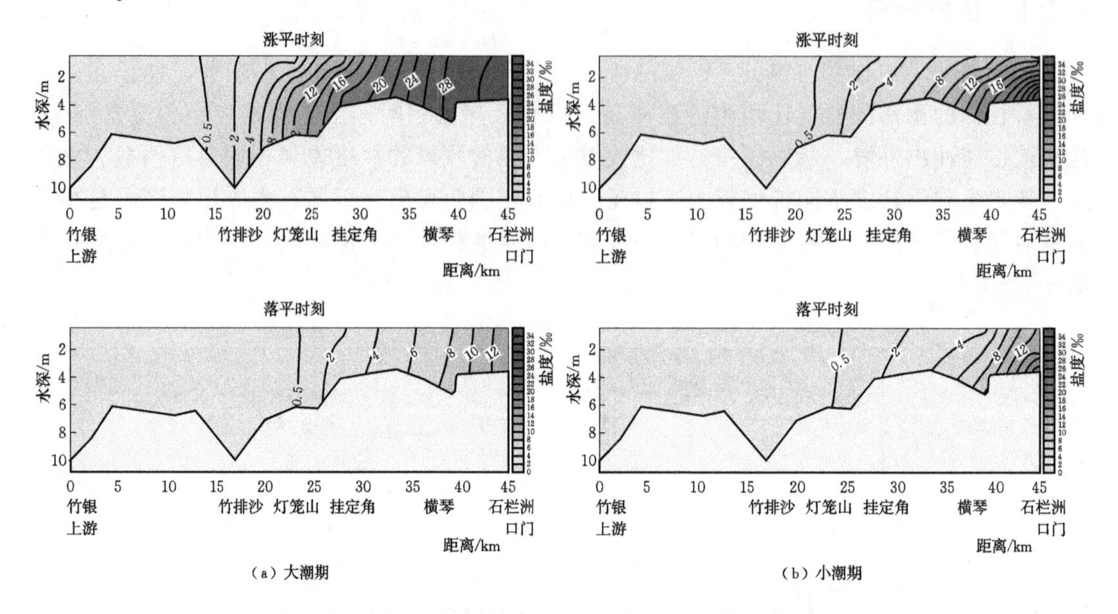

图6.2-2　试验二纵剖面盐度分布（马口流量1080m^3/s）

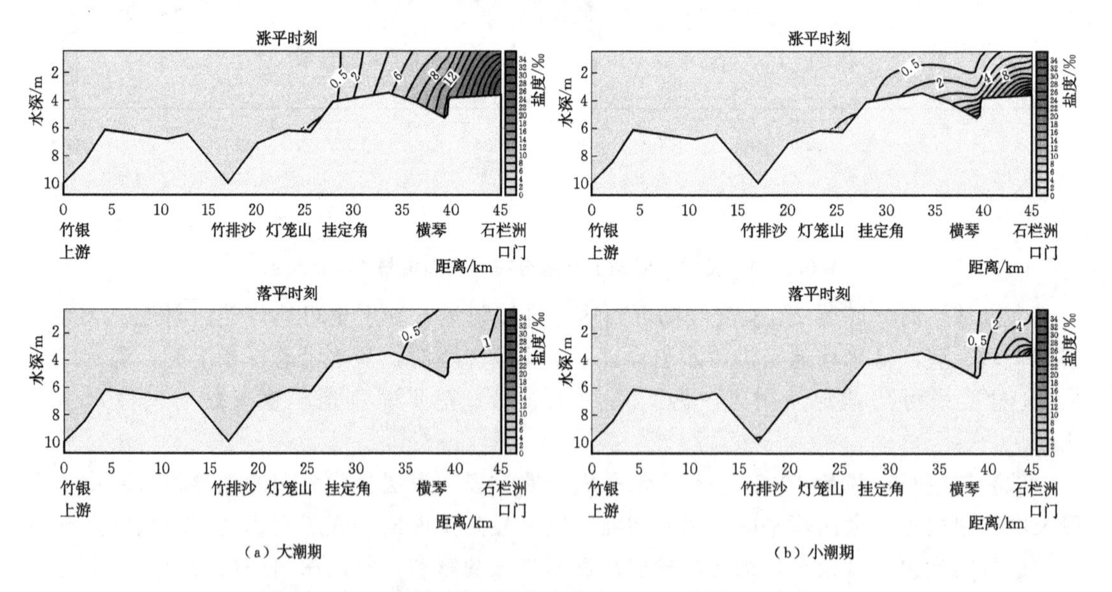

图6.2-3　试验三纵剖面盐度分布（马口流量4155m^3/s）

白龙河由于龙屎窟峡口的限制作用，落潮时盐水未能及时退出口外，但盐度也明显降低；小潮期潮流作用较弱，白龙河内盐水入侵的距离明显减小，这与试验一和试验二流量较小时无论大潮、小潮，涨平、落平白龙河内盐度分布差异不大的情况完全不同。

试验四（马口流量 6100m³/s）。盐水入侵的距离减小，盐度平面分布与试验三（马口流量 4155m³/s）较为相似。与试验三相比，大潮涨平时横琴—口门段盐度等值线密集，而且垂向上盐度变化较大，落平时口门内盐度等值线稀疏且垂向分布均匀，基本都是淡水；小潮涨平时口门内盐度等值线相对没那么密集，垂向盐度梯度相对较小，落平时口门内盐度等值线较疏，垂向盐度梯度减小，见图 6.2-4。

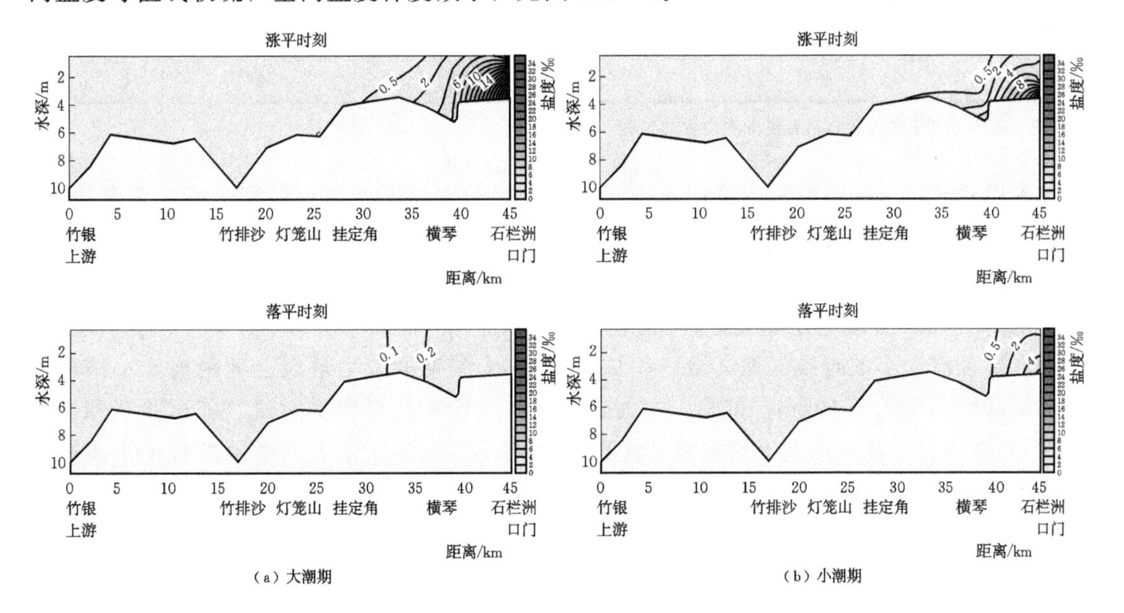

图 6.2-4　试验四纵剖面盐度分布（马口流量 6100m³/s）

图 6.2-5 是不同试验中口门石栏洲的潮平均盐度垂向分布情况，可见随着流量增大，垂向平均盐度减小，混合作用减弱，而表、底层盐度差异加大，垂向分层趋于明显。

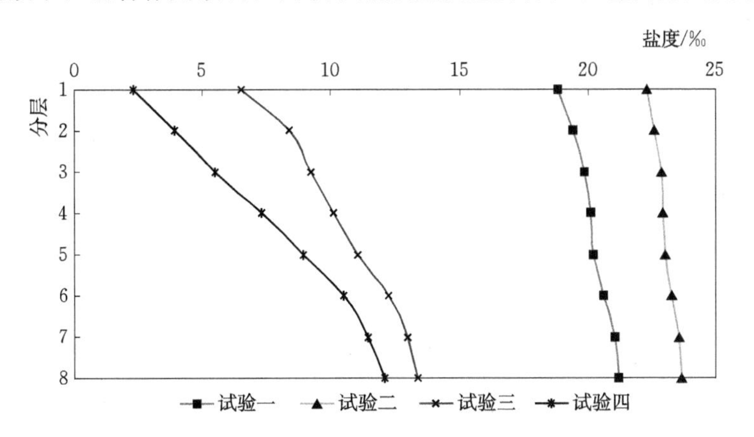

图 6.2-5　各试验中石栏洲大潮期一个潮平均盐度垂向分布

6.2.2　最大上溯距离

表 6.2-1 反映了不同试验条件下咸潮最大上溯距离的变化。总的来说，上游流量越大，咸潮最大上溯距离越小。

表6.2-1　　　不同试验条件下的咸潮最大上溯距离

试验条件			试验一	试验二	试验三	试验四	海平面上升0.13m	开挖拦门沙
马口流量/(m^3/s)			1710	1080	4155	6100	1710	1710
最大上溯距离/km	大潮	表层	21	27.5	14	7	28	24
		底层	27	28	15	10	29	29
	小潮	表层	11	16	3	3	20	14
		底层	15	21	13	9	26	20

注　表中上溯距离为距口门石栏洲的位置的长度。

表层和底层上溯距离基本是同步变化的，上游流量减小，表、底层上溯距离都增加；上游流量增大，表、底层上溯距离都减小。但是，试验三和试验四小潮表层最大上溯距离都是3km，而底层则相差4km，也就是说，上游流量增大了近2000m^3/s，底层的盐水退后了4km，而表层盐度分布没变。

上游径流量小的时候（如试验一和试验二），大潮期的咸潮最大上溯距离比小潮期大得多，试验一中大了12km，试验二中大了7km；上游径流量大的时候（如试验三和试验四），大潮期、小潮期最大上溯距离的差距明显缩小，大潮期最大上溯距离只比小潮期分别大了2km和1km，这说明流量大时潮差对咸潮上溯的影响减弱，也反映了径流与潮汐作用此消彼长。

从试验一到试验二，马口流量减小了630m^3/s，咸潮最大上溯距离增加了1km；从试验三到试验四，马口流量增加了1845m^3/s，咸潮最大上溯距离减小了5km。这也说明，上游来水量的变化对咸潮上溯的影响是不等效的。

6.3　咸潮对月均海平面的响应

海平面是表层海水的平均高度面，受不同影响因素的作用，平均海平面在不同时间尺度上变化幅度差异十分明显，如月均海平面相对于多年（19年）平均海平面可以偏离20～60cm。本节探讨的海平面是指由横琴站计算出的月均海平面的变化，即0.13cm。

6.3.1　盐度分布

月均海平面上升的影响计算结果见图6.3-1。

平面上，大潮期涨平时表层和底层的盐度分布相对比较接近，盐水都上溯至竹排沙附近，说明盐度垂向变化相对较小，混合比较均匀。大潮落平时，与试验二（马口流量1080m^3/s）相似，底层仍是深槽盐度大于浅滩，表层则是浅滩盐度明显高于深槽。小潮期，涨平和落平的上溯位置比较接近。

从纵剖面上看，大潮期涨平时，灯笼山附近盐度垂向梯度减小，盐度纵向梯度增大，挂定角至横琴段的盐度纵向梯度减小；落平时，盐度纵向梯度增大，2‰盐度线可至挂定角，海平面上升前在洪湾水道口以下。

小潮期，咸潮上溯明显比海平面上升前加剧，涨平时底层2‰盐度线仍可达竹排沙和灯笼山之间，表层则到达灯笼山和挂定角之间，仅稍弱于大潮期涨平时，与海平面上升前大潮期涨平时的上溯情况相近；落平时，底层盐水上溯至灯笼山，表层盐水也到达挂定角，比大潮时上溯距离更远。

图 6.3－2（a）和（b）分别是石栏洲和挂定角一个潮平均（大潮期）的盐度垂向分布。海平面上升前，挂定角垂向盐度梯度明显大于石栏洲。海平面上升后，石栏洲和挂定角各层盐度都增大，石栏洲盐度垂向梯度减小，混合作用加强，挂定角盐度垂向梯度增大，层化更明显。这说明河口内不同位置的混合和层化是不同的。

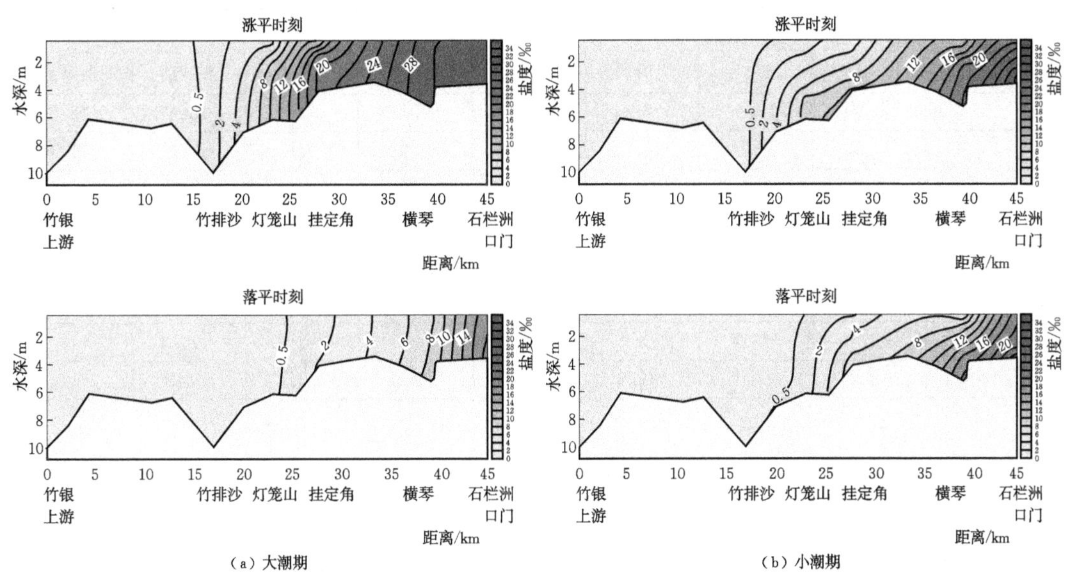

图 6.3－1　试验五纵剖面盐度分布（马口流量 1710m³/s，海平面上升 0.13m）

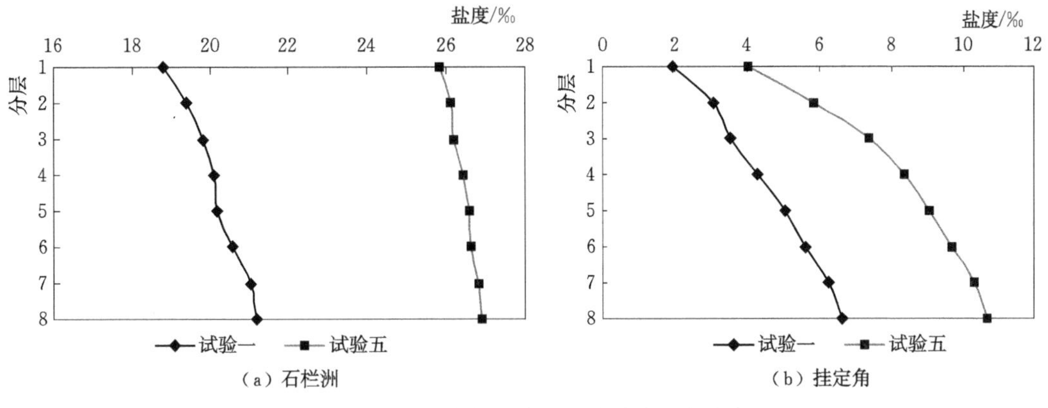

图 6.3－2　大潮期一个潮平均盐度垂向分布

6.3.2　最大上溯距离

海平面上升 0.13m 后，咸潮上溯距离增大，咸潮加剧，见表 6.3－1。大潮期的最大上溯距离（底层）达到 29km，跟海平面上升前相比，上溯距离增加了约 2km，表层增加了 7km，马口流量从 1710m³/s 降到 1080m³/s（即从实验一到实验二）上溯距离也只增加了 1km，由此可见，月均海平面对咸潮上溯的影响很大，可以达到跟流量同等的量级，而流量可以在一定程度上通过上游水库调度来控制，海平面高度却是难以人为控制的，因此，研究咸潮和现实中的压咸都应该充分重视月均海平面的变化。

小潮期的最大上溯距离达到 26km，比海平面上升前（实验一）增加了 11km，跟海平面上升前大潮期的最大上溯距离 27km 只差 1km，这可能是因为随着海平面上升，潮差增大，使小潮的潮差也对咸潮上溯产生了较强的作用。

表 6.3-1　月均海平面上升前后各点的平均流速（多潮平均）　　单位：cm/s

所在分层	挂定角		G1		G2		石栏洲	
	上升前	上升后	上升前	上升后	上升前	上升后	上升前	上升后
1	6.5	17.5	14.1	14.6	9.3	7.4	16.6	12.6
2	3.9	9.9	11.0	11.7	7.3	5.8	11.4	11.4
3	2.2	4.3	6.9	8.3	4.9	4.5	6.7	9.9
4	0.4	0.7	3.5	4.9	2.9	3.0	3.4	7.8
5	−7.6	−17.2	−8.4	−8.4	−3.1	−2.6	−14.9	−16.7
6	−2.9	−10.0	−5.9	−6.1	−2.6	−2.3	−13.2	−15.3
7	−2.0	−4.4	−3.8	−4.7	−2.7	−2.1	−11.4	−13.7
8	−0.9	−0.9	−2.9	−3.4	−2.4	−1.8	−8.8	−11.1

6.4　开挖拦门沙对咸潮的影响

地貌动力学揭示了地貌条件的变化必将对区域动力、沉积等系列河口过程产生深远影响，因此，拦门沙的开挖，对咸潮上溯必然有着重要影响。开挖拦门沙，等同于打开了口门的屏障，上游的淡水径流和外海的高盐水都更容易从口门流通，对水位、流量、盐度分布和密度环流都可能造成影响。

6.4.1　水位变化

选取石栏洲、横琴、挂定角、龙屎窟、杧洲和拦门沙顶，比较开挖拦门沙前后的水位过程，结果见表 6.4-1，各站点挖沙后水位都有轻微减小，但减小不到 1cm，即水位基本没变，说明水位对是否开挖拦门沙反应不敏锐，当然这与拦门沙地形变化的幅度不大有关。

表 6.4-1　挖沙后各站水位平均变化值

站点	挂定角	横琴	石栏洲	龙屎窟	杧洲	拦门沙顶
水位平均变化值/m	−0.00239	−0.00516	−0.00544	−0.00298	−0.00175	−0.00616

6.4.2　流量变化

分别在挂定角、磨刀门水道、鹤洲水道和洪湾水道取断面（A、B、C、D），求出各断面的多潮平均流量，并把开挖拦门沙前后的平均流量进行比较，结果见表 6.4—2。

开挖拦门沙后，各断面的平均流量变化都不大，挂定角和磨刀门水道的平均流量基本不变，因此磨刀门水道的分流比也基本没变。

表 6.4-2　各断面多潮平均流量比较

水道断面		挂定角（断面 A）	磨刀门（断面 B）	鹤洲（断面 C）	洪湾（断面 D）
平均流量/(m^3/s)	开挖前	536.15	407.56	−69.80	201.55
	开挖后	536.53	407.44	−76.49	205.87
	变化	0.38	−0.12	−6.69	4.32

在大横琴上游取一个断面（断面 E），考察开挖拦门沙前后涨潮平均流量和落潮平均流量（大潮期内一个潮周期）的变化，结果见表 6.4-3。开挖拦门沙后，该断面涨潮和落潮平均流量都增大，而且增幅相当。

表 6.4-3　拦门沙开挖前、后断面 E 的流量变化

统计潮时段	平均流量/(m^3/s)			流量变化百分比/%
	开挖前	开挖后	变　化	
涨潮	3782.02	3875.62	93.6	2.47
落潮	4229.42	4340.02	110.6	2.66
涨、落潮期平均	430.32	440.8	10.4	2.4

注　1. 开挖前后的计算条件均为：马口流量 1710m^3/s。
　　2. 涨潮平均流量=涨潮量/涨潮历时，落潮平均流量=落潮量/落潮历时，潮期平均流量=净泄量/潮周期。

6.4.3　盐度分布

从平面上看，开挖拦门沙后，盐水上溯距离增加了；开挖拦门沙前，小潮期的底层盐度在拦门沙顶盐度低，而周围盐度高，开挖拦门沙后就没有这种现象了，见图 6.4-1 和图 6.4-2。

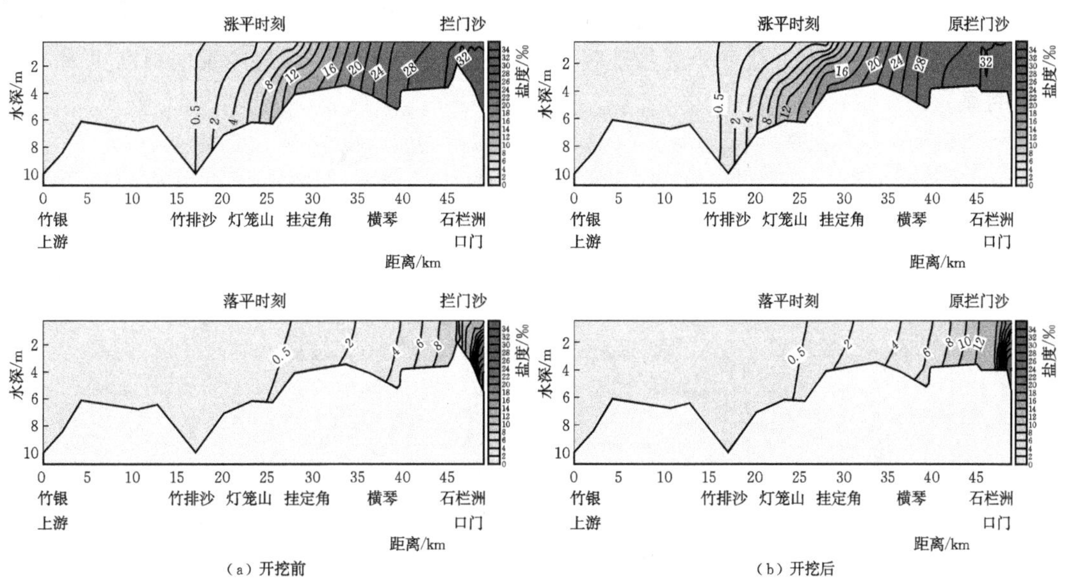

图 6.4-1　大潮期盐度分布

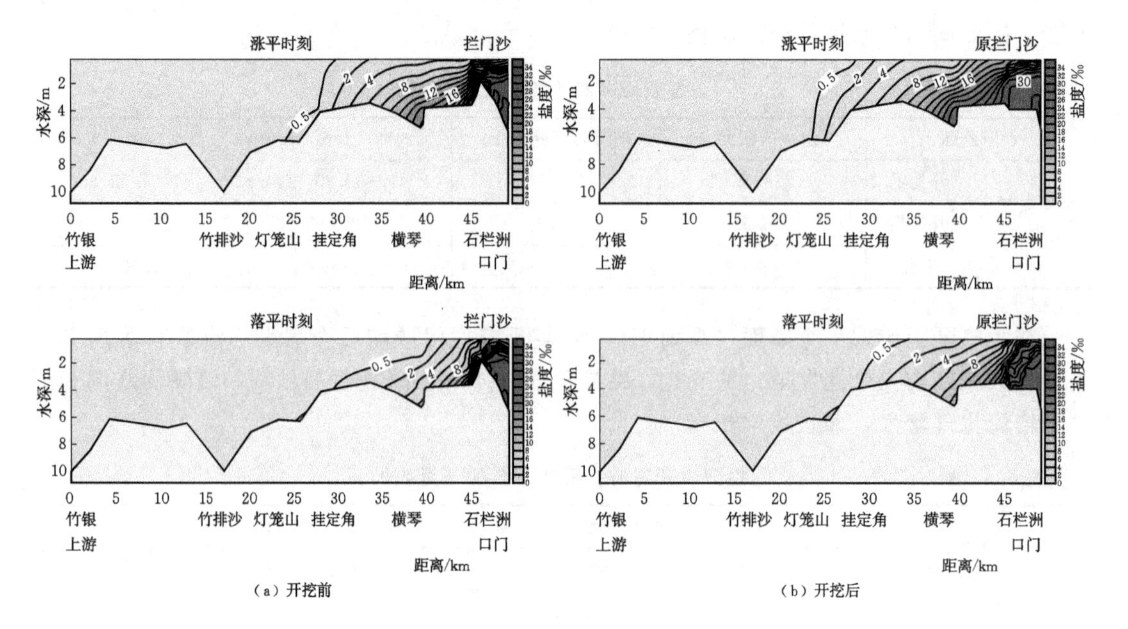

图 6.4-2　小潮期盐度分布

大潮涨平时，盐水前端（2‰盐度线，下同）表、底层都在竹排沙附近（口门以上约26km），挂定角附近垂向盐度梯度增大；落平时，底层盐度为2‰的咸水上溯到挂定角。总体上，垂向盐度分布与开挖拦门沙前相差不大。

小潮期，拦门沙附近的盐度等值线没有挖沙前密集，即盐度变化没有开挖拦门沙前剧烈。落平时，挂定角附近层化现象减弱。

图6.4-3和图6.4-4分别是石栏洲和挂定角开挖拦门沙前后一个潮平均（大潮期）的盐度垂向分布。位于口门的石栏洲的盐度比挂定角大得多，而挂定角的盐度垂向梯度则比石栏洲大，呈现高度成层状态。开挖拦门沙后，石栏洲和挂定角各层盐度都增大。其中石栏洲水下1～4层盐度的增幅差不多，开挖拦门沙前后盐度梯度变化不大，5～8层开挖拦门沙后盐度梯度增大，盐度分层趋于明显；挂定角开挖拦门沙后盐度垂向梯度更大，层化更明显。

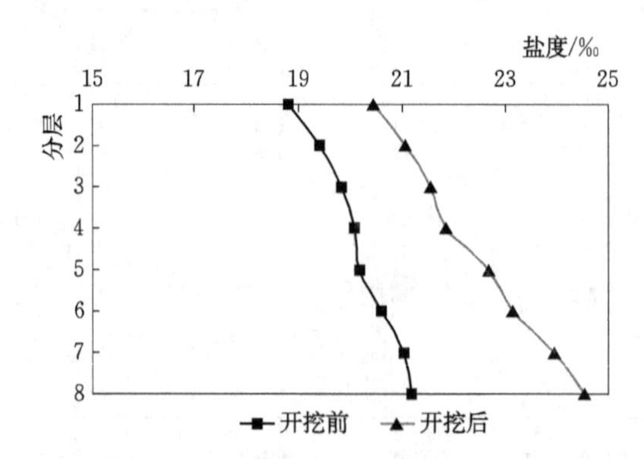

图 6.4-3　石栏洲开挖拦门沙前后的大潮期一个潮平均盐度垂向分布

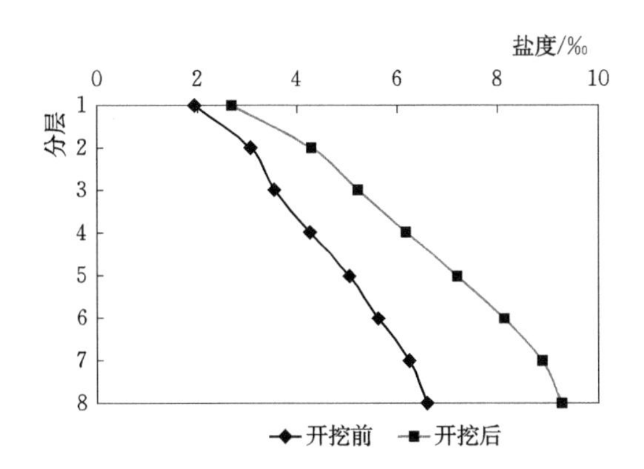

图 6.4-4　挂定角开挖拦门沙前后的大潮期一个潮平均盐度垂向分布

6.4.4　最大上溯距离

由表 6.2-1 可知，开挖拦门沙后，大潮最大上溯距离 29km，与试验五（马口流量 $1710m^3/s$，海平面上升 0.13m）一样，比开挖前（试验一，马口流量 $1710m^3/s$）的 27km 增加了 2km；小潮最大上溯距离 20km，也比开挖前（试验一）的 15km 增加了 5km。

第 7 章　珠江河口咸淡水区取水户统计

7.1　珠江河口咸淡水区取水户类型、分布、取水量

1. 取水户类型

根据珠江河口取水户的主要类型，可将取水类型划分为电厂取水户、水厂取水户、造纸工业取水户、印染纺织取水户及其他工业取水户等 5 类。根据 2014 年水资源管理年报统计资料，2014 年珠江河口咸淡水区取水户实际取水总量为 710121 万 m^3，取水户共计 366 家。其中电厂取水户 19 家，取水户数量仅占总取水户数量的 5.2%，电厂取水户 2014 年实际取水量达 340030 万 m^3，占总取水量的 47.9%；水厂取水户共 43 家，取水户数量占总取水户数量的 11.7%，2014 年实际取水量为 341616 万 m^3，占总取水量的 48.1%；造纸取水户共 55 家，取水户数量占总取水户数量的 15.0%，2014 年实际取水量为 12642 万 m^3，占总取水量的 1.8%；纺织印染取水户共 94 家，取水户数量占总取水户数量的 25.7%，2014 年实际取水量为 5729 万 m^3，占总取水量的 0.8%；其他工业取水户共 155 家，取水户数量占总取水户数量的 42.3%，2014 年实际取水量为 10104 万 m^3，占总取水量的 1.4%。珠江河口咸淡水区取水户类型及 2014 年实际取水量统计见图 7.1-1 和图 7.1-2。

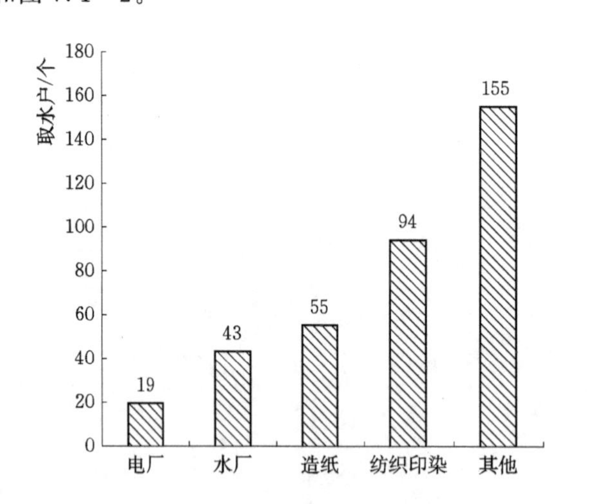

图 7.1-1　珠江河口咸淡水区不同类型取水户个数

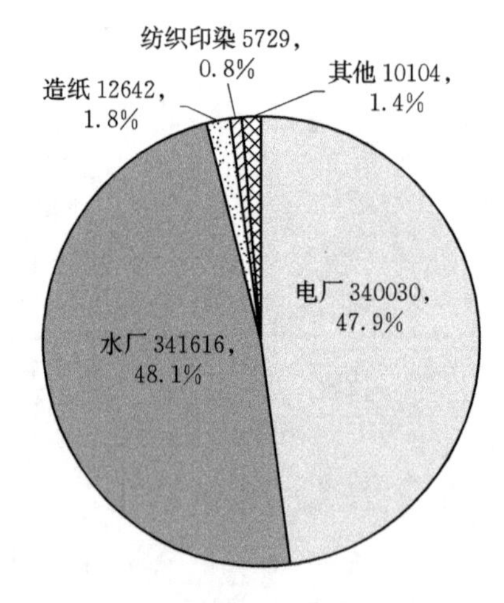

图 7.1-2　珠江河口咸淡水区不同类型取水户 2014 年实际取水量（万 m^3）统计

2. 取水户分布

根据 2014 年水资源管理年报统计资料，珠江河口咸淡水区取水户共计 366 家，共分布在 69 条河道上，潭江取水户最多分布有 62 个，其余河道分布取水户均小于 30 个，分

布有 20～29 个取水户的河道有银洲湖水道、磨刀门水道、西江干流、东江北干流；分布有 10～19 个取水户的河道有鸡鸦水道、虎跳门水道、岐江河、洪屋涡水道、沙湾水道、容桂水道、洪奇沥水道、睦洲河、小榄水道；分布有 1～9 个取水户的有江门水道等 55 条河道。

2014 年实际取水量统计显示，珠江河口咸淡水区取水户年实际取水量共计 710121 万 m^3，其中年取水量超过 10000 万 m^3 的河道有 12 条，包括虎门水道、黄埔水道、东江南支流、东江北干流、沙湾水道、珠江前航道、磨刀门水道、横门水道、潭江、潭洲水道、小榄水道、银洲湖水道；其余河道取水口的年取水总量小于 10000 万 m^3。

3. 取水户取水量

珠江河口咸淡水区的取水户年许可取水量为 971611 万 m^3，2014 年实际取水总量为 710121 万 m^3。其中珠江水利委员会审批咸淡水区取水户年许可取水量为 186088 万 m^3，占珠江河口咸淡水区年许可取水量的 19.15%，2014 年实际取水总量为 161984 万 m^3，占 2014 年珠江河口咸淡水区年实际取水总量的 22.81%；广东省水利厅审批咸淡水区取水户年许可取水量为 651740 万 m^3，占珠江河口咸淡水区年许可取水量的 67.08%，2014 年实际取水总量为 467080 万 m^3，占 2014 年珠江河口咸淡水区年实际取水总量的 65.77%。珠江河口咸淡水区沿岸各地市审批咸淡水区取水户的申请取水量和 2014 年实际取水量均较小，申请取水量仅占珠江河口咸淡水区的 13.77%，2014 年实际取水量仅占珠江河口咸淡水区的 11.41%，其中东莞市审批咸淡水区取水户取水量相对较大，申请取水量和 2014 年实际取水量分别占珠江河口咸淡水区的 4.24%和 2.98%，广州市、中山市、江门市次之，佛山市和珠海市咸淡水区申请取水量和 2014 年实际取水量占珠江河口咸淡水区的比例均小于 1%，详见表 7.1-1。

表 7.1-1　　不同审批机关珠江河口取水户取水量统计

审批机关	申请取水量/万 m^3	2014 年实际取水量/万 m^3	申请取水量所占比例/%	2014 年取水量所占比例/%
广东省水利厅	651740	467080	67.08	65.78
珠江水利委员会	186088	161984	19.15	22.81
广州	37450	22829	3.85	3.22
佛山	3165	2287	0.33	0.32
珠海	4090	3691	0.42	0.52
中山市	35615	23357	3.67	3.29
江门市	12222	7697	1.26	1.08
东莞	41242	21196	4.24	2.98
珠江河口咸淡水区取水总量	971611	710121	100.00	100.00

7.2 珠江河口各地级市咸淡水区取水户统计

珠江河口咸淡水区共有取水户366家，其中广州市79家、佛山市3家、中山市140家，珠海市8家，江门市73家，东莞市63家，见表7.2-1。

表7.2-1 珠江河口各地级市咸淡水区取水户统计

行政区	类型	电厂	水厂	造纸	印染纺织	其他类型
广州	取水户个数/个	10	17	3	9	40
	申请取水量/万 m^3	369039	290614	182	3202	13052
	2014年实际取水量/万 m^3	281125	206121	40	2300	3616
佛山	取水户个数/个	/	1	/	1	1
	申请取水量/万 m^3	/	2800	/	8	357
	2014年实际取水量/万 m^3	/	2100	/	1	187
中山	取水户个数/个	6	10	3	59	62
	申请取水量/万 m^3	51125	47409	139	3995	2958
	2014年实际取水量/万 m^3	42083	37958	29	1860	1805
珠海	取水户个数/个	/	3	/	2	3
	申请取水量/万 m^3	/	47532	/	30	3310
	2014年实际取水量/万 m^3	/	32097	/	17	2923
东莞	取水户个数/个	2	9	29	12	11
	申请取水量/万 m^3	6222	79343	14305	2207	3561
	2014年实际取水量/万 m^3	3453	58966	10903	678	793
江门	取水户个数/个	1	3	20	11	38
	申请取水量/万 m^3	18000	5645	3688	1288	1601
	2014年实际取水量/万 m^3	13369	4374	1670	873	780
珠江河口咸淡水区	取水户个数/个	19	43	55	94	155
	申请取水量/万 m^3	444386	473343	18314	10730	24839
	2014年实际取水量/万 m^3	340030	341616	12642	5729	10104

1. 广州市

广州市咸淡水区取水户类型统计（图7.2-1和图7.2-2）显示，从取水量来看，电厂类型取水口取水量最大，电厂是广州市咸淡水区的取水大户，2014年实际取水量达281125万 m^3，占总取水量的57.0%；水厂2014年实际取水量为206121万 m^3，占总取水量的41.8%；造纸、纺织印染及其他工业取水户2014年实际取水量分别为40万 m^3、2300万 m^3 及3616万 m^3，该三类取水取取水量较小，其总量仅占取水量的1.2%。从取水户类型个数，其他类型工业取水户数量最多，为40家；其次为水厂，为17家；纺织印染和造纸取水户分别为9家和3家；电厂取水户为10家。

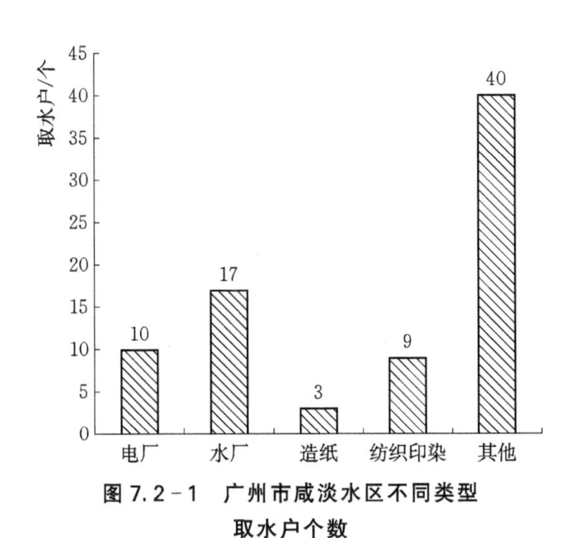

图 7.2-1 广州市咸淡水区不同类型取水户个数

纺织印染 2300，0.5%
造纸 40，0.0%
其他 3616，0.7%
水厂 206121，41.8%
电厂 281125，57.0%

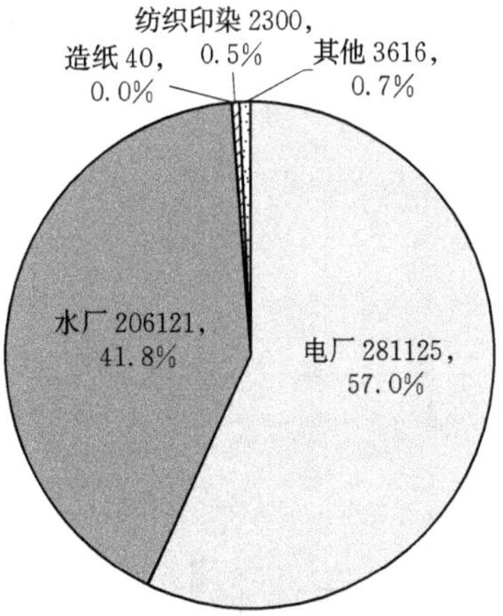

图 7.2-2 广州市咸淡水区不同类型取水户2014 年实际取水量（万 m^3）统计

2. 佛山市

佛山市咸淡水区取水户类型统计（图 7.2-3 和图 7.2-4）显示，佛山市咸淡水区取水户类型主要有水厂、纺织印染及其他取水户。从取水量来看，水厂取水户取水量最大，2014 年实际取水量为 2100 万 m^3，占总取水量的 91.8%；纺织印染取水户及其他工业取水户 2014 年实际取水量分别为 1 万 m^3 及 187 万 m^3，两类取水量总和仅占总取水量的 8.2%。从取水户类型个数，水厂、纺织印染及其他取水户各 1 家。

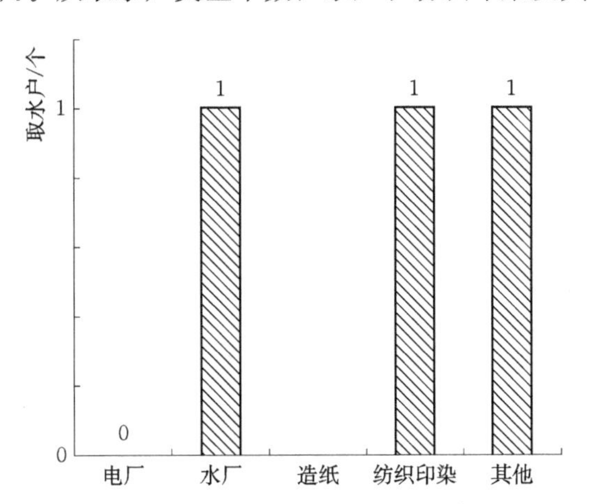

图 7.2-3 佛山市咸淡水区不同类型取水户个数

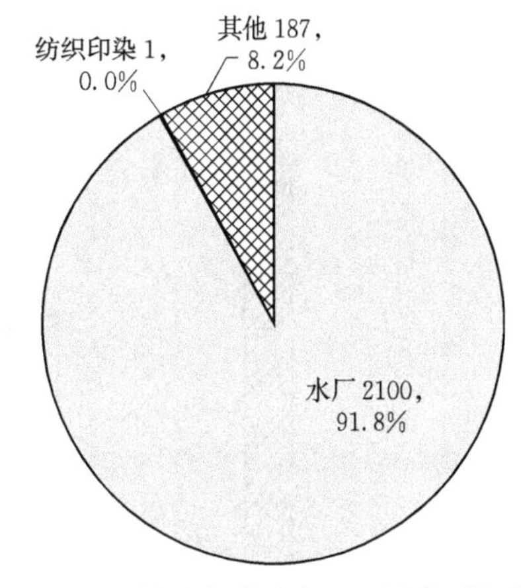

图 7.2-4 佛山市咸淡水区不同类型取水户2014 年实际取水量（万 m^3）统计

3. 中山市

中山市咸淡水区取水户类型统计（图 7.2-5 和图 7.2-6）显示，从取水量来看，电厂类型取水口取水量最大，电厂是广州市咸淡水区的取水大户，2014 年实际取水量达 42083 万 m^3，占总取水量的 50.3%；水厂 2014 年实际取水量为 37958 万 m^3，占总取水量的 45.3%；造纸、纺织印染及其他工业取水户 2014 年实际取水量分别为 29 万 m^3、1860 万 m^3 及 1805 万 m^3，该三类取水取取水量较小，其总量仅占取水量的 4.4%。从取水户类型个数，其他类型工业取水户数量最多，为 62 家；其次为印染纺织，为 59 家；水厂和造纸取水户分别为10家和3家；电厂取水户为6家。

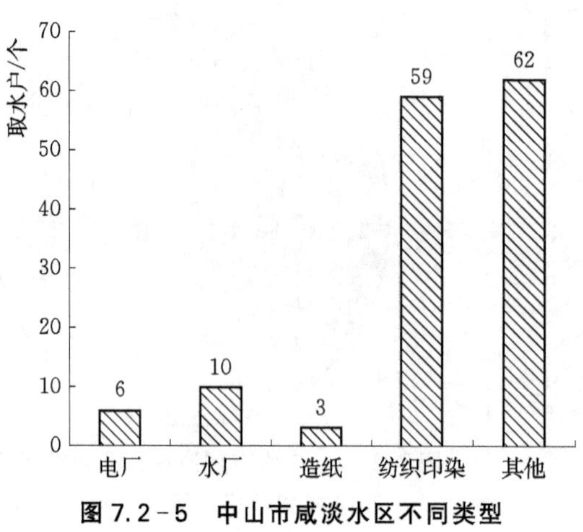

图7.2-5 中山市咸淡水区不同类型取水户个数

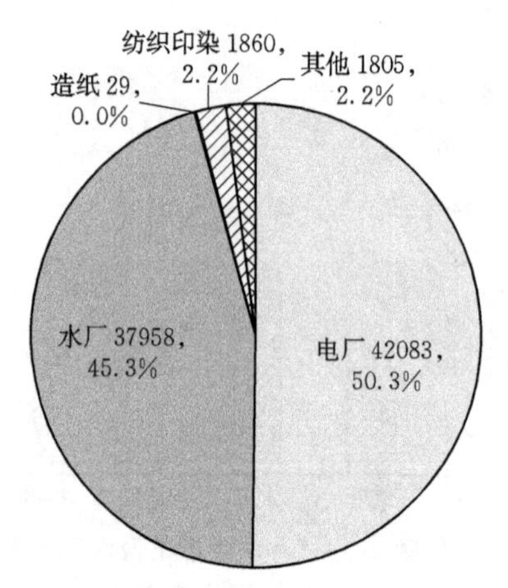

图7.2-6 中山市咸淡水区不同类型取水户2014年实际取水量（万 m^3）统计

4. 珠海市

珠海市咸淡水区取水户类型统计（图7.2-7和图7.2-8）显示，从取水量来看，水厂2014年实际取水量为32097万 m^3，占总取水量的91.6%；纺织印染及其他工业取水户2014年实际取水量分别为17万 m^3 及2923万 m^3，该两类取水取取水量较小，其总量仅占取水量的8.3%。从取水户类型个数，其他类型工业取水户和水厂取水户分别为3家，印染纺织取水户为2家。

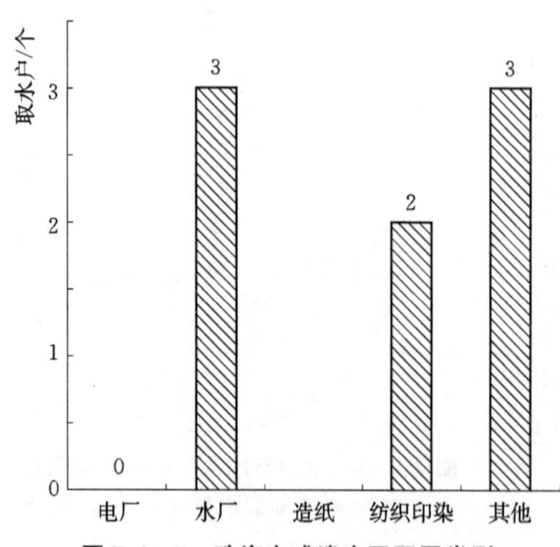

图7.2-7 珠海市咸淡水区不同类型取水户个数

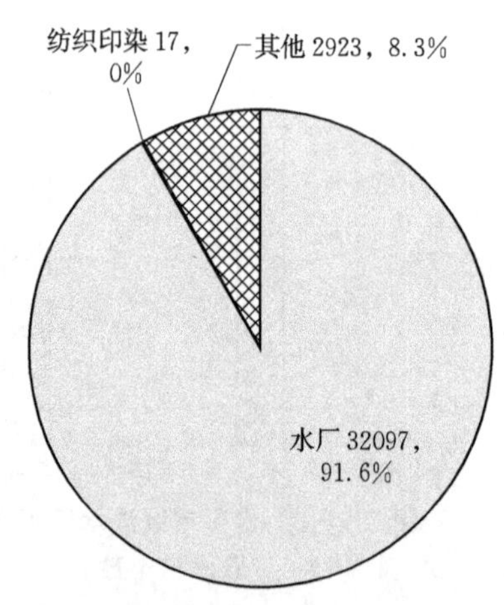

图7.2-8 珠海市咸淡水区不同类型取水户2014年实际取水量（万 m^3）统计

5. 东莞市

东莞市咸淡水区取水户类型统计（图7.2-9和图7.2-10）显示，从取水量来看，水厂取水口取水量最大，2014年实际取水量达58966万 m^3，占总取水量的78.8%；造纸取水户2014年实际取水量为10903万 m^3，占总取水量的14.6%；电厂取水户2014年实际取水量为3453万 m^3，占总取水量的4.6%；纺织印染及其他工业取水户2014年实际取水量分别为678万m^3及793万m^3，该三类取水取取水量较小，其总量仅占取水量的2.0%。从取水户类型个数，电厂类型取水户为2家，水厂取水户为9家，造纸取水户为29家，印染纺织取水户为12家，其他类型取水户为11家。

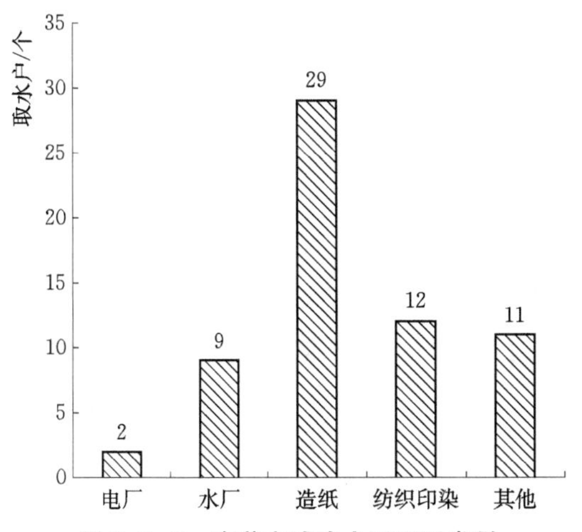

图7.2-9　东莞市咸淡水区不同类型取水户个数

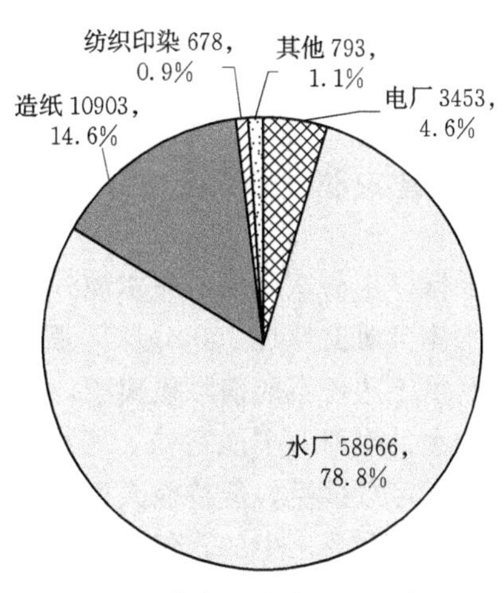

图7.2-10　东莞市咸淡水区不同类型取水户2014年实际取水量（万m^3）统计

6. 江门市

江门市咸淡水区取水户类型统计（图7.2-11和图7.2-12）显示，从取水量来看，电厂取水口取水量最大，2014年实际取水量达13369万m^3，占总取水量的63.5%；水厂取水户2014年实际取水量为4374万m^3，占总取水量的20.8%；造纸取水户2014年实际取水量为1670万m^3，占总取水量的7.9%，纺织印染及其他工业取水户2014年实际取水量分别为873万m^3及780万m^3，该三类取水取取水量较小，其总量仅占取水量的7.8%。从取水户类型个数，电厂类型取水户为1家，水厂取水户为3家，造纸取水户为20家，印染纺织取水户为11家，其他类型取水户为38家。

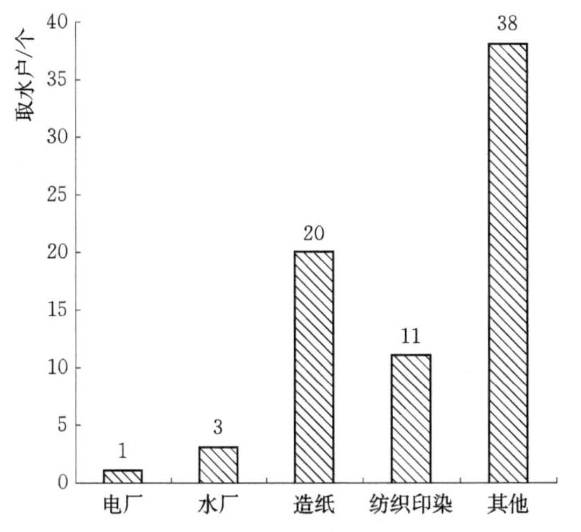

图7.2-11　江门市咸淡水区不同类型取水户个数

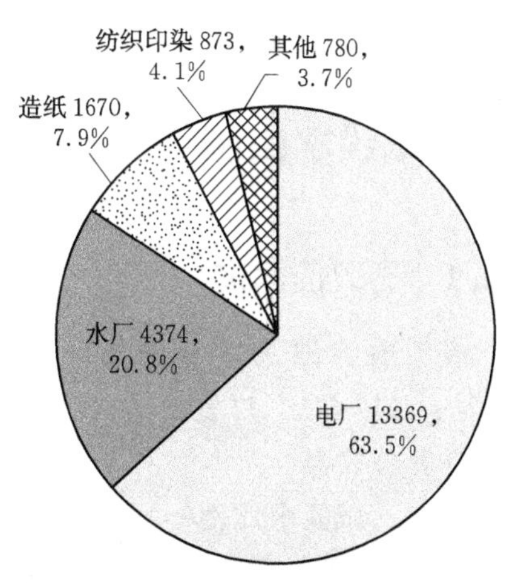

图7.2-12　江门市咸淡水区不同类型取水户2014年实际取水量（万m^3）统计

第8章　咸淡水比例水文统计分析

8.1　咸淡水的界定

根据《生活饮用水水源水质标准》(CJ 3020—93)，氯化物含量应小于250mg/L。当河道水体含氯度超过250mg/L，就不能满足供水水质标准，影响城镇和工业供水。普通水厂的制水工艺还不能消除氯离子，水中的盐度过高，就会对人体造成危害，人们饮用含高氯化物水，生理上不能适应，不少人会产生腹泻现象。如果水中的含氯度超过250mg/L普通人还可以接受，但特殊人群（例如老年人或者高血压、心脏病、糖尿病等病人）就不能饮用了，如果水中的含氯度超过400mg/L上限，则不适合人类饮用。

水中的含氯度高还会对企业生产造成威胁，我国规定钢铁工业生产要求总盐度不能超过20mg/L，电厂锅炉用水要求氯化物含量低于300mg/L，造纸行业用水要求氯化物含量低于200mg/L，一般工业工艺与产品用水的含氯度要求小于250mg/L，在咸潮灾害中，生产设备容易氧化，锅炉容易积垢，生产中用水量较大的化学原料及化学制品、金属制品、纺织服装等产业受到的冲击较大，甚至一些企业不得不停产。

同时高盐水还会造成地下水和土壤内的盐度升高，给农业生产造成严重影响，危害到当地的植物生存。根据《农业灌溉水质标准》(GB 5084—2005)，农业灌溉用水氯化物控制上限为350mg/L。从广州市番禺区农村看到，在番禺石楼镇的一些稻田边，水沟里水体盐度已达500mg/L，田地却龟裂着。如果农作物"饮用"盐度超过400mg/L的水，半个月后就会停止生长，甚至死亡。

根据相关标准，本书将含氯度250mg/L定义为淡水和咸水的分界线，即含氯度大于等于250mg/L为咸水，含氯度小于250mg/L为淡水。

8.2　咸淡水比例统计分析

8.2.1　磨刀门水道

收集磨刀门水道挂定角（2005—2012年）、大涌口（2005—2008年）、广昌泵站（2009—2012年）、灯笼山站（2011年）及平岗泵站逐时盐度资料，统计一年中咸淡水比例，计算公式为

咸淡水比例＝一年中含氯度超过250mg/L的小时数/（365d×24h）　(8.2-1)

图8.2-1为2005—2012年马口水文站枯水平均流量过程及枯水保证率统计，可以看出，2005—2012年，马口水文站枯季平均流量除2008年偏大外，其余年枯季流量基本稳定，枯季平均流量基本在3000m^3/s左右。枯水流量保证率计算显示，2005年枯季

平均流量保证率为91%，2006年、2007年及2009年枯季平均流量保证率为80%～87%，2010—2012年枯季平均流量保证率为44%～54%，2008年枯季平均流量保证率为2%。

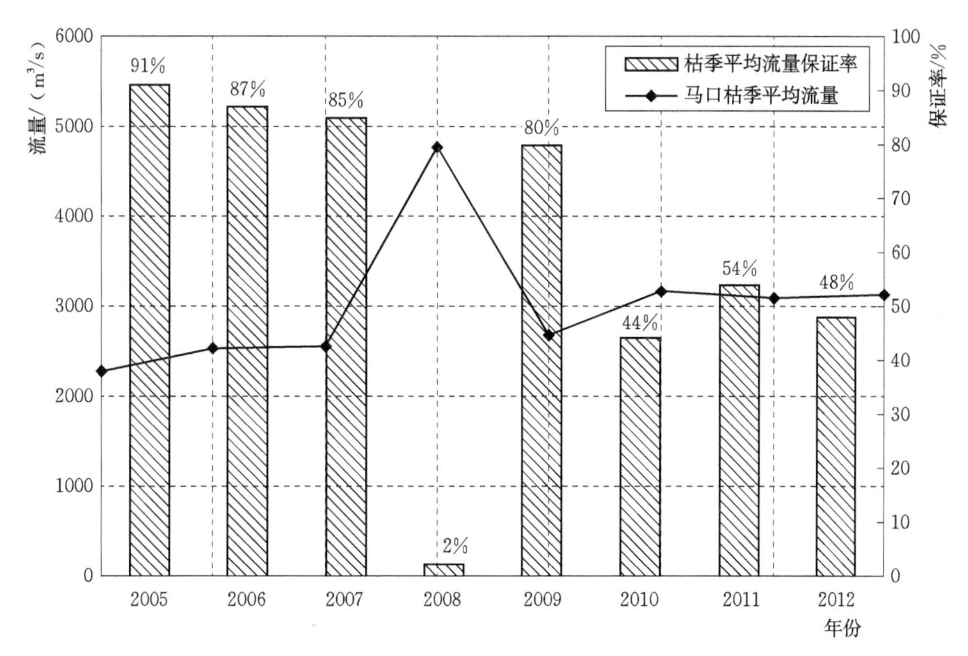

图8.2-1 马口水文站枯季平均流量过程及枯水保证率统计

根据实测含氯度资料，统计了磨刀门水道5站的含氯度超标小时数百分比（即统计意义的咸淡水比例，见表8.2-1），其中挂定角站最靠近河口处，位于磨刀门水道与洪湾水道的交汇处，位于最上游的是平岗泵站，中间向海方向依次为大涌口水闸、广昌泵站及灯笼山站。

表8.2-1 2005—2012年磨刀门水道各盐度监测站咸淡水比例统计

年份		2005	2006	2007	2008	2009	2010	2011	2012
马口枯季平均流量/（m³/s）		2280	2530	2555	4765	2670	3162	3092	3127
磨刀门水道咸淡水比例/%	挂定角站	50.8	44.8	47.8	31.9	52.8	46.5	47.2	45.2
	大涌口水闸	40.9	34.7	38.3	19.9				
	广昌泵站					45.5	39.7	43.4	35.8
	灯笼山站							41.6	
	平岗泵站	12.7	14.8	12.1	8.3	16.2	10.6	18.0	12.2

注 表中监测站盐度为含氯度大于250mg/L。

统计结果显示，从年际变化看，2005—2007年挂定角站咸淡水比例为44.8%～50.8%，2009—2012年挂定角站咸淡水比例为45.2%～52.8%，2008年挂顶角站咸淡水比例最低，仅31.9%；大涌口水闸2005—2007年咸淡水比例为34.7%～40.9%，2008年咸淡水比例为19.9%；广昌泵站2009—2012年咸淡水比例为35.8%～45.5%；灯笼山站

2011年的咸淡水比例为41.6%；平岗泵站2005—2007年咸淡水比例为12.1%～14.8%，2009—2012年咸淡水比例为10.6%～18.0%，2008年咸淡水比例为8.3%。

磨刀门水道咸淡水比例从沿程变化看，表现为从下游向上游咸淡水比例逐渐降低；而从同一站点年际变化看，咸淡水比例变化与上游来流量有负相关关系，如2008年上游马口站枯季平均流量较大，则磨刀门沿程各站咸淡水比例均较小。2005—2007年，枯季平均流量保证率在90%左右，而2009—2012年枯季流量保证率在50%左右，2009—2012年咸淡水比例总体比2005—2007年低；当上游枯季平均流量相近的不同年份，咸淡水比例与上游枯季平均流量并非完全负相关关系，这是由于上游枯季平均流量是反映枯季流量的平均状态，而枯季日流量分配差异也直接导致了咸淡水比例的差异。

8.2.2 东四口门

收集珠江三角洲东四口门附近黄埔站（2006—2008年、2011年）、中大站（2006年）、三沙口站（2006—2008年、2010—2011年）、南沙站（2006—2008年、2010—2011年）及冯马庙站（2009年）日高低潮盐度资料，统计一年中咸淡水比例。

咸淡水比例计算方法：受实测资料的限制，未能获取逐时的咸淡水监测资料，故采用每日高低潮特征时刻盐度值计算，1年中一天高低潮2次盐度监测资料，超标1次算0.5d，超标2次算1d。

$$咸淡水比例=\frac{含氯度超过250mg/L的天数}{365d}$$

这种计算方法偏于保守，咸淡水比例的计算值应较实际值偏大。

由于东四口门的咸淡水比例受上游马口站和三水站来流过程的共同影响，因此，统计上游流量过程需统计马口站和三水站的流量之和。图8.2-2为2005—2011年马口站+三水站（以下简称"马+三"）枯季平均流量过程及枯季保证率统计，从图8.2-2中可以看出，2006—2011年，马+三枯季平均流量2008年明显较大，枯季平均流量为5795m^3/s，2006年、2007年及2009年枯季平均流量略小，枯季平均流量为2962～3171m^3/s；2010—2011年枯季平均流量为3762～3848m^3/s。马+三枯季平均流量保证率计算显示，2006年、2007年及2009年枯季平均流量保证率为68%～82%，2010—2011年枯季平均流量保证率为40%～43%，2008年枯季平均流量保证率为4%。

根据实测含氯度资料，统计了东四口门5站的含氯度超标天数百分比（即统计意义的咸淡水比例，见表8.2-2），其中中大站位于珠江前航道，黄埔站位于黄埔水道，三沙口站位于沙湾水道入伶仃洋出口处，南沙站位于蕉门出海口，冯马庙站位于洪奇沥水道出海口。

统计结果显示，从年际变化看，2006—2008年黄埔站咸淡水比例为30.9%～35.4%，2011年黄埔站咸水比例为31.2%；2006年中大站的咸淡水比例为17.5%；2006—2008年三沙口站咸淡水比例为30.1%～37.9%，2010—2011年三沙口站咸淡水比例为32.6%～33.8%；2006—2008年南沙站咸淡水比例为32.8%～39.6%，2010—2011年南沙站咸淡水比例为35.2%～36.2%；冯马庙站2009年咸淡水比例为25.3%。

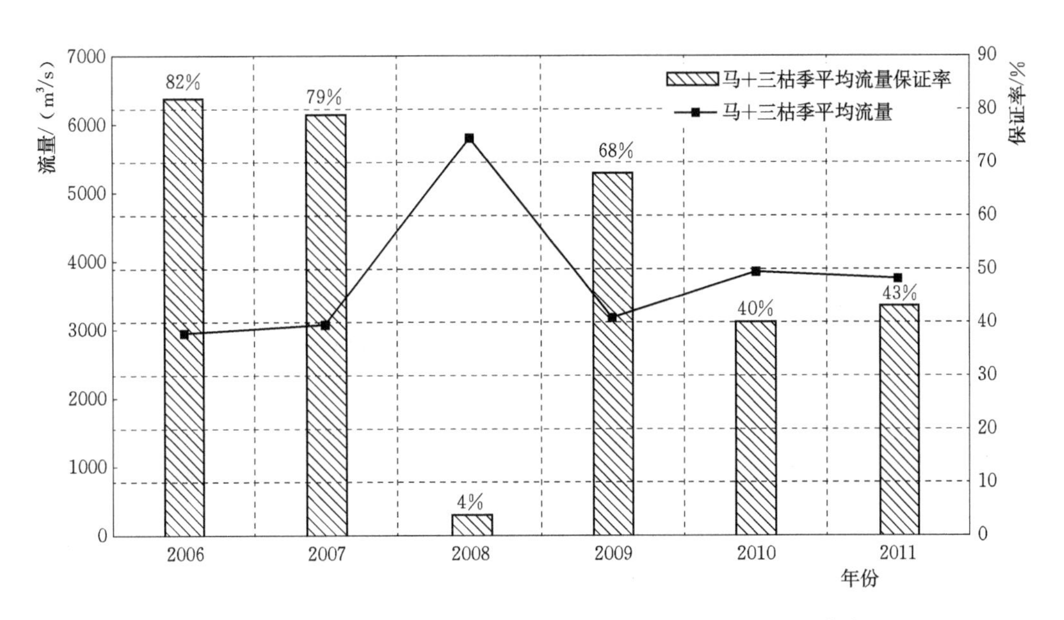

图 8.2-2 马口站＋三水站枯季平均流量过程及枯季保证率统计

表 8.2-2 2006—2011 年东四口门各盐度监测站咸淡水比例

年份		2006	2007	2008	2009	2010	2011
马口＋三水平均流量/（m^3/s）		2962	3043	5795	3171	3848	3762
东四口门咸淡水比例/%	黄埔站	35.4	34.5	30.9	—	—	31.2
	中大站	17.5	—	—	—	—	—
	三沙口站	37.9	36.4	30.1	—	33.8	32.6
	南沙站	39.6	38.2	32.8	—	36.2	35.2
	冯马庙站	—	—	—	25.3	—	—

注 表中监测站盐度为含氯度大于 250mg/L。

8.2.3 东江三角洲

收集东江三角洲口门附近大盛站和泗盛站（2006—2011 年）日高低潮盐度资料，统计一年中咸淡水比例。

咸淡水比例计算方法：受实测资料的限制，未能获取逐时的含氯度监测资料，故采用每日高低潮特征时刻含氯度值计算，一年中一天高低潮 2 次含氯度监测资料，超标 1 次算 0.5d、超标 2 次算 1d。

$$咸淡水比例=\frac{含氯度超过 250mg/L 的天数}{365d}$$

这种计算方法偏于保守，咸淡水比例的计算值应较实际值偏大。

东江三角洲上游控制站博罗站枯季平均流量过程及枯季保证率统计见表 8.2-3，可以看出，2006 年和 2008 年枯季平均流量较大，分别为 $546m^3/s$ 和 $547m^3/s$，2007 年、2010 年及 2011 年枯季平均流量为 $400\sim444m^3/s$，2009 年枯季平均流量最小，仅 $353m^3/s$。博罗站枯季平均流量保证率计算显示，2006 年和 2008 年枯季平均流量保证率最低，仅 15%，2007 年、2010 年及 2011 年枯季平均流量保证率为 44%～54%，2009 年枯季平均流量保证率最高，为 70%。

根据实测含氯度资料，统计了东江三角洲 2 站的含氯度超标天数数百分比（即统计意义的咸淡水比例，见表 8.2-3），其中大盛站位于东江北干流出海口，泗盛站位于东江南支流出海口。

统计结果显示，从年际变化看，2009 年大盛站咸淡水比例最高，达 43.3%；其次为 2007 年和 2011 年，咸淡水比例分别为 34.1%和 35.8%；2006 年、2008 年及 2010 年大盛站咸淡水比例为 23.3%～29.5%。由于外海盐水从东江南支流上溯的强度要大于北干流，泗盛站咸淡水比例也大于大盛站，2009 年泗盛站咸淡水比例最高，达 55.8%；其次为 2011 年，咸淡水比例为 53.7%；2006—2008 年及 2010 年泗盛站咸淡水比例为 44.4%～49.2%。

表 8.2-3　　2006—2011 年东江三角洲各盐度监测站咸淡水比例

年份		2006	2007	2008	2009	2010	2011
博罗平均流量/（m^3/s）		546	444	547	353	405	400
东江三角洲咸淡水比例/%	大盛	23.3	34.1	29.5	43.3	24.8	35.8
	泗盛	46.0	49.2	44.4	55.8	45.6	53.7

注　表中监测站盐度为含氯度大于或等于 250mg/L。

第9章　珠江河口主要取水口咸淡水比例

9.1　典型年选取

为了提高珠江三角洲河口水资源管理的科学性，有必要对珠江三角洲河口区的水资源进行“淡水（含氯度小于250mg/L）”和“咸水（含氯度大于或等于250mg/L）”的区分。为此，本书将利用已经率定验证好的珠江三角洲整体三维咸淡水模型对珠江河口区的咸淡水比例进行计算。

珠江河口咸淡水比例变化受上游径流影响较大，受枯季流量的影响尤为显著。因此，上游流量过程采用1960—2009年每年10月至翌年3月的平均流量进行排频，计算枯季平均流量保证率，本书珠江河口咸淡水比例计算的主要典型年选取西江下游控制站高要站＋北江下游控制站石角站50％、75％、90％枯季来水保证率、东江下游控制站博罗50％、75％、90％枯季来水保证率。

采用西江高要水文站、北江石角水文站及东江博罗水文站1960—2009年共50年的流量资料，分别将西江下游控制站高要站＋北江下游控制站石角站（以下简称“高要＋石角”）历年枯季平均流量、博罗站历年枯季平均流量以P－Ⅲ适线法进行频率计算（见图9.1－1和图9.1－2），得到高要＋石角及博罗站不同枯季来水保证率对应流量及典型年，在此基础上选择年内洪枯季流量差异最大的典型年作为计算边界，最终选取的典型年见表9.1－1。高要＋石角50％枯季来水保证率对应流量为2936m^3/s，对应典型年为1992年；高角＋石角75％枯季来水保证率对应流量为2491m^3/s，对应典型年为1986年；高要＋石角90％枯季来水保证率对应流量为2142m^3/s，对应典型年为1991年。博罗站50％枯季来水保证率对应流量为427m^3/s，对应典型年为1969年；博罗站75％枯季来水保证率对应流量为344m^3/s，对应典型年为1966年；博罗站90％枯季来水保证率对应流量为275m^3/s，对应典型年为1967年。

其余上边界流溪河老鸦岗及潭江石咀流量典型年的选取与高要＋石角一致。

表9.1－1　　不同枯季来水保证率对应流量及代表典型年

保证率/％	高要＋石角		博罗	
	对应流量/（m^3/s）	代表典型年	对应流量/（m^3/s）	代表典型年
50	2936	1992	427	1969
75	2491	1986	344	1966
90	2142	1991	275	1967

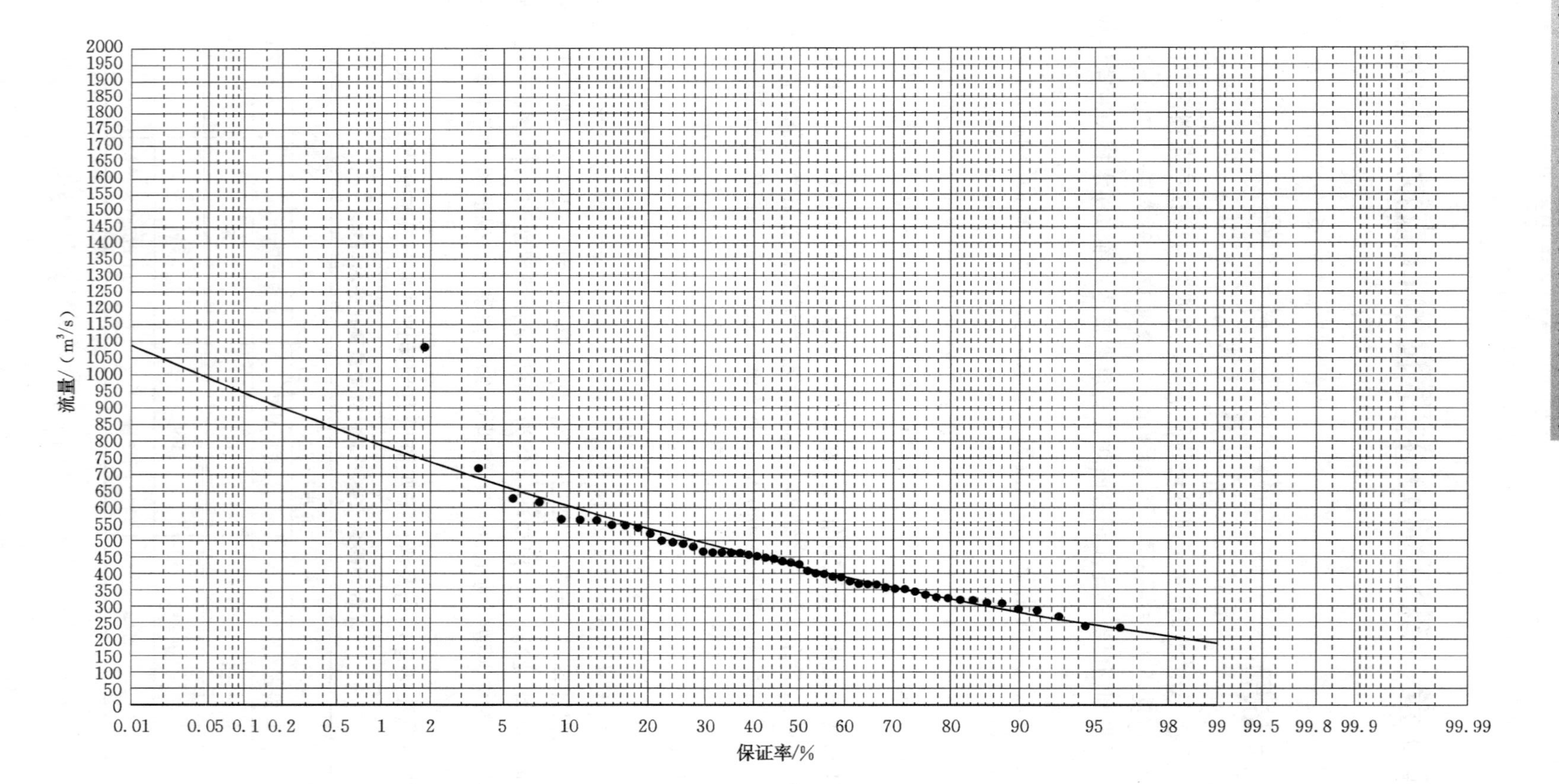

图9.1.1 高要+石角水文站枯季来水保证率曲线

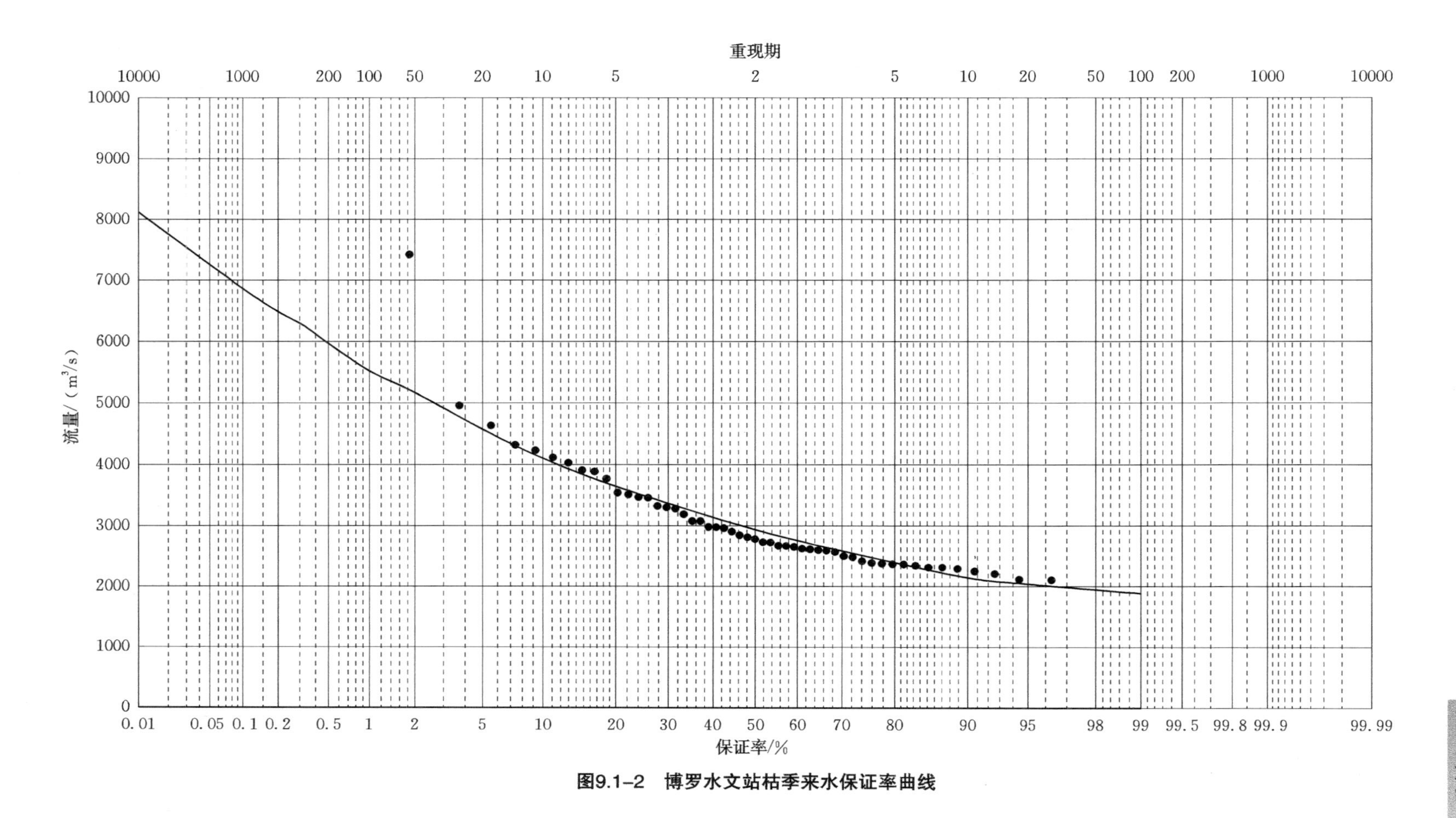

图9.1-2 博罗水文站枯季来水保证率曲线

9.2　珠江河口咸淡水比例计算方法

珠江河口咸淡水比例数学模拟计算采用方法如下：本章计算的上边界水文条件共采用三组，分别是上游枯季来水保证率为50%、75%和90%的年份的全年逐日实测流量。计算时长为一年，从典型年的前一年的10月到该典型年的9月，并提前30d起算，以保证盐度场达到稳定状态。下边界采用珠江口海区9个主要分潮：Q1，O1，P1，K1，N2，M2，S2，K2和SA的调和常数计算得到的对应时间的水位。

计算结果的处理：计算结果可得到每一个点的全年逐时含氯度过程，从而可统计每个点全年咸淡水的比例，并经线性插值后在图上绘出其咸淡水比例等值线。

9.3　典型年水文条件下珠江河口咸淡水比例的空间分布特征

通过数学模型计算得到的三个典型水文年条件下的珠江河口区全年咸淡水比例等值线，不同保证率典型年水文条件下的咸淡水比例等值线的分布规律基本一致。咸水比例0%等值线系计算典型年中咸水上溯的最远距离，其位置主要受年最枯流量的影响，三组典型年水文条件下，咸水比例0%等值线的位置变化不大。从咸水比例等值线的疏密来看，0%～10%等值线较稀疏，且咸水比例越小各等值线之前的距离就越大，这主要是咸水最大上溯距离在枯水期对流量的变化更为敏感（在较枯流量范围内，流量的较小变化就能引起咸水界的较大变化）；同时最枯流量等级的流量出现的频率很小。伶仃洋的咸水比例等值线分布与盐度场的分布一样，具有“东高西低”的特征，咸水比例100%的等值线在淇澳岛与内伶仃岛之间。磨刀门河口咸水比例100%的等值线位于交杯滩外2～3km处，形状由河口内向外突出。黄茅海的咸水比例100%等值线向西南上游凸起，咸水比例呈“西高东低”之势，主要是由于径流经东部深槽下泄，减小了东部的咸水比例。

为了对比不同典型水文年下的咸淡水比例情况，将三个典型年的咸淡水比例计算结果进行叠加。通过叠加发现，不同典型年水文条件下相同的咸淡水比例等值线的位置变化不会太大，且一般情况下均是枯季平均流量保证率越高，各咸淡水比例等值线越往上游。不同频率水文年下的咸淡水比例等值线的位置变化不大，说明珠江河网区的咸淡水分布具有相对稳定性，在非极端水文条件下，河网区各处咸淡水比例均在一定的幅度内变化。河网局部地区的咸淡水比例等值线是枯季平均流量保证率高的更往下游一些，这主要是因为典型年的年内流量分布并不一致，同时也从另一方面反映了珠江河网区的径潮动力的复杂性。图9.3-1为不同频率水文年高要+石角水文站年内日均流量分布，可以看出，枯季平均流量保证率90%的水文年的年内日均流量并不都小于枯季平均流量保证率75%的水文年的年内日均流量，如0～100d（1月到3月中旬），保证率90%的日均流量大于保证率为75%的日均流量，从而导致河网局部地区的咸淡水比例等值线是枯季平均流量保证率高的更往下游一些。

虎门附近咸淡水比例为70%的等值线在不同的典型年条件下位置有较大差异，这与各典型年的年内流量频率分布曲线有所差别有关。从图9.3-2可以看出日均流量小于某一流量的天数（由对应累积频率乘以365d得出）。保证率为90%的水文年中，其日均流量累积频率在40%～80%所相对应的流量相比于75%和50%保证率水文年的要小1000～2000m³/s，此即为咸淡水比例70%的等值线有较大差异的原因。

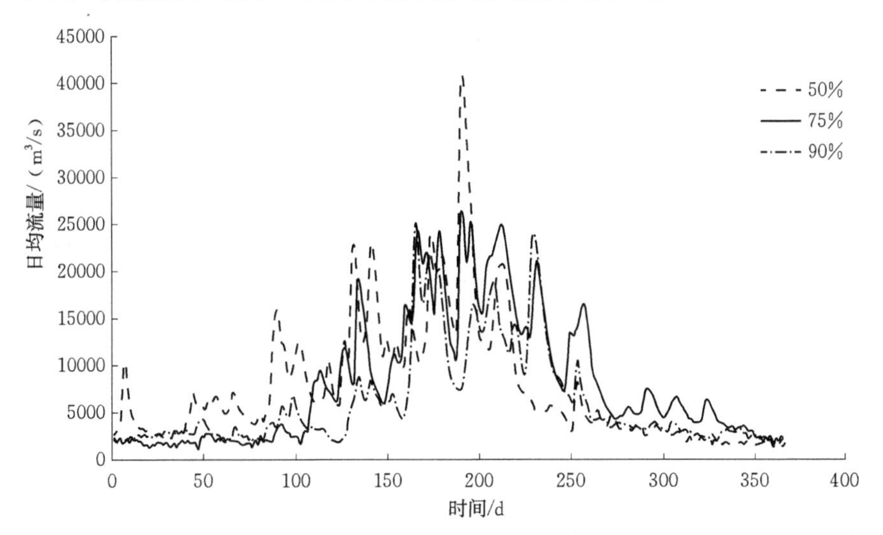

图9.3-1 不同频率水文年高要+石角水文站年内日均流量年内分布

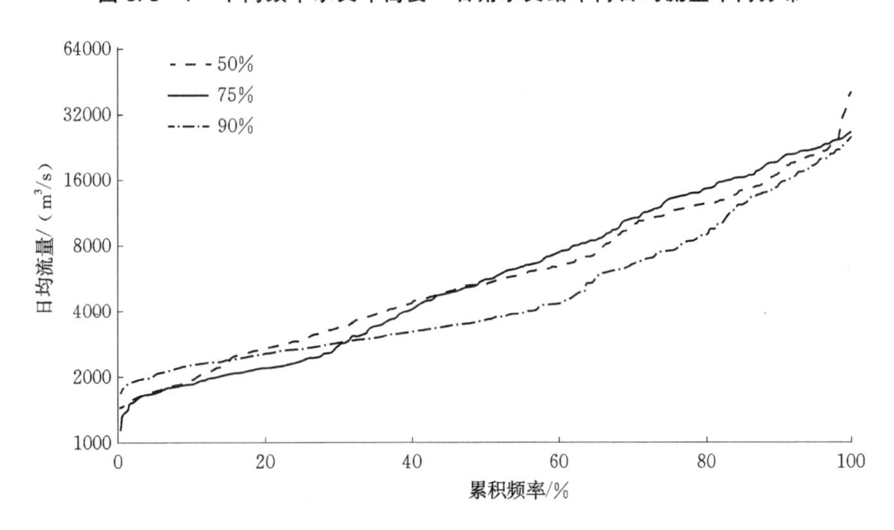

图9.3-2 不同频率水文年高要+石角水文站年内日均流量累积频率曲线

9.4 计算咸淡水比例与实测数据的对比

9.4.1 磨刀门水道

表9.4-1为枯季平均流量保证率为50%、75%和90%的水文条件下磨刀门水道挂定角站、大涌口水闸、广昌泵站、灯笼山站及平岗泵站的咸淡水比例计算结果。与前文根据实测资料的统计结果（表8.2-1）对比可知，在同样的枯季平均流量保证率下通过模型计算得到的咸淡水比例更高。例如：根据马口水文站枯水平均流量枯水保证率的统计结果，

2005年马口的保证率为91%，而对应的高要+石角的保证率为74%，2005年的挂定角站、大涌口水闸和平岗泵站的实测咸淡水比例分别为50.8%、40.9%和12.7%，而高要+石角枯季平均流量保证率为75%水文条件模型计算得到挂定角站、大涌口水闸和平岗泵站三站咸淡水比例分别为62.0%、48.0%和9.0%；又如：2011年的马口水文站枯水期平均流量保证率为54.0%，对应的挂定角站、广昌泵站、灯笼山站和平岗泵站的实测咸淡水比例分别为47.2%、43.4%、41.6%和18.0%，而高要+石角枯季平均流量保证率为50%水文条件模型计算得到挂定角站、广昌泵站、灯笼山站和平岗泵站的咸淡水比例分别为60.0%、48.0%、43.0%和8.0%，广昌泵站和灯笼山站的计算和实测结果较为接近，挂顶角站及平岗泵站计算和实测结果相差稍大。

表9.4-1　磨刀门水道监测站点咸淡水比例计算结果

盐度监测点	咸淡水比例/%		
	保证率 $P=50\%$	保证率 $P=75\%$	保证率 $P=90\%$
挂定角站	60.0	62.0	70.0
大涌口水闸	46.0	48.0	63.0
广昌泵站	48.0	52.0	66.0
灯笼山站	43.0	46.0	61.0
平岗泵站	8.0	9.0	13.0

模型计算结果与实测值相比存在一定的误差主要是由如下几点原因引起：

(1) 河口咸淡水混合受诸多因素影响，而模型模拟过程中只考虑了其中最重要的影响因子，未能把所有影响因子都考虑进去，故计算结果存在一定误差是合理的。

(2) 与数据的处理方法有关，本章中所出现的咸淡水比例结果代表的是站点所在的断面水体的垂向平均盐度超标小时数除以一年的小时数（365d×24h）的算术结果，实测值则是某个取水口或者水闸所在位置的某一水深处的检测值的统计结果，而在磨刀门水道的同一个断面的不同位置（如主槽和边滩、支汊），或者在同一个位置的不同水深处，其盐度值都有着较大的变化，因此模型计算结果和实测统计值之间会存在一定范围内的误差。

(3) 因为本章的计算采用的水文边界的排频选用的是枯水期的平均流量，没有对洪水期的流量过程进行考虑，而越往河口区下游其咸淡水比例受洪水期流量的影响就越大，即当枯水期平均流量相当时，洪水期的偏枯年和偏丰年，其咸淡水比例也会有较大的差异，而本章中的挂定角站、大涌口水闸、广昌泵站、灯笼山站都是位于河口区偏下游靠近口门的地方，受洪水期流量影响较大。

(4) 实测统计结果中的水文条件用的是马口站的枯季平均流量保证率，而计算结果用的水文条件是高要+石角枯季平均流量的保证率，两者虽相似，但仍有区别。

图9.4-1为磨刀门水道咸淡水比例实测值及计算值的沿程变化图。从磨刀门水道咸淡水比例沿程变化看，计算结果和实测资料统计结果均表现为从下游向上游咸淡水比例逐渐降低；而从不同水文条件下的咸淡水比例变化看，计算结果和实测资料统计结果均表明咸淡水比例变化与上游来流量有一定的负相关关系，枯水平均流量保证率越高则相应的咸淡水比例也越大，见表9.4-1。

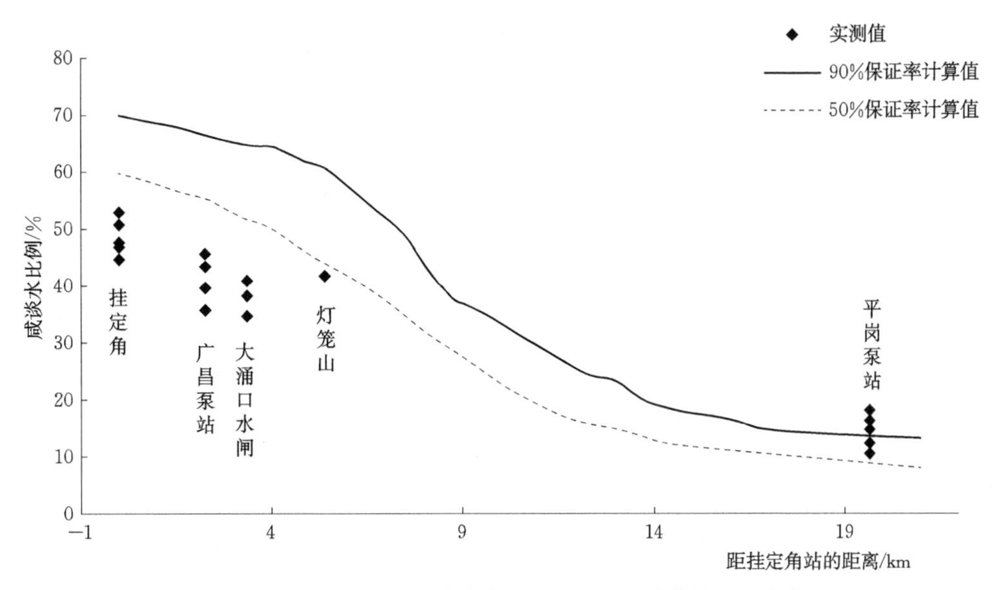

图 9.4-1 磨刀门水道咸淡水比例实测值、计算值沿程变化

9.4.2 东四口门

表 9.4-2 为枯季平均流量保证率为 50%、75%和 90%的水文条件下东四口门中黄埔站、中大站、三沙口站、南沙站和冯马庙站的咸淡水比例模型计算结果。图 9.4-2 为珠江狮子洋水道咸淡水比例实测值与计算值的沿程变化。可以看出，与前文根据实测资料的统计结果（表 8.2-2）对比可知，三沙口站、南沙站和冯马庙站的咸淡水比例计算结果与实测资料统计结果之间的误差较小，如三沙口站的咸淡水比例模型计算结果为 26.0%～37.0%，实测统计结果为 30.1%～37.9%；南沙站的模型计算结果为 33.0%～45.0%，实测统计结果为 32.8%～39.6%；冯马庙站咸淡水比例计算结果为 12.0%～18.0%，2009 年的实测统计结果为 25.3%。黄埔站和中大站的咸淡水比例模型计算结果要小于统计结果，而且误差较大，这与实测资料的统计方法有关。

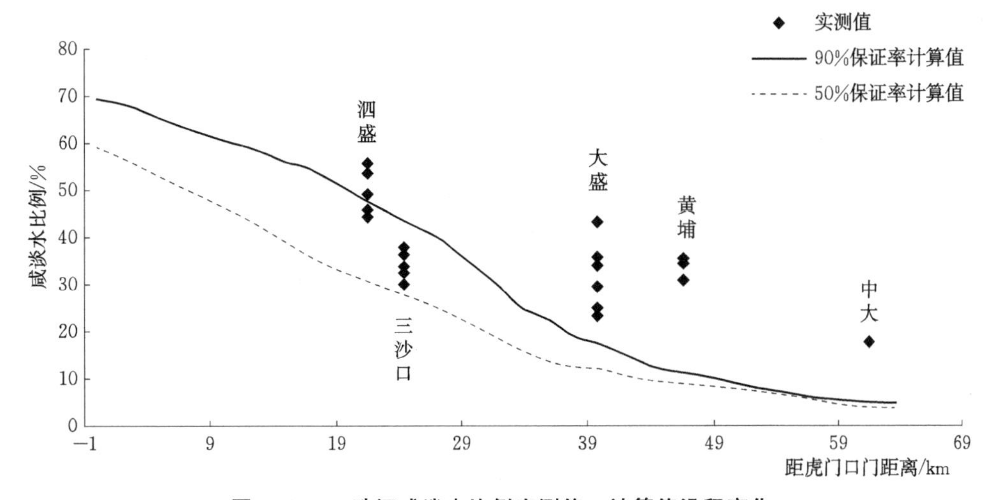

图 9.4-2 珠江咸淡水比例实测值、计算值沿程变化

表 9.4-2　　东四口门监测站点咸淡水比例计算结果

所在位置	盐度监测点	咸淡水比例/%		
		保证率 $P=50\%$	保证率 $P=75\%$	保证率 $P=90\%$
东四口门	黄埔站	8.0	12.0	13.0
	中大站	4.0	5.0	5.0
	三沙口站	26.0	32.0	37.0
	南沙站	33.0	38.0	45.0
	冯马庙站	12.0	16.0	18.0

第 8 章实测资料统计结果中的咸淡水比例计算方法：采用每日高低潮特征时刻盐度值计算，一年中一天高低潮两次盐度监测资料，超标一次算 0.5d、超标两次算 1d，咸淡水比例=含氯度大于 250mg/L 的天数/365d。由此统计方法可知，三沙口站、南沙站和冯马庙站的咸淡水比例计算结果与实测资料统计结果相符，而黄埔站和中大站的咸淡水比例模型计算结果与实测资料统计值存在较大误差是合理的。因为三沙口站、南沙站和冯马庙站位于河口咸水区的中段位置，在枯水期的大部分时间内都不在咸水界移动范围内，因此按超标一次算 0.5d、超标两次算 1d 是比较符合实际的；而黄埔站及中大站位于河口咸水区的上段位置，枯水期的大部分时间内都在咸水界移动范围内，假如其一天盐度超标一次，极有可能这一天咸水界刚好在这个位置，而导致实际它只超标 1h 或 2h，却按 0.5d（12h）算，最终咸水比例的统计结果将会比实际大很多。由此可知，模型计算得到的年咸淡水比例是比较符合实际的。

从珠江咸淡水比例沿程变化看，计算结果和实测资料统计结果均表现为从下游向上游咸淡水比例逐渐降低。

9.4.3 东江三角洲

表 9.4-3 为枯季平均流量保证率为 $P=50\%$、$P=75\%$和 $P=90\%$的水文条件下东江三角洲大盛站和泗盛站的年咸淡水比例模型计算结果。与前文根据实测资料的统计结果（表 8.2-3）对比可知，大盛站和泗盛站的年咸淡水比例模型计算结果均小于实测统计结果，大盛站的咸淡水比例模型计算结果为 12.0%～19.0%，实测统计结果为 23.3%～43.3%；泗盛站的模型计算结果为 32.0%～49.0%，实测统计结果为 44.4%～55.8%。大盛站的咸淡水比例计算结果与统计结果的误差要稍大点，泗盛站的误差要稍小些。这与采用每日高低潮特征时刻盐度值计算，一年中一天高低潮两次盐度监测资料，超标一次算 0.5d、超标两次算 1d，咸淡水比例=含氯度大于 250mg/L 天数/365d 的统计方法有关，原因见 9.4-2 小节的阐述，这里大盛站位于泗盛站的上游，所以它的误差会更大些。总体而言，模型计算的咸淡水比例结果是比较符合实际的。

表 9.4-3　　东江三角洲监测站点咸淡水比例计算结果

所在位置	盐度监测点	咸淡水比例/%		
		保证率 $P=50\%$	保证率 $P=75\%$	保证率 $P=90\%$
东江三角洲	大盛	12.0	17.0	19.0
	泗盛	32.0	43.0	49.0

综上所述，模型计算得到的咸淡水比例与根据实测资料统计得到的咸淡水比例之间对比存在一定的误差，但总体而言模型计算结果是符合实际监测结果的，是能够比较客观、准确地反映珠江河口区不同位置的咸淡水比例及其变化规律的，因而，可以将此成果应用到珠江河口区的水资源管理中。

第10章　珠江河口咸淡水区水资源管理建议

10.1　咸淡水区用水总量管理

广东省政府于2012年在全国率先出台《广东省实行最严格水资源管理制度考核暂行办法》（以下简称“广东省考核办法”），与之前出台的《广东省最严格水资源管理制度实施方案》相配套，构成实施最严格水资源管理“三条红线”的重要依据，明确了2015年前广东省各地市水资源管理控制指标要求，成为广东省贯彻2011年中央一号文件和广东省委、省政府《关于加快广东省水利改革发展的决定》（粤发〔2011〕9号）精神，突破水资源瓶颈制约的重大举措。2013年1月，国务院出台了《实行最严格水资源管理制度考核办法》（以下简称“国考核办法”），从国家层面推行了最严格水资源管理制度的考核办法，明确了相关水平年各省（自治区、直辖市）用水总量控制指标。广东省是全国唯一一个用水总量控制指标呈递减趋势的省份，因此，广东省将面临最为严格的用水总量考核压力。

关于用水总量控制指标的统计口径，广东省考核办法与国考核办法存在差异。广东省考核办法用水总量统计是按全口径统计，其中非常规水利用量不纳入用水总量控制指标，而国考核办法用水总量统计口径目前尚未明文确定。根据珠江水利委员会《关于珠江区（广东省）水资源管理控制指标意见的函》（珠水政资函〔2011〕650号），统计口径为直流式火电用水量按耗水计、生态环境用水只考虑公共绿地和市政环卫用水。根据水利部等10部门《印发实行最严格水资源管理制度考核工作方案的通知》（水资源〔2014〕61号），用水总量指各类用水户取用的包括输水损失在内的毛水量，包括农业用水、工业用水、生活用水、生态环境补水四类。其中工业用水指工矿企业在生产过程中用于制造、加工、冷却、空调、净化、洗涤等方面的用水，按新水取用量计，不包括企业内部的重复利用水量。水力发电等河道内用水不计入用水量。广东省珠江三角洲河口地区咸淡水资源极其丰富，咸淡水作为国家鼓励的非常规水资源，取用咸淡水水量如何纳入用水总量控制指标，广东省考核办法和国考核办法均未明确。

根据《国务院关于实行最严格水资源管理制度的意见》（国发〔2012〕3号）和《印发广东省最严格水资源管理制度实施方案的通知》（粤府办〔2011〕89号）的精神，鼓励应用海水、微咸水、再生水、雨水等非常规水源。针对不同地区的自然状况和水资源特点，制定相应的非常规水源利用规划，出台优惠政策，鼓励节水减污，建立节水激励机制，促进节水事业和节水产业发展。随着珠江河口地区经济社会的发展和城市化进程的逐步加快，开发利用非常规水源有利于解决水资源供需矛盾，实现水资源可持续利用。为鼓励加快推动非常规水源的开发利用，在用水总量控制指标考核统计、水资源公报统计、水资源征收等方面应实行差别化管理政策，对咸淡水的开发利用量予以政策上的优惠。

10.1.1 咸淡水取水户类型分类

珠江河口咸淡水区取水户按取水水质要求分，大致可分为3类，第一类为对取水盐度无要求的直排冷却水火（核）电厂；第二类为对取水盐度有要求（含氯度须小于250mg/L）但利用大小潮、涨落潮盐度差异“偷淡”的水厂或其他取水户；第三类为对水质有要求，但采用海水淡化设备利用咸淡水的取水户（如珠江河口部分印染厂、造纸厂等）。

在这三种类型取水户中，第二类仍属于取用淡水，而第一类和第三类则属于典型的咸淡水利用户，能够直接利用或间接利用咸淡水，因此，本书咸淡水比例扣减方法适用于这两类取水户。但第三类取水户受经济成本制约，海水等非常规水源利用量较小。而第一类取水户火（核）电厂，是充分利用咸淡水等非常规水源最大的亦是最重要的取水户。据调查，珠江河口区集中了广东省绝大多数的火（核）电厂，几乎所有的直流式火（核）电厂分布在珠江河口咸淡水区，取用珠江河口的咸淡水，其具有取水量巨大、水耗小、能耗低、水质要求低、有温排水热污染效应的特点。

10.1.2 用水总量控制指标统计建议

珠江河口地区电厂取用直流冷却水量全部被纳入用水总量控制指标，按照水资源公报统计规范，海水利用量单列，不计入供用水总量，而对咸淡水未作为明确规定。河口咸淡水资源其中一部分是咸水，属于非常规水源的开发利用量，水资源管理中应予以区别对待，激励开发利用咸淡水资源。因此，在用水总量控制指标统计中，应扣除咸淡水利用量。

1. 珠江河口地区主要电厂2014年用水总量统计

根据本书计算得到的咸淡水比例，将2014年珠江河口地区主要电厂实际取水量及咸淡水比例折算应计入用水总量控制部分水量，见表10.1-1。可以看出，珠江河口地区涉及取用咸淡水资源的电厂2014年实际取水量为416435万m^3，以50%来水频率计，取用咸淡水水量为76829万m^3，占总取水量比例为23%，其中在广州市区域内2014年取水量为281391万m^3，取用咸淡水水量为61479万m^3，占总取水量比例为22%；在中山市区域内2014年取水量为40317万m^3，取用咸淡水水量为9623万m^3，占总取水量比例为24%；在东莞市区域内2014年取水量为3434万m^3，取用咸淡水水量为46万m^3，占总取水量比例为1%；在江门市区域内2014年取水量为13725万m^3，取用咸淡水水量为5681万m^3，占总取水量比例为41%。

表10.1-1　珠江河口地区主要电厂取水量及咸淡水扣除量统计

所在区域	取水许可审批水量/万m^3	2014年实际取水量/万m^3	取用咸水量/万m^3			咸水占总取水量比例/%		
			$P=50\%$	$P=75\%$	$P=90\%$	$P=50\%$	$P=75\%$	$P=90\%$
广州	344487	281391	61479	79338	88940	22	28	32
中山	47563	40317	9623	12420	13481	24	31	33
东莞	6235	3434	46	75	84	1	2	2
江门	18150	13725	5681	6088	7311	41	44	53
合计	416435	338867	76829	97920	109816	23	29	32

注　本表统计的水量为涉及取用咸淡水资源的火（核）电厂。

2. 用水总量控制指标

广东省河口地区存在大量以电厂为主的咸淡水利用取水户，其中直流式电厂取水量占绝大部分，直流式电厂取水水耗低，冷却水与河道内水体相比在水质方面不会改变，只是水体温度略为升高，是一种相对清洁的水资源利用。根据国家和广东省实施最严格水资源管理制度的精神，河口地区咸淡水利用属于非常规水源，开发利用咸淡水是国家鼓励项目。河口地区咸淡水水资源量大，取水对水生态环境等影响小，从宏观水资源管理角度出发，国家和各沿海省份应当对河口区咸淡水资源开发利用予以一定的政策优惠和指引。因此，建议在取用咸淡水资源的项目，其取用咸水水量不纳入用水总量控制指标考核；鉴于取用咸淡水资源的主要取水户类型为工业用水，取水保证率一般为90%以上，并兼顾公平，以90%来水条件下为基准，咸水量利用量按实际比例予以扣除。

10.1.3　水资源公报用水总量统计

根据《水资源公报编制规程》（GB/T 23598—2009），水资源公报用水量统计为淡水利用量，海水利用量单列统计。水资源公报是政府向社会发布区域水资源开发利用的客观情况。在未对广东省咸淡水资源利用研究的背景下，在以往的水资源公报统计中，部分地区咸淡水利用量纳入了水资源公报用水量统计。为客观反映区域水资源利用情况，河口地区取用咸淡水资源的，应当对其咸淡水取用量分离后，纳入水资源公报用水量统计。因咸淡水利用量较大，受上游来水影响较大，年际间变化较大，考虑水资源公报用水量年际间衔接和用水总量控制指标考核一致性，建议按用水总量控制指标扣除咸淡水的方法予以扣除相应的咸淡水量。

10.1.4　水资源费征收用管理

水资源是公共的、稀缺的资源，我国水资源实施有偿使用制度，对促进水资源节约、保护、管理与合理开发利用发挥了积极作用。水资源费作为水资源产权的经济体现，通过经济价格杠杆，对经济社会活动具有重要指导作用。为鼓励加快推动非常规水源的开发利用，合理配置水资源，取用咸淡水的取水户，其取用咸淡水量不纳入水资源费征收范畴。为了常规统计一致性，建议按50%来水条件下的咸淡水比例予以扣除相应咸淡水量后，纳入水资源费征收范畴。咸淡水利用水资源费差异化管理有利于激励咸淡水资源开发利用，减轻企业负担，但同时会增加了水资源费征收的成本。

10.1.5　取水许可管理

河口咸淡水地区作为淡水与咸水的交汇区域，即使部分区域取用咸淡水量不计入最严格水资源管理制度用水总量控制指标考核，但仍是作为水行政主管部门水资源管理对象的区域。咸淡水区域取用水量全额纳入取水许可常规统计（如取水计量管理、取水总结、取水计划等）和水资源论证中，对水资源论证应充分结合咸淡水区最严格水资源管理制度用水总量控制指标、水资源费征收等的成果进行论证。

河口咸淡水区取水许可管理应当实行分区差别化管理，根据河口咸淡水比例，将河口区划分成若干区域，对于淡水比例较高的咸淡水区域，则优先布局水厂、用水效率较高、污染小的取用淡水的工业企业；对于咸水比例较高的咸淡水区域，可优先布置取水量较大，对取水水质要求较低的工业企业，如采用直流冷却方式的火电厂及采用海水淡化技术的工业企业。

对于珠江河口不同类型的取水户，取水许可也应实行差异化审批，对于实际取用淡水的，不但要考虑项目取用水的可行性，还要考虑区域用水增量上的可行性；对于取用咸淡水比例较高的，属非常规水源利用，应给予鼓励，在取水量审批上可适当放宽。

10.2 咸淡水区水功能区管理

根据《广东省水功能区划》，珠江河口咸淡水区河流共划出41个水功能一级区，总长度1283km。其中具有开发利用功能的31个，总长度为890km，占总区划河长的70%；保护区1个，为珠江口中华白海豚自然保护区；缓冲区9个。河流水功能一级区中，31个开发利用区共划分二级水功能区35个，其中具有饮用水源功能的水功能区12个，总河长337km，占开发利用区河长的38%；具有工业用水功能的水功能区17个，总河长375km，占42%；具有农业用水功能的水功能区13个，总河长357km，占40%；具有渔业用水功能的水功能区16个，总河长433km，占49%；景观娱乐用水区5个，总河长129km，占14%；无过渡区和排污控制区。具体水功能区划见表10.2－1。具有工业用水功能的水功能区在开发利用区中仅占42%，而工业用水区执行《地表水环境质量标准》（GB 3838—2002）Ⅳ类水质标准，现状水质优于Ⅳ类的，按现状水质类别控制，其水质要求相对低于其他类型水功能区，因此，为了充分利用珠江河口地区咸淡水资源、鼓励开发利用咸淡水资源，建议在河口咸淡水区的开发利用区中适当增加工业用水功能，引导河口取水户取用咸淡水。

根据2014年《广东省水资源公报》，东江三角洲河网水质普遍劣于Ⅲ类；增江水质优于Ⅲ类；西北江干流水道、东海水道、顺德水道、洪奇沥水道、蕉门水道、西海水道、鸡鸦水道、磨刀门水道、小榄水道、横门水道、虎跳门水道、崖门水道水质达到或优于Ⅲ类；广州西航道、广州前航道、广州后航道、大石水道、黄埔水道、市桥水道、平洲水道、石岐河、前山河、潭江中下游水质基本劣于Ⅲ类。珠江河口咸淡水区无排污控制区，在设置入河排污口时应经过科学论证，依法办理入河排污口设置申请。

表10.2-1　　珠江河口咸淡水区内水功能区划一览表

序号	水功能一级区名称	水功能二级区名称	功能	水质现状	水质管理目标
1	东江北干流开发利用区	东江北干流新塘饮用渔业用水区	饮用、渔业	Ⅲ～Ⅴ	Ⅱ
2	东江南支流开发利用区	东江南支流万江饮用农业用水区	饮用、农用	Ⅲ～Ⅳ	Ⅱ
3	东莞水道开发利用区	东莞水道桂枝洲工业农业用水区	工用、农用	Ⅴ	Ⅲ
4	厚街水道开发利用区	厚街水道企山头工业农业用水区	工用、农用	Ⅴ	Ⅲ
5	中堂水道开发利用区	中堂水道中堂饮用农业用水区	饮用、农用	劣Ⅴ	Ⅱ
6	倒运海水道开发利用区	倒运海水道饮用农业用水区	饮用、农用	Ⅴ	Ⅱ
7	麻涌水道开发利用区	麻涌水道麻涌工业农业用水区	工用、农用	Ⅴ	Ⅳ

续表

序号	水功能一级区名称	水功能二级区名称	功能	水质现状	水质管理目标
8	洪屋涡水道开发利用区	洪屋涡水道沙田工业用水区	工用	劣Ⅴ	Ⅳ
9	深圳河下游深圳、香港缓冲区			劣Ⅴ	Ⅳ
10	茅洲河开发利用区	茅洲河景观农业用水区	景观、农用	Ⅳ～Ⅴ	Ⅳ
11	磨刀门水道开发利用区	磨刀门水道珠海饮用渔业用水区	饮用、渔业	Ⅲ～Ⅴ	Ⅱ
12	磨刀门水道河口缓冲区			Ⅲ	Ⅲ
13	崖门水道开发利用区	崖门水道新会渔业用水区	渔业	Ⅳ	Ⅲ
14	崖门水道河口缓冲区			Ⅳ	Ⅲ
15	虎跳门水道开发利用区	虎跳门水道珠海饮用渔业用水区	饮用、渔业	Ⅲ～Ⅳ	Ⅲ
16	虎跳门水道河口缓冲区			Ⅲ	Ⅲ
17	鸡啼门水道开发利用区	鸡啼门水道饮用渔业用水区	饮用、渔业	Ⅲ～Ⅳ	Ⅲ
18	鸡啼门水道河口缓冲区			Ⅴ	Ⅲ
19	前山河开发利用区	前山河珠海景观工业用水区	景观、工用	劣Ⅴ	Ⅳ
20	陈村水道开发利用区	陈村水道紫泥饮用农业用水区	饮用、农用	Ⅲ～Ⅳ	Ⅲ
21	沙湾水道开发利用区	沙湾水道番禺饮用渔业用水区	饮用、渔业	Ⅲ～Ⅳ	Ⅲ
22	鸡鸦水道开发利用区	鸡鸦水道下南饮用渔业用水区	饮用、渔业	III	Ⅱ
23	横门水道开发利用区	横门水道横门渔业用水区	渔业	III	Ⅲ
24	横门水道河口缓冲区			Ⅱ～Ⅲ	Ⅲ
25	小榄水道开发利用区	小榄水道福兴饮用渔业用水区	饮用、渔业	Ⅲ～Ⅳ	Ⅲ
26	蕉门水道番禺开发利用区	蕉门水道番禺渔业工业用水区	渔业、工用	Ⅲ～Ⅳ	Ⅲ
27	蕉门水道河口缓冲区			Ⅳ	Ⅲ
28	上横沥开发利用区	上横沥渔业工业用水区	渔业、工用	Ⅲ～Ⅳ	Ⅲ
29	下横沥开发利用区	下横沥渔业工业用水区	渔业、工用	Ⅱ～Ⅲ	Ⅲ
30	洪奇沥水道番禺中山开发利用区	洪奇沥水道番禺中山渔业工业用水区	渔业、工用	Ⅲ～Ⅳ	Ⅲ
31	洪奇沥河口缓冲区			Ⅳ	Ⅲ
32	前航道广州开发利用区	前航道广州景观用水区	景观	劣Ⅴ	Ⅳ
33	后航道广州开发利用区	后航道广州工业景观用水区	工用、景观	劣Ⅴ	Ⅲ
34	后航道广州开发利用区	后航道广州景观用水区	景观	劣Ⅴ	Ⅳ
35	三枝香水道开发利用区	三枝香水道新基工业渔业用水区	工用、渔业	劣Ⅴ	Ⅲ
36	官洲河开发利用区	官洲河广州工业用水区	工用	Ⅲ～Ⅳ	Ⅳ
37	黄埔水道开发利用区	黄埔水道广州工业用水区	工用	Ⅳ	Ⅳ
38	虎门水道开发利用区	虎门水道渔业农业用水区	渔业、农业	Ⅲ	Ⅲ
39	虎门水道河口缓冲区			Ⅳ	Ⅲ
40	珠江口中华白海豚自然保护区			Ⅲ	Ⅲ
41	莲花山水道开发利用区	莲花山水道莲花山渔业工业用水区	渔业、工用	Ⅳ	Ⅲ

10.3　咸淡水区水资源配置管理

咸淡水区水资源配置应遵循以下原则：

（1）按序控制原则。按生活、生产、水环境用水的次序进行控制，根据河口区不同水域咸淡水比例、来水径流的丰枯及下游潮水影响的大小，同时考虑取水对象的重要性，采用按序配置水量的原则，重要的、供水保证率要求高的用水对象先配置，供水保证率要求低的用水对象后配置。

（2）分期调度原则。按河口径潮特征、咸淡水比例，将全年划为丰水期、枯水大潮期和枯水小潮期，对不同类型的用水户取水进行不同的限制，如枯水期应优先保障生活用水等。

（3）年总取水量和逐日最大取水流量双控制原则。为避免无序取水带来对生活取水以及河口生态环境的不利影响，需要对年总取水量逐日最大取水流量进行控制。

10.4　咸淡水区火（核）电厂温排水管理

火（核）电厂采用直流冷却方式，合理利用河道咸淡水或海水，可节约淡水资源，根据广东省水利水电科学研究院的相关研究，同级发电机组二次循环工艺所需淡水用量是一次循环工艺所需淡水用量的6.85倍；可节能减排，直流冷却相比循环冷却，可减少能耗；此外，直流冷却还可减少工程投资及节约用地。但直流冷却带出的温排水也有其不利影响，尽管排放的温排水无直接污染物，但引起的水域水温升高会对水生态带来一定的影响，包括可能加剧赤潮的发生，影响污染物衰减系数，从而影响河道纳污能力。因此，建议加强咸淡水区温排水对河道生态影响的研究与后评估，开展咸淡水区电厂直流冷却排水口布局的规划研究。

参 考 文 献

[1] 王彪．珠江河口盐水入侵 [D]. 上海：华东师范大学，2011.

[2] 黄广灵．人类活动影响下的珠江河口洪水响应及其数值模拟 [D]. 广州：中山大学，2012.

[3] 田娜．基于数值模拟的咸潮上溯特性与评价指标研究 [D]. 青岛：中国海洋大学，2013.

[4] 陈文龙，邹华志，董延军．磨刀门水道咸潮上溯动力特性分析 [J]. 水科学进展，2014，25 (5)：713 - 723.

[5] 刘忠辉．海平面上升对珠江河口盐水入侵和物质输运影响的数值研究 [D]. 广州：华南理工大学，2019.

[6] 王久鑫．海平面上升对珠江口水动力影响数值模拟研究 [D]. 大连：大连理工大学，2020.

[7] 徐雪松，窦希萍，陈星，等. 建闸河口闸下淤积问题研究综述 [J]. 水运工程，2012 (1)：116 - 121.

[8] 廖琦琛，丁明明，傅菁菁，等. 入海河口建闸对水生生态的影响及保护对策 [J]. 工程建设与设计，2007，10 (2)：76 - 80.

[9] 李加水，苏亮志. 永定新河河口建闸对生态环境的影响 [J]. 水利水电工程设计，2000，19 (2)：34 - 35.

[10] 焦楠，孙健，陶建华. 河口建闸对河道河口及近岸海域水环境的影响研究 [J]. 港工技术，2006，8 (2)：7 - 9.

[11] 陈吉余，陈沈良. 长江口生态环境变化和对河口治理的意见 [J]. 水利水电技术，2003，34 (1)：19 - 25.

[12] 赵德招，刘杰，张俊勇，等. 长江口河势近 15 年变化特征及其对河口治理的启示 [J]. 长江科学院院报，2014，31 (7)：1 - 6.

[13] 朱毅峰，袁建国. 合理利用河口资源，维护河口健康生命 [J]. 人民珠江，2014，35 (3)：4 - 6.

[14] 胡春宏，曹文洪. 黄河口水沙变异与调控：Ⅱ. 黄河口治理方向与措施 [J]. 泥沙研究，2003，5 (5)：9 - 14.

[15] 乔飞，孟伟，郑丙辉，等. 长江流域污染物输出对河口水质的影响 [J]. 环境科学研究，2012，25 (10)：1126 - 1132.

[16] 崔伟中. 珠江河口滩涂湿地的问题及其保护研究 [J]. 湿地科学，2004，2 (1)：26 - 30.

[17] 叶属峰，纪焕红，曹恋，等. 河口大型工程对长江河口底栖动物种类组成及生物量的影响研究 [J]. 海洋通报，2004，23 (4)：32 - 37.

[18] 叶属峰，丁德文，王文华. 长江河口大型工程与水体生境破碎化 [J]. 生态学报，2005，25 (2)：268 - 272.

[19] 窦国仁，凌永宁，陈志昌. 射阳河闸下淤积问题分析 [R]. 南京：南京水利科学研究院，1963.

[20] 张相峰. 海河口淤积形态初步分析 [J]. 泥沙研究，1994，1 (4)：56 - 62.

[21] 乐培九，张华庆. 永定新河淤积机理探讨 [J]. 水道港口，1999，12 (3)：19 - 26.

[22] 耿兆铨，卢祥兴. 黄湾建闸后闸下潮汐，潮流变化和淤积趋势预估 [J]. 东海海洋，1990，8 (1)：1826.

[23] 吴修锋，林军，吴时强，等. 曹娥江大闸围堰工程水流泥沙冲淤数值模拟计算 [J]. 水利水运工程学报，2008，27 (3)：52 - 57.

[24] 李明亮，汪亚平，朱国贤，等. 中小型建闸河口的闸下水体悬沙输运过程：以新洋港河口为例 [J].

海洋通报，2013，32（6）：657－667.
[25] 王宏江. 泥质河口闸下冲淤特性及冲淤量的分析预报 [J]. 海洋工程，2002，20（4）：78－84.
[26] 张俊生. 海河口的闸下淤积与纳潮冲淤 [J]. 海河水利，1995，1（5）：12－16.
[27] 朱国贤，项明. 沿海挡潮闸闸下淤积分析与疏浚技术 [J]. 海洋工程，2005，23（3）：115－118.
[28] 蓝雪春，章宏伟，王军，等. 浙江省入海河口建闸对环境的影响 [J]. 水资源保护，2015，22（2）：15－19.
[29] O'CONNER D J，JOHN J P，DITORO D M. Water quality analysisof the Delaware River Estuary [J]. Journal of the SanitaryEngineering Division，1968，94（6）：1125－1252.
[30] KENDRICK M P. Siltation problems in relation to the Thamesbarrier [J]. Philosophical Transactions of the Royal Society ofLondon：Series A：Mathematical and Physical Sciences，1972，272：223－243.
[31] SHACKLEY S，DYRYNDA P. Construction of a tidal amenitybarrage within the Tawe Estuary（S. Wales）：impacts on thephysical environment [M]. Barrages UK：John Wiley and SonsLtd，2006：381－394.
[32] REISH D J. An ecological study of pollution in Los Angeles-LongBeach harbors，California [M]. California：University of Southern California Press，1959.
[33] PEARSON E A，HOLT G A. Water quality and upwelling at GraysHarbor entrance [J]. Limnology and Oceanography，1960，5（1）：48－56.497.
[34] Park K，Kuo A Y，Neilson B J. A Numerical Model Study of Hypoxia in the Tidal Rappahannock River of Chesapeake Bay [J]. Estuarine Coastal & Shelf Science，1996，42（5）：563－581.
[35] 金元欢，沈焕庭. 我国建闸河口冲淤特性 [J]. 泥沙研究，1991（4）：59－68.
[36] 陈静. 射阳河口挡潮闸闸下淤积分析与治理开发研究 [D]. 南京：南京水利科学研究院，2006：3－5.
[37] 窦国仁. 潮汐水流中悬沙运动及冲淤计算 [J]. 水利学报，1963（4）：13－24
[38] 窦国仁. 平原冲积河流及潮汐河口的河床形态：窦国仁论文集 [G]. 北京：中国水利水电出版社，2003：168－180.
[39] 窦国仁. 射阳河闸下淤积问题分析：窦国仁论文集 [G]. 北京：中国水利水电出版社，2003：112－135.
[40] 严恺. 海岸工程 [M]. 北京：海洋出版社，2002.
[41] 罗肇森，顾佩玉. 建闸河口淤积变化规律和减淤措施：河口治理与大风骤淤 [G]. 北京：海洋出版社，2009：267－274.
[42] 黄建维. 永定新河防淤减淤工程模型试验研究第一阶段报告 [R]. 南京：南京水利科学研究院，2001.
[43] 黄建维. 永定新河防淤减淤工程浑水动床物理模型试验研究报告 [R]. 南京：南京水利科学研究院，2001.
[44] 黄建维. 永定新河防淤减淤工程模拟试验研究总报告 [R]. 南京：南京水利科学研究院，2001.
[45] 赵今声. 挡潮闸下河道淤积原因和防淤措施 [J]. 天津大学学报，1978（1）：73－85.
[46] 邢焕政. 海河口岸线演变及泥沙来源分析 [J]. 海河水利，2003（2）：28－30.
[47] 辛文杰，罗肇森. 建闸河口淤积规律和减淤措施研究 [R]. 南京：南京水利科学研究院，2003.
[48] 王义刚，席刚，施春香. 川东港挡潮闸闸下淤积机理浅析 [J]. 江苏水利，2005（3）：28－29.
[49] 王祥三. 对咸淡水混合海域污染非线性扩散的研究 [J]. 人民珠江，1993，04：44－47.
[50] 金元欢，孙志林. 中国河口咸淡水混合特征研究 [J]. 地理学报，1992，02：165－173.
[51] 赵龙保. 椒江河口咸淡水混合对口外拦门沙的作用 [J]. 海洋科学，1992，01：61－64.
[52] 王纯，王维奇，曾从盛，等. 闽江河口区盐-淡水梯度下湿地土壤氮形态及储量特征 [J]. 水土保持学报，2011，5：147－153.

[53] 郑金海，诸裕良．长江河口咸淡水混合的数值模拟计算 [J]. 海洋通报，2001，04：1-10.
[54] 李瑞生，刘长贵．咸淡水交汇水域电厂温排水及航道取水的试验研究 [J]. 水动力学研究与进展（A辑），1996，06：661-671.
[55] 喻丰华，李春初．河口咸淡水混合的几个认识和概念问题 [J]. 海洋通报，1998，03：8-14.
[56] 邢静芳．河口地区咸淡水掺混特性的水槽系统试验研究 [D]. 太原：太原理工大学，2011.
[57] 贾利青．非恒定咸淡水交汇水域温排水特性的三维数值模拟 [D]. 太原：太原理工大学，2011.
[58] 宋连瑞．咸淡水交汇水域盐水楔运动规律及其对电厂温排水影响的试验研究 [D]. 太原：太原理工大学，2008.
[59] 郑金海．河口区咸淡水混合的数值模拟：第七届全国海洋湖沼青年学者学术研讨会论文摘要集 [C]. 中国海洋湖沼学会、中科院海洋研究所，2000：2.
[60] 范中亚，葛建忠，丁平兴，等．长江口深水航道工程对北槽盐度分布的影响 [J]. 华东师范大学学报（自然科学版），2012，04：181-189.
[61] 田向平．河口盐水入侵作用研究动态综述 [J]. 地球科学进展，1994，02：29-34.
[62] 吴宏旭，丁士，张蔚．珠江三角洲伶仃洋河口洪季盐水入侵规律研究 [J]. 江苏科技大学学报（自然科学版），2011，01：83-88.
[63] 邢静芳．河口地区咸淡水掺混特性的水槽系统试验研究 [D]. 太原：太原理工大学，2011.
[64] 范中亚．长江口深水航道整治工程对流场、盐度场影响的数值模拟研究 [D]. 上海：华东师范大学，2011.
[65] 欧素英，杨清书，雷亚平．咸潮入侵理论预报模式的分析及其在西江三角洲的应用 [J]. 热带海洋学报，2010，01：32-41.
[66] 肖莞生，陈子燊．珠江河口区枯季咸潮入侵与盐度输运机理分析 [J]. 水文，2010，03：10-14，21.
[67] 吴辉．长江河口盐水入侵研究 [D]. 上海：华东师范大学，2006.
[68] 杨莉玲．河口盐水入侵的数值模拟研究 [D]. 上海：上海交通大学，2007.
[69] 吴宏旭，丁士，张蔚．珠江三角洲伶仃洋河口洪季盐水入侵规律研究 [J]. 江苏科技大学学报（自然科学版），2011，01：83-88.
[70] 刘杰斌，包芸．磨刀门水道枯季盐水入侵咸界运动规律研究 [J]. 中山大学学报（自然科学版），2008，S2：122-125.
[71] 叶锦培，何焯霞，周志德．珠江河口潮流输沙数学模型 [J]. 人民珠江，1986，06：7-15.
[72] 丁文兰，方国洪．珠江口外海风暴潮的数值模型 [J]. 热带海洋，1990，9（3）：39-47.
[73] 李毓湘，逢勇．珠江三角洲地区河网水动力学模型研究 [J]. 水动力学研究与进展，2001，16（2），143-155.
[74] 张华庆，金生，沈汉，等．珠江三角洲河网非恒定水沙数学模型研究 [J]. 水道港口，2004，25（3）：121-128.
[75] 张华庆，吕忠华，沈汉，等．珠江河口水沙数值模拟系统 [J]. 水道港口，2002，23（2）：51-65.
[76] 许炜铭，陈祖辉，包芸．珠江河口整体数值模拟及潮波传播特征研究：第九届全国水动力学学术会议暨第二十二届全国水动力学研讨会文集 [C]，2009：852-857.
[77] 徐峰俊，朱士康，刘俊勇．珠江河口区水环境整体数学模型研究 [J]. 人民珠江，2003，5：12-18.
[78] 彭静，何少苓，廖文根，等．珠江三角洲大系统洪水模拟分析及防洪对策探讨 [J]. 水利学报，2003，11：78-84.
[79] 张蔚，严以新，郑金海，等．珠江河网与河口一、二维水沙嵌套数学模型研究 [J]. 泥沙研究，2006，6：11-17.

[80] 龙江，李适宇．有限元联解方法在珠江河口水动力研究中的应用 [J]. 海洋学报，2007，29 (6)：10 - 14.

[81] 逄勇，洪晓瑜，王超．珠江三角州河网与伶仃洋一、三维水动力学模型联解研究 [J]. 中山大学学报，2004，43 (4)：110 - 112.

[82] 包芸，来志刚，刘欢．珠江河口一维河网、三维河口湾水动力连接计算 [J]. 热带海洋学报，2005，24 (4)：67 - 72.

[83] 胡嘉镗，李适宇．珠江三角洲一维盐度与三维斜压耦合模型 [J]. 水利学报，2008，39 (11)：1174 - 1182.

[84] 黄东，黄本胜，郑国栋，等，西、北江下游及其三角洲网河河道设计洪潮水面线计算 [J]. 广东水利水电，2002，4 (2)：5 - 7.